AF402045

LES
NOUVEAUX HORIZONS
DE LA SCIENCE

PAR

H. GUILLEMINOT

Chef des Travaux de Physique biologique
à la Faculté de Médecine,
Président de la Société de Radiologie médicale de Paris.

———

TOME TROISIÈME

LA MATIÈRE VIVANTE
SA CHIMIE. — SA MORPHOLOGIE

PARIS
G. STEINHEIL, ÉDITEUR
2, RUE CASIMIR-DELAVIGNE, 2
—
1914

Tous droits de traduction et dé reproduction réservés pour tous pays.

Copyright by G. Steinheil, 1913

LES
NOUVEAUX HORIZONS
DE LA SCIENCE

DU MÊME AUTEUR

Radioscopie et Radiographie clinique de précision. — 1 vol. petit in-16, 1900. Couronné par l'Académie des Sciences.

Technique de la Radioscopie et de la Radiographie ordinaires. — In *Traité de Radiologie médicale*, publié sous la direction du Professeur Bouchard, Membre de l'Institut, 1903. — G. Steinheil, éditeur, Paris.

Electricité médicale. — 1 vol. in-16, 1905; 2ᵉ édition, 1907. — G. Steinheil, éditeur, Paris, et Rebman, éditeur, Londres, pour la traduction anglaise, 1906. (Dʳ Butcher traducteur). — Couronné par l'Académie de Médecine.

Guide pour l'emploi de l'électricité en médecine. Principales applications de l'Electrothérapie et de la Radiothérapie. — 1 vol. petit in-16, 1906. — G. Steinheil, éditeur, Paris.

Manipulations de Physique biologique. — 1 vol. in-16, 1910. — G. Steinheil, éditeur, Paris.

Radiométrie fluoroscopique. — 1 vol. in-16, 1910. — G. Steinheil, éditeur, Paris. — Couronné par l'Académie des Sciences.

Rayons X et Radiations diverses. Actions sur l'organisme. — 1 vol. de l'*Encyclopédie scientifique*. — Doin, éditeur, Paris, 1910.

PRÉLIMINAIRES ET RÉSUMÉ DES DONNÉES ACQUISES SUR LA MATIÈRE

I. — Préliminaires.

I. — Le problème de la vie et des origines de la matière vivante.

Nous avons jusqu'ici étudié la matière inerte. Nous nous sommes efforcés de pénétrer les secrets de sa structure. Nous avons essayé de dévoiler le mystère de la formation des éléments chimiques. A présent, nous allons porter nos regards sur la matière vivante, sur les composés organiqués, sur les plantes et sur les animaux qui évoluent autour de nous, sur notre propre corps et sur les phénomènes dont il est le siège. Nous allons étudier la vie.

Qu'est-ce que cette matière organique de laquelle sont faits les êtres qui, par milliards de milliards, à tout instant naissent, croissent, et meurent sur notre terre? Est-elle différente de la matière inerte; renferme-t-elle quelque élément nouveau? Ou bien n'est-elle que la matière inerte, douée de propriétés que nous ne lui connaissions pas?

Et ces propriétés ou ces éléments nouveaux d'où viennent-ils? Sont-ils ajoutés à la matière par une puissance surnaturelle, créatrice de la vie, à jamais cachée à la science humaine? Ou bien les caractères qui font la vie ne sont-ils que des manifestations des forces fondamentales contenues dans la matière inerte, manifestations d'autant plus variées que deviennent plus complexes les mécanismes qui les produisent ?

Devons-nous mettre entre le monde minéral et le monde organique une barrière infranchissable, ou bien passons-nous de l'un à l'autre par une série d'échelons à peine différenciés? La molécule inerte qui s'élève du rang de molécule minérale à celui de molécule organique le fait-elle seulement grâce au groupement plus savant de ses atomes constituants, ou bien pour franchir la frontière doit-elle recevoir quelque chose de nouveau, un souffle mystérieux, un principe vital qui lui ouvre les portes du monde vivant?

Quand l'esprit humain aborde ces problèmes troublants après avoir cherché, comme nous l'avons fait, les origines de la matière, il ne peut se défendre de certains rapprochements. Les nouvelles découvertes de la physique nous ont en effet montré que toutes les propriétés apparentes de la matière sont réductibles. Son étendue, sa solidité, sa couleur ont été ramenées à des mouvements élémentaires et sa masse, sa masse elle-même, qui paraissait *à priori* si irréductible, nous a semblé devoir être rapportée à l'inertie électro-magnétique des électrons constituants. Les caractères de l'atome se sont donc révélés à nous comme des caractères d'agrégats, manifestations variées de l'énergie cinétique propre à l'unité universelle qui sert à l'édifier, à l'électron.

Sans déployer beaucoup d'effort, sans rencontrer d'obstacles insurmontables, nous avons ainsi franchi une frontière assez analogue à celle qui se dresse devant nous à présent, mais bien autrement abrupte, et bien autrement escarpée. Nous avons passé du monde de la non-matière au monde de la matière sans faire appel à une création.« *a nihilo* », sans faire intervenir d'autres forces que les forces électroniques, et en respectant par conséquent le principe de la conservation de l'énergie. Nous avons même entrevu la possibilité d'une genèse rationnelle à partir de l'éther, en faisant de l'éther le réceptacle final où irait s'emmagasiner l'énergie dissipée et dégradée au cours de l'évolution des mondes, et le substratum universel qui engendrerait les éléments nouveaux, la matière cosmique nouvelle, dans un maximum de grade de l'énergie naissante. C'est la gloire de la science contemporaine de mettre en lumière l'enchaînement merveilleux des phénomènes depuis les plus simples jusqu'aux plus complexes et de montrer à l'homme que la chose la plus admirable de la nature est l'évolution continue de la matière sous les lois inflexibles qui la régissent.

Malgré ces rapprochements, malgré les raisons qui poussent à généraliser la loi d'évolution continue, allons-nous au seuil de la vie, rencontrer un fossé que l'intelligence humaine est impuissante à combler? Allons-nous être obligés d'attribuer à la matière vivante une origine double, et de lui reconnaître deux principes juxtaposés, l'un purement matériel tributaire de la chimie, l'autre d'essence surnaturelle tributaire d'une métaphysique inaccessible à la science? Telle est la question d'une si haute portée philosophique qui domi ne les problèmes de la biologie. Elle est d'autant plus hérissée de difficultés que l'homme en général ne peut l'envisager sans idées préconçues et que pour la résoudre il se laisse, à son insu et avec une parfaite bonne foi, guider par une logique spéciale dans laquelle souvent la rigueur rationnelle cède le pas à la sentimentalité.

II. — Ce qui complique le problème et nuit à la vulgarisation des sciences biologiques.

Pourquoi donc cette intervention impérieuse de la sentimentalité dans un problème que nous ne devrions résoudre que par des moyens scientifiques? Pourquoi ces mouvements passionnels excités dans le cerveau humain par l'étude de la matière vivante et de ses origines?

La raison en est que les unités vivantes, quand on gravit les échelons successifs du règne animal, acquièrent une vertu étonnante, celle de posséder la conscience immédiate des phénomènes dont elles sont le siège, et la conscience permanente de la vie.

Ainsi ce n'est pas assez que l'étude de la matière organisée fasse surgir devant nous le problème inquiétant du « principe vital », du souffle animant la machine physique, voilà qu'il faut compter encore avec une chose nouvelle, bien plus inaccessible à notre entendement; voilà que l'être a la représentation de ses réactions et de sa vie, comme si quelque *psychée* surajoutée traduisait ses impressions par une mutation inconcevable de l'énergie, comme si quelque Νοῦς, d'essence immatérielle, habitant l'être vivant, lui donnait à tout moment la conception de son existence et constituait sa véritable unité primordiale, son moi suprême.

Si l'on songe que ce « moi conscient » est la chose que nous aimons le plus au cours de notre vie, si l'on songe que nous sommes jaloux de son intégrité au point de désirer nous assurer son immortalité dans l'avenir, on imaginera sans peine que toutes les sciences qui touchent à sa conception fassent vibrer les cordes les plus sensibles de notre affectivité. Par suite ces sciences risquent-elles d'être entravées dans leur libre épanouissement, tant est grande la crainte irréfléchie qu'elles font naître dans l'esprit humain tremblant pour son trésor.

Certes, les chimistes qui étudient les corps organiques, les biologistes qui étudient les êtres vivants peuvent bien négliger cette propriété troublante au cours de leurs travaux; ils peuvent fermer leur porte à la psychologie qui ne leur est d'aucun secours; ils n'ont que faire des images cérébrales dont sont affectés les animaux supérieurs, quand ils étudient certaines fonctions de la matière vivante. Il n'en est pas moins vrai que la synthèse de leurs travaux les conduit fatalement à une certaine conception de la vie, et ils se heurtent à ce moment au problème qu'ils voulaient proscrire. S'ils le fuient, la conscience publique, qui bénéficie de leurs recherches et qui veut, avant tout, interpréter leurs résultats, n'évitera pas l'obstacle : la science et la sentimentalité humaine se trouveront aux prises.

D'ailleurs, il faut bien se représenter que la psychologie a beaucoup évolué dans ses moyens d'étude. Autrefois science abstraite qui prétendait tirer de la logique, du sentiment et de la raison des conclusions absolues sur la nature de l'âme, elle est aujourd'hui devenue sinon une branche de la physiologie, du moins une science tellement voisine de celle-ci, qu'elle doit à toute heure recourir à la chimie et à la biologie pour résoudre ses problèmes. Le savant de laboratoire voudrait-il l'ignorer, qu'elle-même viendrait à lui et au besoin se substituerait à lui pour établir la portée philosophique de ses travaux.

Lorsque j'ai entrepris cette œuvre de vulgarisation, je n'ai pas eu l'intention d'éviter l'écueil qui devait se dresser sur la route. Bien au contraire, je me suis proposé de l'aborder franchement, de l'explorer sous toutes ses faces et de me servir des dangers mêmes qu'il présente et des menaces qu'il renferme pour découvrir au lecteur les horizons de la science contemporaine.

Mais que les esprits les plus timorés se rassurent. La science n'est pas une stérilisatrice du cœur humain. Elle ne laisse pas derrière elle le doute et le découragement. La science bien entendue apporte au contraire aux aspirations de la sentimentalité humaine, la lumière qui, sur les connaissances acquises, met une poésie plus belle. Et vers les régions closes encore, où scrupuleusement elle inscrit en gros caractères le mot « inexploré », elle nous projette, comme en un jeu malin, de vagues lueurs de toutes nuances qui permettent à chacun, suivant son besoin, de cueillir des objets d'espérance ou des articles de foi.

III. — Certains conflits sont inévitables entre les déductions de la science et les idées traditionnelles.

Dans sa marche incessante au progrès la science conquiert parfois brutalement une de ces régions ignorées. Cette conquête soudaine, il faut le reconnaître, provoque ordinairement un certain désarroi dans les idées, et laisse derrière elle quelques épaves, parce qu'elle enlève à certains esprits quelques illusions chères. Mais peut-on faire sa route au milieu des forêts vierges sans élaguer des branches et sans fouler du pied la végétation luxuriante qui avait poussé là à la faveur de l'ombre ?

Notre siècle est témoin d'un de ces incidents pénibles de l'évolution scientifique, remarquable par l'intensité des perturbations qu'il a provoquées et par la véhémence des luttes auxquelles il a donné lieu.

Il y avait jadis, parmi les régions inexplorées, un territoire qui, plus que tout autre, paraissait fermé à la curiosité humaine. C'est là que se cachait à nos yeux le secret de la création des êtres vivants. Le silence des siècles avait mis entre la genèse et nous un passé qui couvrait son mystère, et la discrétion des choses enveloppait l'énigme d'une obscurité qui nous la rendait presque inaccessible.

Mais le problème était trop passionnant, le besoin de savoir était trop aigu, pour que l'homme se privât d'édifier dans le monde du merveilleux une histoire surnaturelle des origines : des dogmes variés expliquèrent la genèse avec une autorité qui n'admit point la discussion.

Un jour le voile tomba. La région close fut inondée de lumière. La zoologie, la botanique, l'anatomie et la physiologie comparées, l'embryologie, la paléontologie rapprochèrent leurs conclusions, et de ce rapprochement, de cette vaste synthèse surgit la théorie de la création naturelle des espèces. Depuis le jour où un Français de génie, Lamarck, en eut posé les bases, elle s'infiltra silencieuse dans les milieux savants, et le tonnerre éclata quand moins d'un demi-siècle après, l'éminent naturaliste anglais Darwin illustra l'hypothèse d'explications tangibles et lui donna le souffle de vie.

Le transformisme mettait aux prises des idées qui *a priori* semblaient incompatibles : celle de l'évolution naturelle de la vie et celle de la création divine des êtres. Elles étaient incompatibles surtout parce qu'un préjugé séculaire interdisait à l'homme de chercher dans les lois de la nature la révélation du Dieu que son imagination rêvait ; et parce que, bien au contraire, il croyait voir apparaître ce Dieu chaque fois que l'ordre habituel des phénomènes semblait en défaut à son ignorance émerveillée.

Aussi, dès le début, un fossé profond se creusa entre le transformisme et les croyances traditionnelles de nos civilisations, et si Lamarck et Darwin eussent vécu au siècle de Copernic et de Galilée, le tribunal de l'Inquisition eût condamné leur doctrine comme une hérésie aussi dangereuse pour l'esprit humain que celle qui relégua au rang d'une simple planète la terre, séjour de l'homme déchu et centre de la création.

Quarante années ont passé sur ce premier choc. La science mondiale s'est emparée du problème. Elle a longuement étudié une à une les raisons qui confirment l'hypothèse évolutionniste, elle a envisagé toutes ses difficultés, elle a élargi ses bases. Elle l'a montrée comme la seule explication rationnelle de la création des êtres. En dehors d'elle tout est fantaisie et invraisemblance. Mais tant est grande la force d'inertie opposée par la routine traditionnelle de l'esprit humain, que le transformisme est encore regardé, par beaucoup de ceux qui possèdent la demi-science, comme la fable savante de l'impiété qui fait descendre l'homme du singe en niant l'œuvre de Dieu.

IV. — Vulgarisation des sciences biologiques et moralisation populaire.

Cet exemple, à mon avis, révèle un danger grave de la vulgarisation scientifique telle qu'elle est faite aujourd'hui, et en particulier de la vulgarisation des sciences qui touchent à la conception de la vie.

Il n'y a pas d'enseignement vulgarisateur organisé, il y a seulement des ouvrages de vulgarisation. Ces ouvages sont lus surtout par les classes instruites de la société ; ils le sont aussi par ceux qui, sans posséder un bagage scientifique très considérable, s'intéressent aux progrès de la connaissance humaine; ils touchent même parfois les esprits de culture très inférieure que préoccupe cependant le problème des destinées humaines, et ceux-là deviennent de plus en plus nombreux. J'ai été souvent surpris dans les campagnes d'entendre des ouvriers, sortis à 12 ou 13 ans de l'école primaire, parler des grandes questions dont nous poursuivons la solution avec un bon sens remarquable. Par contre, j'ai été frappé de voir comment les hypothèses de la science arrivaient parfois grotesquement dénaturées jusqu'à eux. Une même vérité, exprimée par les mêmes mots, est différemment assimilée et interprétée par les cerveaux de culture différente. Parfois elle évoque des idées diamétralement opposées. Or les livres parlent la même langue à tous les lecteurs. Tandis que l'orateur voit naître les pensées dans l'âme de son auditoire, tandis qu'il voit, d'après les impressions collectives qui se traduisent à lui, la note qu'il doit donner à ses démonstrations, les déductions qu'il doit mettre en lumière, le livre au contraire apporte à tous une parole uniforme. On a souvent dit qu'un éducateur doit être avant tout psychologue : l'orateur peut être un psychologue plein de tact et d'adresse parce qu'il est à tout moment en communion d'idées avec son auditoire ; l'auteur au contraire ne peut être qu'un psychologue aveugle qui sert les mêmes mets à tous ses convives sans pouvoir discerner le régime qui conviendrait à chacun d'eux.

La vulgarisation scientifique, en effet, ne doit pas seulement se borner à exposer les découvertes récentes et les hypothèses que ces découvertes font naître, son but unique ne doit pas être de provoquer l'enthousiasme et l'admiration des foules pour des idées neuves, elle doit montrer en même temps comment les données nouvelles se concilient avec le bagage traditionnel que nous portons inconsciemment au fond de notre intelligence et qui, à notre insu, règle les actes de notre vie. Si elle ne le fait pas, elle risque de provoquer ces con-

tradictions profondes qui sèment le doute et le désarroi
dans la conscience populaire et qui ont pu faire accuser
la vulgarisation scientifique d'accomplir une œuvre
démoralisatrice, le scepticisme intellectuel conduisant
presque fatalement au septicisme moral.

L'homme qui s'instruit doit devenir moralement plus
fort, plus sûr et plus conscient de lui-même. Si la
science lui révèle comme erronées quelques idées traditionnelles, si elle fait une brèche dans l'édifice de ses
convictions, il faut que la pierre qui tombe n'entraîne
pas la chute du monument tout entier. Ce monument a
sa valeur, il a subi l'épreuve du temps. L'âme d'un
peuple, la conscience sociale est faite d'idées naturellement acquises au cours des siècles ; ces idées sont, au
même titre que les caractères physiques, des facteurs
utiles de son évolution, de son progrès; il ne faut pas,
au nom d'une erreur patente, saper l'œuvre séculaire
jusque dans ses fondements.

Assurément un livre peut montrer le terrain de conciliation, mais il le fait comme un traité de thérapeutique indique le traitement propre à une maladie : il
envisage le cas général, le cas type, le cas abstrait. De
même qu'en médecine le formulaire est le guide qui, pour
chaque cas particulier, inspire seulement le médecin,
mais ne lui impose pas sa lettre, de même le livre de
vulgarisation convient surtout à l'éducateur, au confé-
rencier qui s'inspire de lui pour entraîner ses disciples
ou son auditoire vers les horizons nouveaux ouverts
à leur pensée! Plus tard nous reviendrons longuement
sur cette question, et nous étudierons à quelles conditions peut être réalisée cette œuvre moralisatrice de la

vulgarisation des sciences. Il nous suffit ici de signaler le danger et la possibilité du remède.

Au cours de cet ouvrage je ne perdrai pas de vue ce danger permanent et je n'oublierai pas que si l'homme veut savoir, comme je le disais au début de mon premier volume, le comment de son existence et le pourquoi de sa vie, ce n'est pas seulement pour satisfaire une curiosité spéculative, mais pour se faire une philosophie dont les bases soient certaines, et pour appuyer sur elle la morale de sa vie.

V. — Ordre suivant lequel nous aborderons cette étude.

Quand nous avons voulu connaître la matière inerte, nous avons commencé par demander à la chimie et à la physique ce qu'elles étaient capables de nous révéler sur sa structure. Au cours de cette étude nous avons rencontré des phénomènes qui, *à priori*, semblaient avoir pour siège un monde différent de celui de la matière; l'électricité, les radiations ont pu être regardées comme d'une essence tout autre que les éléments matériels. Un examen plus approfondi nous a fait pressentir les liens qui unissent ces mondes apparemment différents; et l'étude de l'évolution des systèmes sidéraux nous a conduits à une théorie de la genèse de la matière qui se ramène aux formules des mutations de l'énergie.

Le jour où la science aura pénétré plus loin dans le domaine de l'électronique et de l'éther, il sera plus logique de procéder autrement. On envisagera d'abord l'éther et ses propriétés, l'énergie et ses lois, puis on étudiera l'électron, cet intermédiaire entre la non-matière et le monde tangible, et enfin l'atome de matière qui, nous le savons, se ramène vraisemblablement à un agrégat d'électrons en équilibre cinétique. On ira ainsi du simple au composé. L'intérêt le plus grand de cet ordre d'étude sera de faire voir l'apparition des caractères nouveaux dans les agrégats de plus en plus complexes et de montrer comment les propriétés de la matière dérivent des caractères fondamentaux du substratum universel qui lui donne naissance.

Cet ordre logique, nous le suivrons presque forcément pour étudier la matière organique et la vie d'une façon rationnelle. En effet, les fonctions de la vie sont complexes et procèdent toutes des propriétés de la cellule; et la cellule ne saurait être comprise si l'on ne connaissait pas les éléments atomiques qui la composent. Ces éléments nous étant familiers, c'est à partir d'eux que nous pouvons avec assurance pénétrer dans ce nouveau domaine.

Ainsi tandis que l'étude de la matière inerte nous obligeait à considérer d'abord un agrégat complexe, l'atome, et à remonter ensuite à des éléments plus simples, moins tangibles, celle de la matière vivante nous permet de suivre l'ordre inverse, le plus naturel, et de partir de l'atome minéral étudié dans nos deux premiers volumes pour arriver à cet agrégat d'architecture compliquée qui est la molécule organique, puis à cet assemblage remarquable de molécules organiques qui est la cellule, et enfin à ces colonies cellulaires savamment ordonnées qui sont les êtres vivants.

Quand nous aurons fait cela, nous pourrons nous demander, comment, dans la nature, a pu s'opérer cette évolution du simple au composé, et étudier les lois de cette évolution comme nous avons étudié celles de l'évolution de l'énergie.

Mais au moment d'aborder ce chapitre de la science, je ne puis me défendre d'une certaine crainte en me posant la question suivante : l'étude que nous avons faite de la matière inerte a-t-elle été suffisamment concise pour que ceux de mes lecteurs qui s'intéressent surtout aux problèmes de la biologie, aient pu se faire une idée exacte des données actuelles de la physico-chimie ? L'exposé des principales découvertes capables d'éclairer la nature de la matière ne nous a-t-il pas entraînés dans des régions peu séduisantes pour le biologiste; et l'effort consacré à l'assimilation de ces connaissances n'a-t-il pas fait perdre de vue la synthèse de ces découvertes récentes? Nos conclusions ne sont-elles pas sorties d'un nombre trop considérable de questions trop touffues?

Cette crainte me pousse à faire ici un résumé rapide des notions que nous avons acquises sur la matière, au cours des deux premiers volumes de cet ouvrage. Ceux qui m'auront suivi jusqu'ici me pardonneront de leur donner quelques pages de redites, car ceux-là voient combien notre marche doit être prudente pour être sûre et combien nous devons nous fortifier dans nos positions conquises avant de nous aventurer plus loin.

II. — Résumé et synthèse des notions acquises sur la matière inerte (1).

VI. — Ce que nous savons de la molécule et de l'atome.

Nous avons montré comment de la conception grossière de la matière telle que nous la donne l'observation quotidienne, on peut tirer l'idée de sa structure granuleuse. L'étude des propriétés physiques et chimiques des solides, des liquides et des gaz nous a conduits à admettre que tout corps simple ou composé est constitué par un agrégat de molécules toutes semblables. Chacune de ces molécules est elle-même formée d'atomes qui sont les divisions ultimes auxquelles on peut réduire les éléments chimiques. Les atomes d'ailleurs ne sont en général jamais isolés; ils ont de l'affinité les uns pour les autres, leur état de vie ordinaire est l'association dans un conglomérat bien défini : la molécule. Les lois suivant lesquelles ils s'unissent pour former ces conglomérats moléculaires sont parfaitement déterminées. La règle des valences fixe le nombre des unités qui s'associent. Les principes de la thermo-chimie fixent le choix des unités, les substitutions des unes aux autres, l'ordre suivant lequel s'effectuent les réactions chimiques.

Il y a des atomes *monovalents* qui demandent l'adjonction d'un seul autre atome pour former une molécule. Il y a des atomes *bivalents* qui en demandent deux, des *trivalents* qui en demandent trois, etc. Comme chaque atome d'une même espèce pèse un poids bien déterminé, les combinaisons des espèces chimiques ne peuvent se faire que si l'on met en présence des poids de matière proportionnels à ces poids ato-

(1) Voir les tomes I et II du présent ouvrage.

miques, ou bien au double, au triple de ces poids. Ainsi se sont trouvées expliquées les lois des proportions définies de Proust, des proportions multiples de Dalton, des volumes des gaz combinés de Gay-Lussac.

Ces petites unités dernières que nous ne voyons pas, mais que le raisonnement nous conduit à admettre nous sont apparues ainsi comme presque nécessaires, parce que, en dehors de l'hypothèse atomique et moléculaire, nous n'avons pu concevoir d'explications plausibles aux lois de la chimie.

Dès que cette hypothèse a été ainsi affirmée, nous l'avons vue jeter une lumière remarquable sur une foule de phénomènes de la nature, et les explications naturelles qu'elle nous a fournies de ces phénomènes ont été une démonstration quasi-évidente de sa réalité. Nous avons en effet constaté que ces unités manifestent les unes vis-à-vis des autres des propriétés que nous rattachons à deux causes contraires : une cause qui nous semble correspondre à une attraction inter-atomique ou inter-moléculaire, et une cause qui nous semble correspondre à une répulsion. L'étude de cette dernière a été rapidement féconde.

VII. — L'étude des forces répulsives intermoléculaires a conduit à la théorie cinétique de la chaleur d'abord appliquée aux gaz.

Diverses raisons ont en effet conduit à admettre que les apparentes forces répulsives des molécules sont réductibles aux effets des mouvements dont elles sont agitées. Cette interprétation est surtout évidente pour les gaz. Des molécules gazeuses enfermées dans un espace clos semblent se repousser, parce qu'elles sont agitées de mouvements d'oscillation, qui tendent à les faire émigrer au dehors, à les faire diffuser plus loin. Etant enfermées, elles se heurtent aux parois, et ces chocs ont une résultante normale qui tend à repousser, à écarter ces parois : d'où la pression gazeuse.

En même temps que cette théorie cinétique expliquait la pression gazeuse, elle expliquait aussi la chaleur : l'agitation particulaire en effet est proportionnelle à la température comptée à partir de la cote thermométrique qui marquerait 273° au-dessous du zéro centigrade. Cette température très basse, qu'on appelle le zéro absolu, correspond à l'immobilité des particules de matière, au froid absolu et à l'absence de pression gazeuse. A partir d'elle, à mesure que les gaz s'échauffent, leurs molécules s'agitent avec des vitesses croissantes. Objectivement, la chaleur n'est pas autre chose que cette agitation, que cet état cinétique élémentaire. La force vive de ces particules, fonction du degré thermique absolu, est la même pour toutes les molécules de quelque espèce qu'elles soient : un même nombre de molécules gazeuses élevées à la même température et placées dans un même espace clos développent la même pression gazeuse, parce que chacune d'elles a la même force vive. Ainsi quand on prend, à la température de zéro centigrade, 32 grammes d'oxygène, 2 grammes d'hydrogène, 18 grammes de vapeur d'eau, ou en général une molécule-gramme d'un gaz quelconque (1), et qu'on place cette molécule-gramme dans un espace clos de 22 l. 4, elle y développe une pression de 1 atmosphère. Or, ces 32 grammes d'oxygène, 2 grammes d'hydrogène, 18 grammes d'eau, renferment un même nombre N de molécules, puisque ce sont des multiples du même ordre des poids moléculaires absolus : le nombre N est connu dans la science sous le nom de constante d'Avogadro ; il est aujourd'hui numériquement déterminé avec une certaine approximation comme nous allons le rappeler tout à l'heure.

(1) Poids vrai de la molécule multiplié par un nombre constant assez grand pour donner les poids moléculaires relatifs de la chimie affectés du mot gramme.

VIII. — La théorie cinétique a été étendue
aux autres états physiques de la matière.

Différentes raisons nous ont fait étendre aux liquides et aux solides les conclusions de la théorie cinétique et ont fait regarder la chaleur en général comme un état de mouvement des particules matérielles, sous quelque état physique qu'elles se présentent.

C'est d'abord la pression osmotique qui nous a fourni les premières preuves de cette conception : de l'eau pure et de l'eau sucrée placées au même niveau dans les deux compartiments d'une cuve et séparées l'une de l'autre par une cloison poreuse perméable à l'eau, se dénivellent immédiatement ; il y a appel de l'eau pure vers l'eau sucrée à travers la cloison. La force qui soulève le niveau liquide est la pression osmotique. Ce fait est dû à ce que les molécules de sucre dissoutes se comportent, d'après la théorie de Van t'Hoff, comme des molécules gazeuses : comme celles-ci elles sont agitées de mouvements rapides : leurs chocs contre les parois de l'espace clos qui les renferme déterminent une pression contre ces parois et tendent à les écarter. Ici les parois qui limitent l'espace clos sont les surfaces du liquide solvant; c'est en particulier la surface libre qui tend à se soulever sous la pression, et qui, pour se soulever, doit faire appel à l'eau pure du compartiment voisin.

Un raisonnement logique nous conduit de la théorie cinétique des molécules dissoutes à celles des molécules liquides en général. On ne conçoit pas, en effet, que la force vive des molécules dissoutes puisse se perdre quand on augmente la concentration. Elle peut seulement devenir moins manifeste extérieurement : la pression osmotique croît moins vite que la concentration quand on ne s'en tient pas aux grandes dilutions; de même la loi de Mariotte n'est vraie pour les gaz que si l'on considère les pressions très faibles. Cela indique tout simplement que les influences de molécule à molécule jouent un rôle croissant à mesure que le nombre des molécules par unité de volume augmente, à mesure que les liens intermoléculaires entrent en scène d'une façon plus efficace, mais l'énergie cinétique ne saurait diminuer, même si l'on arrive à la concentration infinie, c'est-à-dire à un liquide constitué par le soluble pur en l'absence de tout solvant.

Les forces vives moléculaires changent certainement d'aspect quand interviènnent ces liens, et la stabilité apparente de la matière est faite de l'équilibre entre des effets opposés : effets des attractions intermoléculaires et effets des forces vives. Chacun sait d'ailleurs que l'on ne peut pas modifier ces forces vives sans provoquer des changements macroscopiques dans les corps : en effet, dès qu'on change le degré thermique d'un liquide, on fait varier son volume, parce que l'agitation particulaire, l'énergie cinétique de ses molécules, est fonction de la température absolue.

Des liquides aux solides, il n'y a qu'un pas. Les liens de cohésion moléculaire seuls sont différents et les différences ne sont pas radicales : on trouve tous les intermédiaires entre ces deux états.

Les phénomènes de diffusion des gaz, des liquides et même des solides sont venus apporter une singulière confirmation à ces vues.

La loi de Graham nous a appris que la vitesse de diffusion des gaz est, à une température donnée, inversement proportionnelle à la racine carrée de leur densité ou, ce qui revient au même, à la racine carrée de leur poids moléculaire. La théorie cinétique nous enseignant que la force vive de toutes les molécules gazeuses est la même à cette température, c'est-à-dire que le carré de leur vitesse d'agitation est inversement proportionnel à leur masse, nous avons conclu que la vitesse de diffusion est proportionnelle à la vitesse d'agitation thermique, ce qui éclaire d'un jour impressionnant le phénomène de la diffusion.

Nous avons vu aussi que les métaux solides, serrés les uns contre les autres, subissent, quand les surfaces sont bien polies, une sorte de pénétration moléculaire : il se fait un alliage dans les couches de contact, ce qui implique la translation moléculaire de l'un vers l'autre sans fusion. Du reste, nous avons rencontré d'autres faits qui nous prouvent une mobilité particulaire relative des solides : les mutations allotropiques et cristallographiques qui s'opèrent dans un corps sans que ce corps cesse d'être à l'état solide dénotent des perturbations dans les associations moléculaires. Sous de très hautes pressions, les métaux subissent même une sorte de pulvérisation particulaire qui les met dans un état assez voisin de l'état liquide. Enfin les dissymétries acquises soudain par la matière quand on la place dans un champ magnétique, ou dans certaines conditions physiques, nous montrent que la molécule est susceptible de s'orienter et de changer son orientation sous des influences variées.

Mais c'est surtout l'étude des chaleurs spécifiques qui nous a fait voir le rôle que jouent d'une part l'énergie cinétique atomique et moléculaire, d'autre part les liens interatomiques et intermoléculaires dans l'établissement de l'équilibre stable qui caractérise la matière. Nous allons très sommairement rappeler les conclusions de ce chapitre important de la science.

IX. — La théorie cinétique nous a expliqué la plupart des phénomènes thermiques, atomiques et moléculaires.

La loi de Dulong et Petit nous a appris que la capacité calorifique des atomes de tous les corps simples est la même : il faut la même quantité de chaleur pour élever de un degré la température d'un atome (ou d'un même nombre N d'atomes), que cet atome soit léger ou lourd, qu'il fasse partie d'une molécule monoatomique comme le mercure, le zinc, d'une molécule biatomique comme le fer ou les métalloïdes, ou d'une molécule polyatomique comme l'étain. D'autre part, la loi de Wœstyn nous a dit que la capacité calorifique d'une molécule d'un corps composé est en général égale à la somme des capacités calorifiques de chaque atome constituant, ou proportionnelle au nombre de ces atomes. Par contre, nous avons constaté que la chaleur spécifique varie suivant la température pour les solides et les liquides, qu'elle varie dans des limites très étendues quand on passe de l'état gazeux à chacun de ces deux états, et enfin que pendant la fusion et pendant la gazéification on doit fournir de la chaleur au corps qui fond ou qui se vaporise, sans élever sa température. Ces faits s'interprètent simplement, si l'on admet que la chaleur fournie à un corps par une source étrangère est employée d'une part à accélérer les mouvements d'agitation particulaire et par suite à élever sa température; d'autre part à modifier les liens interparticulaires, modifications variables suivant la température absolue, suivant les états physiques ou chimiques.

Dans les gaz où le régime cinétique est libre, où il n'y a pas de liens intermoléculaires, toute la chaleur fournie est employée à élever la température: la chaleur spécifique est indépendante de la température absolue.

Dans les liquides et les solides, au contraire, ces liens intermoléculaires entrent en scène; ils varient avec la température. A certains degrés thermiques, ils se modifient même profondément comme au point de fusion ou aux points de mutations allotropiques. Alors toute la chaleur fournie par la source étrangère est employée à provoquer ces changements architecturaux et la température reste constante; l'énergie thermique absorbée est fixée sous forme d'énergie potentielle par le système matériel.

Du reste, la chimie nous fournit continuellement des exemples de cette loi d'après laquelle, pour modifier les liens interatomiques, pour effectuer des mutations dans l'édifice moléculaire sans changer la température, sans modifier le régime cinétique particulaire initial d'un système, il faut ordinairement fournir ou retirer de la chaleur.

Ainsi, à chaque pas, nous constatons la mutation de ces deux formes de l'énergie, dont l'une se manifeste par du mouvement thermique, et dont l'autre nous apparaît sous l'aspect tout différent d'attractions interparticulaires, et dès maintenant nous concevons que le substratum de ces phénomènes divers est une modalité de l'énergie cinétique.

Il est, à côté des faits relatifs à la chaleur spécifique des corps, un ordre de phénomènes qui appuient par des images saisissantes la théorie cinétique de la matière. Ils sont même, si l'on veut, un corollaire du théorème de la chaleur spécifique : nous les avons étudiés sous la rubrique d'équilibre des phases dans les systèmes physiques et parmi eux nous avons fait une place spéciale à l'étude de la tension de vapeur.

En vase clos, un liquide émet des molécules à l'état de vapeur jusqu'à ce que le nombre de ces molécules gazéifiées, par unité de volume de l'espace clos, ait atteint une certaine valeur; après quoi, tant que les conditions physiques de l'expérience ne changent pas, l'équilibre entre la masse liquide et la masse gazéifiée reste le même. Cet équilibre n'est pas troublé par la présence de molécules gazeuses d'espèces différentes, si bien que pour un degré thermique donné, la tension de vapeur a une valeur rigoureusement déterminée : si la température s'élève, de nouvelles molécules sont gazéifiées; si elle s'abaisse, des molécules gazeuses reviennent à l'état liquide : d'où la buée qu'on voit se former dans les chambres saturées de vapeur d'eau contre les vitres dont la température est plus froide.

Nous avons ainsi été conduits à voir, dans cet équilibre des phases liquide et gazeuse, un équilibre statistique. L'évaporation résulte de l'expulsion hors du liquide des molécules de la couche superficielle que leur mouvement d'agitation a fait échapper aux liens de cohésion moléculaire. Quand, dans un espace clos, la vapeur a pris sa tension maxima, cela signifie que le nombre des molécules expulsées hors du liquide est égal au nombre des molécules que les hasards de l'agitation gazeuse y font rentrer.

D'ailleurs à partir du jour où la théorie cinétique a été ébauchée, toutes les autres branches de la physique sont venues lui prêter leur appui: l'étude de la lumière, nous le rappellerons bientôt, nous a appris que les radiations sont constituées par des ondulations éthérées pareilles à celles qui cheminent le long d'une corde dont on secoue l'extrémité; et quand on s'est demandé quel est l'agent perturbateur qui secoue le bout de la corde, on a constaté qu'il y a là une particule matérielle vibrant d'autant plus vite que sa température est plus élevée. L'étude de la chaleur radiante a confirmé cette interprétation en nous montrant que tous les corps, à partir du zéro absolu, émettent des rayons thermiques dont la longueur d'onde est d'autant plus courte que la température est plus élevée et qui deviennent visibles quand la fréquence est assez grande.

Enfin, les notions acquises sur l'électricité et en particulier sur les conductibilités électrique et thermique aux différentes températures, n'ont pu recevoir d'explication rationnelle en dehors de l'hypothèse d'un mouvement particulaire lié à l'état thermique.

Mais la nature a fait mieux encore pour dévoiler ses secrets à nos yeux, et pour imposer la vérité à ceux que laissent incrédules les déductions de la science. Si elle persiste à cacher à notre curiosité la vue de la molécule en mouvement, elle nous donne un aperçu de l'agitation élémentaire de la matière. Comme les forains qui promettent au public des attractions inconnues cachées derrière la toile de leur théâtre et qui lui

en donnent un avant-goût dans une parade échevelée, la nature
nous offre aussi sa parade alléchante. Devant le rideau fermé
qui nous empêche de contempler l'agitation des molécules et
des atomes, elle nous donne le spectacle suggestif des mouvements browniens.

X — Les mouvements browniens qui illustrent la théorie cinétique nous ont permis d'arriver à la notion des grandeurs moléculaires absolues.

Les systèmes colloïdaux vus à l'ultra-microscope et les
fausses solutions constituées par un liquide tenant en suspension des particules insolubles vues à un grossissement plus
faible nous montrent facilement l'agitation brownienne. Les
particules en suspension (oscillent, s'agitent, tournent sur
elles-mêmes dans des mouvements désordonnés, d'autant plus
rapides que les particules sont plus petites et que la température est plus élevée. La numération des particules en suspension à différents niveaux dans de tels systèmes, sur une hauteur
de 1/10e de millimètre environ, a permis au physicien français
Perrin d'assimiler leur mode de répartition à celui des molécules gazeuses dans l'atmosphère et de calculer par suite la
valeur absolue de certaines constantes moléculaires. Parmi
ces constantes, la plus importante est certainement la constante d'Avogadro ou nombre N de molécules contenues dans
2 grammes d'hydrogène, dans 32 grammes d'oxygène, dans
18 grammes de vapeur d'eau ou en général dans une molécule-
gramme d'un gaz ou d'une vapeur quelconque.

Cette détermination du nombre N est l'une des conquêtes
les plus remarquables de la science; elle a montré que, indirectement, la physique peut arriver à mesurer par des voies
toutes différentes une chose inaccessible. Nous avons vu la
concordance étonnante des résultats donnés dans cette recher-

che par des méthodes qui n'ont rien de commun, comme celles qui reposent sur l'étude de la viscosité gazeuse, des mouvements browniens, du bleu du ciel, de la charge électrique des ions gazeux, de l'étude des projectiles α des corps radio-actifs, etc. Une molécule-gramme de tous les corps renferme environ 65 à 70 $\times$ 10^{22} molécules, c'est-à-dire qu'il faut environ sept cents milliards de trillions de molécules pour faire une molécule-gramme d'un gaz quelconque.

La connaissance du nombre N nous a permis de connaître le poids approximatif absolu de chaque molécule et si nous appelons γ une unité qui représenterait la trillionième partie du trillionième de gramme, la molécule d'eau a pour poids absolu 25 γ,7. La molécule d'oxygène pèse 45 γ,7, celle d'hydrogène 2 γ,88, etc. Pour exprimer ces poids en gramme, il faudrait faire suivre le zéro indiquant les grammes de 23 zéros et placer à la droite le chiffre des unités γ.

L'atome d'hydrogène en admettant que la molécule d'hydro-gène se compose de 2 atomes pèserait 1 γ,44, et les poids ato-miques absolus de tous les autres corps se déduiraient de celui-ci en multipliant 1 γ,44 par les nombres qui représentent, dans les tables de la chimie, les poids atomiques relatifs de ces corps.

On a pu aussi déterminer par différents procédés le diamètre moléculaire. L'unité convenant à le déterminer est le $\mu\mu$ que nous sommes habitués à employer couramment aujourd'hui, c'est-à-dire la millionième partie du millimètre. Ainsi, la molé-cule d'oxygène aurait un diamètre d'environ 0 $\mu\mu$ 268.

Enfin, on a évalué la vitesse moyenne avec laquelle se meuvent les molécules gazeuses ainsi agitées par leurs oscillations thermiques. La molécule d'hydrogène s'agiterait à la vitesse moyenne de 1850 mètres par seconde, celle d'oxygène à la vitesse de 462 m. 50 environ, et ainsi de suite des autres, la vitesse moyenne d'agitation étant inversement proportionnelle à la racine carrée de la masse relative des molécules.

XI. — La notion des liens interatomiques et intermoléculaires nous a révélé une relation dynamique entre les éléments matériels et le milieu éthéré.

Si les forces apparemment répulsives, dont l'effet est d'écarter les unes des autres les unités matérielles, se ramènent à des mouvements, les forces attractives nous apparaissent de prime abord comme de nature différente. Qu'il s'agisse des forces gravides qui attirent les unes vers les autres les unités sidérales et qui font la pesanteur à la surface de notre terre ; qu'il s'agisse des attractions intermoléculaires qui font la cohésion normale des liquides, la tension superficielle, les phénomènes de capillarité, l'invariabilité de forme des solides, l'adhérence des surfaces polies, des colles, des mortiers, des teintures, l'adsorption en général ; qu'il s'agisse des forces d'affinité chimique qui soudent les atomes simples pour en former des édifices moléculaires plus ou moins complexes ; tout se passe comme si quelque lien élastique mystérieux, unissant les unités en présence, les poussait à se joindre.

Les forces gravides, en particulier, se présentent à nous comme si elles émanaient réellement des éléments matériels, centres générateurs à partir desquels elles divergent dans toutes les directions de l'espace. Proportionnelles aux masses des corps en présence, sans distinction de l'espèce atomique ou moléculaire à laquelle ces corps appartiennent, les forces newtoniennes sont tellement inséparables de la masse de matière, que nous n'arrivons que par un grand effort à concevoir la masse sans son champ gravifique, sans son poids qui nous en donne la mesure habituelle. Décroissant avec le carré des distances elles sont bien le type de ces forces centrales qui paraissent engendrées là où se trouve leur point de divergence ; et l'espace à travers lequel elles rayonnent nous semble à première

vue un milieu inerte qui ne prend aucune part à leur génération.

Nous avons vu que ces apparences sont trompeuses. Pas plus
que nous ne pouvons regarder le ballon qui s'élève dans l'atmosphère comme possédant en lui-même sa force ascension-
nelle, pas plus nous ne sommes autorisés à regarder les uni--
tés matérielles comme engendrant les forces qui les attirent,
et à refuser au milieu ambiant, à l'éther, le rôle essentiel dans
ce phénomène à la fois si simple et si incompréhensible.

Cette intervention possible de l'éther dans la production du
phénomène le plus matériel qui se puisse imaginer n'est d'ailleurs pas une hypothèse gratuite engendrée par une métaphysique stérile. La deuxième partie de notre étude nous a conduits en effet à reconnaître comme élément fondamental de
l'atome, et comme agent actif de la plupart des phénomènes
matériels, une unité universelle qui tient le milieu entre le
monde de la matière et le monde de l'énergie : l'électron s'est
révélé à nous comme possédant avec l'éther des relations
étroites et comme n'ayant d'autre masse et d'autre inertie que
sa masse éthérée et son inertie électromagnétique.

Elle nous a conduits aussi à saisir sur le vif les perturbations
causées dans l'éther par les mouvements électroniques; la
radiologie nous a appris à étudier les ondulations de ce milieu
impondérable, et l'optique, en approfondissant le phénomène
de la réfraction, nous a montré que l'éther, dans la matière,
a une densité supérieure à celle de l'éther des vides intersidé-
raux.

Dès lors que la matière est capable de créer une condensation, une tension du milieu où s'agitent ses éléments, il est permis d'imaginer quelque variante d'un principe d'Archimède
inaccessible à notre mécanique et qui expliquerait les forces
gravides.

Si les forces newtoniennes, qui se laissent si difficilement
pénétrer, nous suggèrent l'idée d'un rôle actif et essentiel de

l'éther, cette hypothèse n'est pas démentie par l'étude des autres forces attractives que nous énumérions tout à l'heure : les forces de cohésion ou d'adhésion intermoléculaires, les forces d'affinité chimique qui unissent les atomes. On peut même dire que ces forces, propres à chaque espèce atomique ou à chaque espèce moléculaire, sont plus accessibles à notre intelligence, et mieux que les forces gravides se prêtent aux investigations de la science.

La valence chimique en effet s'est révélée à nous comme la manifestation d'un déficit ou d'un surcroît d'électrons dans l'équilibre atomique ; et l'étude des mouvements électroniques dans l'atome, mouvements qui n'ont rien de commun avec l'agitation thermique, nous a laissé prévoir une explication plausible de son mécanisme intime. Cette explication attribue un rôle essentiel au champ éthéré des électrons en révolution dans l'atome. Elle a reçu une forme des plus séduisantes avec la théorie du magnéton de P. Weiss. La même conception de la cinétique élémentaire peut s'adapter non seulement à l'explication des liens chimiques des atomes, mais aussi à celle des liens physiques intermoléculaires qui se manifestent par la cohésion, l'adhésion, la tension superficielle, etc. Mais nous en serions réduits à faire des hypothèses fantaisistes si nous voulions rattacher les diverses modalités de toutes ces forces attractives à des modalités mécaniques déterminées des mouvements électroniques. Outre que cette cinétique nous est totalement inconnue, il est toujours imprudent de transposer dans le domaine de l'éther les lois de la mécanique matérielle qui ne semblent pas du tout lui être applicables. Il n'en est pas moins vrai que cette conception nouvelle explique les relations intimes qui solidarisent les éléments constitutifs de l'unité matérielle et le milieu ambiant, et jette une clarté sur la structure granuleuse de la matière. Autant nous avons de difficultés à nous représenter des grains isolés suspendus dans le vide, dans le néant absolu, et attirés par des forces chimiques, physiques, gravifiques variées dont ils seraient les générateurs, autant l'idée d'un milieu réel, substratum de ces forces et siège de leur production, satisfait notre imagination.

Cette idée d'un milieu actif, entourant les éléments maté-riels, et solidaire des phénomènes qui les affectent, n'a pu se préciser qu'en faisant appel à la connaissance de l'électricité, et déjà nous avons dû parler de l'électron, avant d'avoir énoncé les données de la science qui ont conduit à sa découverte. Nous allons à présent brièvement rappeler ces données sans lesquelles cet infiniment petit risquerait d'être regardé seulement comme une invention ingénieuse et une jolie hypothèse de la science contemporaine.

XII. — Ce que nous avons appris des phénomènes électriques. La notion de l'électron.

L'une des plus grandes conquêtes de l'électrologie contemporaine est la découverte de l'électron.

Toutes les données de la science électrique, de prime abord étrangères les unes aux autres, ont par la suite convergé vers une même notion qui a créé un lien entre elles : la notion de l'électron.

Les lois de l'électrostatique ont montré que les charges déposées sur un conducteur isolé se comportent comme si elles étaient constituées par des unités, par des grains d'électricité se repoussant les uns les autres.

L'électrodynamique a révélé que quand un conducteur est le siège d'un courant, il existe autour de lui un état spécial du milieu ambiant qu'on appelle le champ magnétique. De l'électricité ne peut se déplacer le long d'un conducteur sans qu'un flux magnétique, prenant naissance autour de ce conducteur, se propage à partir de lui dans l'éther ambiant.

On a pu croire longtemps les charges statiques, décelées par leurs effets mécaniques d'attraction et de répulsion, différentes des charges circulantes décelées par leurs effets magnétiques, tant était grande la diversité de leurs effets. Maxwell avança l'hypothèse hardie que tout champ magnétique est produit par une charge semblable aux charges statiques, mais animée d'un mouvement de translation; si cette translation est oscillante, c'est-à-dire alternativement produite dans un sens, puis dans le sens inverse, le champ est lui-même oscillant, et l'éther est agité d'ondulations magnétiques qui se propagent au loin : ces ondulations, quand leur fréquence est basse, constituent les champs d'induction des transformateurs électriques; plus fréquentes, elles sont les ondes hertziennes de la télégraphie sans fil.

De fait, une expérience fameuse, réalisée par Rowland et confirmée par Pender, a montré qu'une charge statique entraînée dans l'espace avec son support matériel agit comme un courant sur l'aiguille aimantée, et des calculs de Langevin, il résulte que le champ magnétique créé par un élément de courant d'intensité i et de longueur l est le même que celui d'une charge q animée d'une vitesse v quand $il = vq$.

Le jour où l'on commença à mesurer les grandeurs électriques, on chercha à rattacher ces grandeurs au système CGS par deux voies différentes : d'une part en considérant les phénomènes électrostatiques, d'autre part, en considérant les phénomènes électrodynamiques. Mais on fit alors cette constatation un peu surprenante que les symboles employés pour désigner chacune de ces grandeurs différaient dans les deux systèmes par une lettre représentant d'après nos conventions actuelles un facteur *vitesse* et que les unités qui les mesuraient différaient entre elles par un coefficient numérique, 30.000.000.000, qui est la vitesse de la lumière à travers le vide en centimètres par seconde. Ce fut là l'une des raisons majeures qui conduisit Maxwell à son immortelle théorie électromagnétique de la lumière.

La lumière, l'ondulation éthérée qui nous transmet l'énergie
solaire à travers les espaces interplanétaires, était désormais
assimilée à la transmission d'une perturbation électromagnétique, et l'on était fatalement conduit par cette théorie à
rechercher la cause provocatrice de toutes les oscillations de
l'éther dans un déplacement de charges électriques. Mais si
l'oscillation des charges dans les conducteurs, expliquait sans
difficulté les rayons hertziens, c'est jusque dans la structure
intime de la matière qu'il fallut chercher la raison d'être des
radiations thermiques émises par les corps, à partir du zéro
absolu, et des radiations lumineuses émises par la matière
incandescente.

Or, il se passa dans l'histoire de la science électrique un
fait aussi remarquable que celui qui provoqua dans l'histoire
de la chimie la découverte de l'atome des éléments simples.
Chaque fois que par un procédé quelconque la science put
mesurer la valeur de la charge unité qui, ici, accompagnait
les ions électrolytiques, là, provoquait les ondulations lumineuses de l'éther, là encore, constituait les émissions négatives
des corps radio-actifs ou les translations électriques des faisceaux
cathodiques, partout et toujours elle constata la même grandeur. Le grain d'électricité sous ses manifestations variées se
présentait comme une charge unité indivisible et bien caractérisée. C'est cette charge unité, ce grain d'électricité accessible à nos mesures que nous manions aujourd'hui sous le
nom d'électron.

XIII. — L'électron et la constitution de la matière.

L'électron par des voies toutes différentes s'est ainsi révélé
à nous comme en connexion intime avec l'atóme. Bien plus,
toutes les propriétés de l'atome se sont réduites en dernière
analyse à des propriétés électroniques; en dehors des électrons

qui semblent former sa substance, nous ne connaissons rien de l'atome ; et l'atome nous apparaît aujourd'hui comme un agrégat d'électrons en équilibre cinétique.

Cette idée est trop importante pour que, dans cette révision rapide des notions précédemmeut étudiées, nous ne lui accordions pas un moment d'attention, en rappelant les raisons majeures qui la justifient.

1° *Raisons tirées de l'étude de la conductibilité métallique.* — Dans les conducteurs métalliques, tout se passe comme si chaque atome de métal avait avec lui l'agent transmetteur du courant : quand un fil est le siège d'un courant, toute la masse du conducteur participe à cette translation au point que l'on peut dire que, pour un métal donné, placé dans des conditions physiques déterminées, la conductance dépend du nombre d'atomes occupant une section de ce conducteur, ou si l'on veut la conductance est proportionnelle à la section du conducteur. D'ailleurs, le pouvoir conducteur atomique varie d'un métal à l'autre ; des fils renfermant le même nombre d'atomes par unité de longueur, c'est-à-dire dont les poids au mètre sont proportionnels aux poids atomiques ont des conductibilités différentes. Ces deux faits suffisent à nous prouver que si le grain d'électricité qui circule le long d'un fil est bien le même que celui qui provoque l'étincelle sur la peau de chat ou sur la sphère de cuivre isolée, il se présente ici sous un aspect différent. Il ne s'agit plus d'une charge surajoutée qui se répand à la surface du conducteur isolé et tend à s'échapper de lui ; l'agent transmetteur paraît résider dans l'intimité même du conducteur et faire partie de son architecture atomique. C'est ce qui rend possible l'existence de ces charges énormes qui circulent dans les conducteurs. On se souvient en effet que les charges débitées en une seconde par un courant de un ampère porteraient une sphère de un mètre de rayon isolée dans l'espace à un potentiel de 9 milliards de volts.

2° *Raisons tirées de l'étude des solutions électrolytiques.*

Nous savons que 9 grammes d'eau en se décomposant en ses
éléments : 1 gramme d'hydrogène et 8 grammes d'oxygène,
libèrent 96.537 coulombs d'électricité, et que, en général, un
atome-gramme de tous les éléments chimiques libère cette
même charge *par chaque valence chimique*, comme si chaque
atome monovalent portait la même charge unité, le même grain
d'électricité lié à sa substance. Ces 96.537 coulombs déposés
sur une sphère isolée de un mètre de rayon la porteraient au
potentiel de près de 900.000 milliards de volts, et déposés
sur une sphère grosse comme la terre lui donneraient une
tension de plus de 135 millions de volts.

Il nous est impossible de comprendre la présence de ces
charges énormes dans la matière, impossible de concevoir
qu'elles n'y provoquent pas des tensions électrostatiques telles
que la foudre du ciel et les explosions les plus fantastiques ne
seraient que jeux d'enfants à côté de leurs effets disrupteurs,
si nous n'admettons pas que l'électron fait partie intégrante de
l'architecture de l'atome.

3° *Raisons tirées de l'étude de la lumière*. — Toute matière
qui n'est pas au zéro absolu provoque autour d'elle dans
l'éther, comme nous l'avons déjà rappelé ci-dessus, une ondulation qui se transmet sous forme de vagues électromagnétiques
jusqu'à l'infini. Ces ondulations ont des fréquences variées.
Elles sont d'autant plus rapides que le corps est plus chaud.
Quand elles atteignent une certaine fréquence, 375 à 750 trillions par seconde, elles produisent sur l'œil une sensation,
grâce à laquelle nous avons, à distance, la perception du
monde extérieur : ce sont les vibrations lumineuses.

Toutes ces ondulations, visibles ou non, sont produites par
les agitations particulaires de la matière et ce fait, nous le
savons, est une preuve apportée à la théorie cinétique.

Mais nous avons tiré de ce phénomène deux autres déductions d'une importance capitale : d'une part, l'action des
champs magnétiques sur la lumière polarisée nous a montré

que la particule émissive portait bien une charge électrique, et l'étude du phénomène de Zeeman nous a fait savoir que les constantes physiques de cette particule étaient celles de l'électron. D'autre part, la spécificité du spectre d'émission des gaz et des vapeurs, nous a révélé que les mouvements des électrons, source des ondulations éthérées, n'étaient pas indépendants de l'architecture atomique; et les dérogations aux lois de Stefan et de Wien, relatives à la lumière émise par la matière incandescente, ont confirmé ces vues. Nous avons appris d'ailleurs aussi que sous des causes variées, différentes de l'élévation thermique, des particules matérielles pouvaient vibrer suivant un rythme spécifique; les corps luminescents émettent des radiations caractéristiques du phosphorogène, c'est-à-dire que le régime cinétique pris par les électrons liés au phosphorogène dépend de la structure atomique de ce dernier. Ce cas particulier se rapproche du cas plus général de la luminescence des gaz.

L'électron est donc l'agent perturbateur cause des radiations thermiques et lumineuses émises par la matière, et cet électron est intimement lié à l'atome. La complexité des phénomènes magnéto-optiques ne nous permet pas encore de dire dans quelle limite tous les électrons appartenant à l'architecture de l'atome prennent part à l'émission d'ondulations éthérées, mais dès maintenant un jour lumineux est jeté sur la constitution de l'atome, puisque nous voyons des électrons, pierres de l'édifice atomique, agir comme des transformateurs d'énergie, recevant du dehors de l'énergie mécanique, thermique, chimique, électrique ou autre, et rendant de l'énergie de mouvement, cause des ondulations éthérées; et puisque nous voyons en même temps que ces pierres de l'édifice atomique ne sont pas des transformateurs autonomes, les unités matérielles dont ils font partie leur imposant plus ou moins un rythme propre et spécifique.

4° *Raisons tirées de l'étude des corps radioactifs*. — La

découverte des corps radioactifs a transformé en certitude ce qui n'était qu'hypothèse. Nous avons vu des atomes émettre spontanément des particules électrisées, dont les trajectoires constituent les rayons β ; nous avons déterminé les constantes physiques de ces particules, et nous avons trouvé que ces constantes physiques étaient celles du grain d'électricité décelé ailleurs, celles de l'électron.

Nous avons vu ces mêmes atomes agités dans leur équilibre cinétique, expulser une particule matérielle électrisée plus grosse que l'électron. Cette particule s'est révélée à nous comme un atome d'Hélium, et le résidu comme un atome nouveau avec sa masse et ses propriétés nouvelles.

Nous avons vu les atomes se transformer ainsi les uns dans les autres soit en expulsant des atomes plus petits, tels les atomes de radium se transformant en émanation, soit en expulsant des électrons, tel le radium B se transformant en radium C ; soit même sans rien expulser, grâce à un simple remaniement de l'équilibre cinétique interne, tel le radium D se transformant en radium E.

Nous avons appris enfin que ces électrons, chassés par l'atome en voie de désagrégation ou de transformation, sont animés de vitesses fantastiques de l'ordre de 10.000 kilomètres à la seconde, ce qui suppose dans l'intérieur de l'atome une énergie cinétique considérable, partiellement employée à les projeter. Nous sommes ainsi arrivés à concevoir que les électrons connectés dans l'atome y ont une force vive supérieure à celle dont nos plus puissantes machines nous donnent une idée.

D'autre part, puisque les atomes lourds expulsant des électrons et des ions électrisés deviennent des atomes moins lourds, capables eux-mêmes d'expulser de nouveaux électrons et de devenir des atomes plus légers qui se dégraderont encore, nous avons été en droit d'admettre que l'atome est peut-être seulement un agrégat d'électrons.

XIV. — L'atome agrégat d'électrons en équilibre cinétique. La désintégration de la matière.

Cette hypothèse a pris corps, et lord Kelvin, se basant sur les calculs de la mécanique rationnelle, a cherché à déterminer à quelle condition de petites sphères se repoussant les unes les autres, mais attirées vers un centre, pouvaient présenter un équilibre stable. Il a ainsi réalisé des séries de combinaisons dans lesquelles le nombre des unités est croissant. Dans chacune de ces séries on trouve périodiquement des combinaisons aptes à acquérir ou à perdre, une, deux, trois... unités en plus ou en moins du nombre répondant à la combinaison stable. Les atomes qui tendent à perdre des électrons, atomes électropositifs, seraient les atomes des métaux; ceux qui tendent à en acquérir, atomes électronégatifs, seraient les atomes des métalloïdes. Le nombre des atomes en plus ou en moins constitueraient le nombre des valences propres à l'atome.

Mendeleieff, partant de là, a dressé un tableau des corps simples où les tétravalents, tels que C, Si, occupent la ligne verticale du centre; ils sont flanqués à droite des trivalents électronégatifs, et à gauche des trivalents électropositifs; plus loin viennent les bivalents, les monovalents, et enfin les atomes sans valences He, Ar, Kr, etc., qui terminent des deux côtés les séries verticales en marquant le lien de passage entre les séries horizontales.

Quelle est la force qui attirerait vers le centre de l'atome les électrons en révolution? On en est réduit ici à des hypothèses. Lord Kelvin admet une électricité positive répartie dans la sphère atomique; Lorentz et Larmor un centre positif autour duquel évoluent les atomes. On peut se passer de l'introduction hypothétique d'une électricité positive en imaginant simplement que par le mouvement tourbillonnaire d'ensemble du groupement électronique formant l'atome, et par la réaction de

l'éther ambiant, il y a tendance à la concentration du système.
On laisse ainsi aux phénomènes d'électrisation positive leur
sens le plus scientifique : l'état positif consistant en une sous-
traction d'électrons et l'état négatif en une addition d'électrons,
à un système en équilibre cinétique stable.

Du reste, dès lors que l'intelligence humaine cherche à dépasser
les limites de la science positive, les discussions deviennent
puériles et vaines. Nous avons été conduits à voir dans les
propriétés électroniques la cause des phénomènes matériels;
à regarder l'électron comme l'élément essentiel et peut-être
l'élément unique de la structure atomique; à entrevoir une
explication plausible à la variété des éléments chimiques et à
leurs affinités par des variantes structurales dans le nombre
et l'arrangement des électrons actifs, cela doit nous suffire en
attendant que la science ait pénétré plus loin, par des voies peut-
être très inattendues, dans la complexité de cette architecture
mystérieuse.

XV. — La théorie électronique nous a expliqué les conductibilités électrique et thermique, la thermoélectricité, l'induction, le magnétisme de la matière, etc.

A la lueur de ces théories nouvelles, une foule de faits jusque
là incompréhensibles ont reçu une explication rationnelle.

La conductibilité métallique de la chaleur et de l'électricité a
pu être interprétée d'une façon précise. Nous avons dit que
dans un circuit métallique tout se passe comme si chaque
atome de métal avait avec lui l'agent transmetteur du courant
électrique, et comme si cet agent transmetteur résidait dans
l'intimité même de la substance du conducteur. Nous pouvons
aller plus loin et regarder comme très probable la dissociation naturelle de l'atome métallique en un ou plusieurs électrons libres et un noyau résiduel fixe. Le noyau privé ainsi

d'une charge négative nécessaire à son état neutre constitue un ion électropositif. Les électrons libres sont en perpétuelle agitation thermique. Ils entrent périodiquement des milliers de fois par seconde dans l'architecture des ions qu'ils rencontrent.

Si l'on augmente la température en un point quelconque du conducteur, c'est-à-dire si l'on augmente l'agitation thermique particulaire dans cette région, l'accélération se transmet de proche en proche par les chocs électroniques : d'où la conduction thermique.

Si l'on soumet les extrémités du conducteur à une différence de potentiel électrique, il y a inflexion générale des mouvements des électrons négatifs, d'où déplacement en masse de ces électrons : c'est la conduction électrique.

Cette théorie a permis d'expliquer la rapidité de translation du front d'onde dans les fils conducteurs, l'inflexion générale s'opérant à la vitesse de 300.000 kilomètres à la seconde, sans que pour cela le déplacement de chaque électron suivant la direction du courant soit très élevé.

La thermoélectricité, les effets Seebeck et Peltier, l'effet Thomson sont devenus des conséquences logiques et forcées de la théorie électronique des métaux.

L'induction s'est expliquée naturellement par l'action vectrice des perturbations éthérées sur les électrons libres du circuit induit, et les effets électriques dus à l'absorption des ondes hertziennes ont pu être interprétés de même.

Quant à l'électrisation statique des conducteurs elle était dès lors d'une simplicité enfantine à concevoir : Une sphère métallique quelconque renferme à l'état neutre ses atomes, c'est-à-dire ses ions positifs avec leurs électrons libres conjugués. Que l'on apporte sur cette sphère des électrons étrangers, ils seront là en supplément, ils ne trouveront pas de charge antilogue qui les neutralise, ils se manifesteront par ces tensions électrostatiques énormes dont nous connaissons les effets disrupteurs. Que l'on soustraie au contraire à cette

sphère des électrons libres, leurs ions conjugués manifesteront
une tension que la terminologie ancienne qualifie de positive.

Enfin le magnétisme et le diamagnétisme de la matière
devenaient accessibles à notre intelligence. Le diamagnétisme,
ou propriété de la matière de prendre une polarité magnétique contraire à celle du champ magnétisant, est, d'après la
théorie de Langevin, une propriété commune à tous les atomes; elle consiste dans une certaine orientation des révolutions de leurs électrons constituants dans un champ magnétique. Les mouvements de révolution des électrons dans
l'atome sont indépendants de la température : les atomes ont
en effet la même stabibilité à tous les degrés du thermomètre
et les phénomènes de désagrégation radioactive ne sont pas
influencés par les variations thermiques. C'est pourquoi le
diamagnétisme est aussi indépendant de la température absolue.

Mais certains métaux, le fer en particulier, nous donnent
un spectacle différent; ils prennent une polarité semblable à
celle du champ magnétisant, et cette propriété varie avec les
conditions thermiques : elle existerait chez tous les corps
dont l'atóme possède un moment magnétique global résultant
des mouvements de révolution électronique. Un champ magnétique a, en ce cas, prise sur le moment global : c'est le paramagnétisme. On a même pu déterminer la valeur de ce moment
magnétique et l'on est arrivé à ce résultat inattendu que, quand
il varie, il ne varie pas d'une façon continue ; il varie par une
série de sauts successifs, s'augmentant ou se réduisant d'une
quantité unité, la même pour tous les atomes : c'est à cette
quantité unité que P. Weiss a donné le nom de magnéton. Le
magnéton peut être regardé comme le moment magnétique de
l'aimant élémentaire. Il est vraisemblable, comme nous l'avons
dit, qu'il joue un rôle prépondérant dans les liaisons interatomiques.

Ainsi les données acquises établissaient une remarquable
cohésion dans l'édifice de la science contemporaine. En même

temps, la physique mathématique apportait un caractère de
certitude à la plupart des hypothèses émises : les résultats
concordants de calculs appuyés sur les données les plus variées
de l'expérience révélaient en effet les constantes de ces infiniment petits et les lois de leurs mouvements.

Aujourd'hui, malgré l'imprécision avec laquelle nous apparaît
encore l'image du grain de matière et du grain d'électricité,
nous concevons non seulement la structure probable de l'atome,
mais son évolution, sa vie, et ainsi nous touchons au problème
toujours angoissant pour l'homme de l'origine et de la fin de
la matière.

XVI. — La vie de l'atome. Origine et fin de la matière.

L'hypothèse de la constitution électronique de l'atome,
confirmée par toutes les découvertes contemporaines, implique
cette idée que, à sa formation, chaque atome a dû emmagasiner une somme colossale d'énergie. Que ce soit, comme nous
l'avancions, l'énergie de mouvement et la réaction du milieu
éthéré qui maintiennent concentrés en un espace si petit les
électrons constituants de l'atome malgré les forces répulsives
considérables mises en jeu, ou bien que ce soit toute autre cause,
il faut admettre dans l'équilibre stable de l'architecture atomique une énergie larvée énorme : le principe de Robert Mayer
nous conduit à supposer que cette énergie cinétique a sa cause
antérieure et qu'elle sera restituée lors de la dislocation de
l'édifice.

Si nous n'avons jamais encore pu prendre sur le vif la formation d'un atome à partir de ses éléments constituants, la
science nous fait assister depuis quelques années au spectacle
impressionnant de sa désagrégation. Les particules α et β,
expulsées par les atomes radioactifs en voie de dislocation et
lancées dans l'espace avec des vitesses de l'ordre de celle de la
lumière, nous révèlent des forces propulsives bien autrement

puissantes que les forces mécaniques maniées par la physique moderne, bien autrement considérables que les forces vives d'agitation thermique. Si bien que ces radiations nouvelles émises par certains corps peuvent être regardées comme le symptôme révélateur d'une dissipation de l'énergie interne de l'atome et d'une désagrégation de son architecture, « le chant du cygne des atomes qui meurent ».

La science appliquée est arrivée à produire artificiellement des radiations pareilles; elle a pu mobiliser des ions et des électrons libres dans l'espace avec des vitesses aussi grandes, mais au prix de quelle consommation d'énergie! Il faut entretenir des différences de potentiel de 20.000, de 50.000, de 100.000 volts entre des électrodes placées dans des tubes de verre où le vide dépasse le millionième d'atmosphère pour provoquer la translation aussi rapide de ces infiniment petits : les rayons cathodiques des tubes de Crookes sont analogues aux rayons β des corps radioactifs; comme eux, ils nous permettent de saisir l'électron « en vitesse » et de scruter ses relations avec l'éther.

Nous savons que de cette étude est sortie la notion étonnante que l'inertie de l'électron dépend de sa vitesse, et que sa masse tout entière est faite des liens qui l'unissent à l'éther, je veux dire de son inertie électromagnétique : la masse de l'électron est une masse éthérée. Tout se passe comme si l'électron n'était qu'un point singulier de l'éther agrippé aux lignes de flux qui rayonnent de lui dans le milieu impondérable qui l'entoure. Il n'est pas surprenant dès lors que toutes les propriétés de la matière, qui procèdent de celles de l'électron, nous soient apparues comme des propriétés ayant en dernière analyse leur siège et leur substratum dans l'éther ambiant !

Quoi qu'il en soit, il paraît à peu près certain que nous assistons à la mort de quelques atomes pesants, de ceux qui occupent le haut de l'échelle des poids atomiques. Un atome lourd émet des électrons, des ions, et se transforme en atome moins pesant. L'uranium se transforme en radium, le radium en produits dérivés divers, puis en polonium et finalement devient sans doute l'atome stable de plomb. Les atomes de la série thorium suivent une évolution parallèle.

Il se peut que lentement, très lentement, des atomes moins lourds, à édifice moins complexe, se désagrègent aussi. La radioactivité générale de la matière laisse place à beaucoup d'interprétations, et l'on doit admettre aujourd'hui que la transmutabilité des métaux est possible, les espèces atomiques n'étant pas d'essence différente : les unités matérielles ne paraissent être caractérisées que par le nombre et l'arrangement d'unités plus petites, et la science contemporaine, tendant la main à la vieille alchimie, réhabilite ainsi une idée chère aux chercheurs de la pierre philosophale.

Mais si nous avons regardé comme probable la structure électronique de tous les atomes, si nous avons admis qu'ils évoluent, et que leur constance et leur immobilité apparente ne sont que l'effet de leur longévité relative et de la longue persistance de leur équilibre cinétique, il était naturel que nous cherchions des témoins de leur histoire dans le passé. Nous avons vu comment la cosmogonie a répondu à ce désir. La spectroscopie sidérale nous a révélé une grande analogie de constitution des soleils lointains, comme si dans tout l'espace infini le groupement des éléments constituants obéissait aux mêmes lois. Elle nous a donné le spectacle de l'évolution des astres en nous montrant parmi les objets du ciel des soleils naissants, des soleils jeunes, des soleils adultes, et des soleils éteints. Sans pouvoir nous fixer d'une façon absolue sur l'ordre d'apparition des éléments, elle nous a fait entrevoir la formation progressive des atomes à partir des plus légers, à partir de l'hydrogène, de l'hélium, qui apparaissent les premiers, jusqu'aux plus lourds qui caractérisent les astres adultes, et qui sur les astres éteints comme notre terre com-

mencent à se désagréger. Enfin l'étude des nébuleuses, nébuleuses spirales en particulier, nous a permis de concevoir
l'histoire de la formation des mondes sidéraux avec leur
énergie rotationnelle, à partir des nuages cosmiques ; et celle
des mouvements stellaires nous a montré les forces vives
énormes de translation des étoiles, des systèmes stellaires ou
des nébuleuses dans l'espace.

Ainsi la contemplation de l'infiniment grand comme celle de
l'infiniment petit nous a amenés à réduire tous les phénomènes
de la matière à des manifestations de forces vives et à des mutations énergétiques, et nous avons cherché dans les lois générales de l'évolution de l'énergie une explication à la marche de
l'univers.

XVII. — L'évolution de l'énergie. Sa conservation et sa dégradation au cours des phénomènes réels.

Nous avons vu que si l'on suppose un système matériel
isolé dans l'espace, sans relation avec les autres systèmes
capables de lui fournir ou de lui soustraire de l'énergie, tous
les phénomènes réels qui se passent dans ce système obéissent
à deux lois fondamentales : la loi de Robert Mayer ou principe
de la conservation de l'énergie, la loi de Carnot-Clausius ou
principe de la dégradation de l'énergie.

Ce sont là des principes que nous ne voyons jamais en
défaut dans toute l'étendue de l'observation scientifique :
quelle que soit la série des faits que nous observions, quelque
complexe que soit le dédale des phénomènes naturels ou provoqués que nous envisagions, jamais au cours de ces transformations nous ne pouvons constater l'annihilation d'une seule
parcelle d'énergie ; mais toujours nous voyons quelque chose
se dépenser pour les produire : le grade de l'énergie. Toujours
nous constatons que l'état final du système n'est pas identique

à l'état initial et qu'un changement est survenu dans l'ensemble du système : ce changement consiste en une diminution dans les différences de tension énergétique, en un acheminement vers l'égalisation des potentiels.

Si nous vivions dans un système isolé où les mutations matérielles se produisent indifféremment dans tous les sens, où indifféremment un phénomène accompli puisse régresser par les mêmes voies qui ont déterminé sa production, où un astre en voie de refroidissement puisse se réchauffer en rebroussant chemin vers le passé, où les atomes formés puissent repasser par les phases antérieures, où chaque chose, chaque être puisse indifféremment remonter les étapes parcourues depuis sa naissance ou s'acheminer vers sa fin, si en un mot les phénomènes de la nature étaient des phénomènes reversibles, l'énergie conserverait son grade. Mais alors ou bien il n'y aurait aucun phénomène produit, ou bien les phénomènes seraient produits au hasard, la nature chaque jour détruisant ce qu'elle a fait la veille.

Ce n'est pas dans un tel système que nous vivons. Les mutations qui se passent autour de nous ne sont pas des mutations de hasard. Elles se produisent toutes dans une direction donnée : en un mot, les mutations réelles ne sont pas des mutations réversibles, et fatalement nous sommes poussés, nous et les choses de ce monde, dans un sens déterminé : c'est ce que nous appelons, dans notre langage imagé, la marche vers le progrès, et c'est dans l'accomplissement de ce progrès que l'esprit humain se plaît à chercher une finalité à ses actes.

L'enchaînement forcé des phénomènes réels, la marche d'un monde dans un sens déterminé ne nécessite donc nullement une dépense d'énergie, mais elle implique une perte de grade de l'énergie, et cette perte de grade constitue précisément le propulseur des changements naturels; elle s'accomplit d'ailleurs en vertu d'un processus assez complexe. D'une part, dans toute mutation énergétique, il y a tendance à la production de chaleur aux dépens des autres formes de l'énergie. D'autre part, la chaleur ne peut se transformer en une autre modalité énergétique qu'à une seule condition énoncée par le principe de Carnot-Clausius, à la condition de se dissiper en partie sur un corps plus froid. Autrement dit, si une partie de l'énergie thermique peut être récupérée pour produire un travail, l'autre partie est perdue en tant que source d'énergie utile par égalisation des potentiels thermiques. Nous savons en effet que deux corps chauds, ayant une température absolue égale, fussent-ils à mille, à dix mille, à cent mille degrés, ne pourraient produire aucun échange énergétique, aucune mutation, source de phénomènes réels. Une différence de tension thermique, de degré thermométrique est nécessaire : il faut du froid et du chaud pour utiliser la chaleur, comme l'a dit Sadi Carnot dans sa prescience merveilleuse d'une des plus grandes lois de la nature.

Pendant qu'un monde évolue, les forces vives de la nature tendent donc, sans se détruire, à se dégrader en une forme inférieure de l'énergie cinétique : la chaleur ; et si l'on supposait ce monde isolé, il arriverait fatalement un jour où l'égalisation uniforme des agitations thermiques entre toutes les particules matérielles du système arrêterait toute mutation, toute production de phénomènes, toute vie.

Cette étude de l'évolution de l'énergie nous a amenés à nous demander si la science pouvait envisager la question de l'avenir de l'univers tout entier et de l'avenir de notre système solaire en particulier.

XVIII. — L'évolution de l'univers et l'évolution de notre système sidéral. Complexité croissante des formes sur notre planète.

Tout d'abord en ce qui concerne l'univers infini, toutes réserves étant faites sur la possibilité de lui appliquer les rai-

sonnements relatifs à un système fini et fermé, nous avons dit
que rien ne s'oppose à ce qu'on étende jusqu'à lui le principe
de la conservation de l'énergie : cette généralisation dans le
passé et dans l'avenir a pour corollaire l'idée de l'éternité de
l'énergie. Mais il est entendu que pour que cette conception
soit possible, la matière, qui a son commencement, sa vie et
sa fin, doit être considérée comme une phase de l'énergie ; nos
conceptions actuelles sur la nature de l'électron et de l'atome,
sur la réduction de la masse matérielle à une masse électromagnétique conduisent naturellement à cette conclusion.

Quant au second principe, à celui de la dégradation de
l'énergie observée dans chaque système particulier en voie
d'évolution, nous avons montré qu'il n'est pas du tout logique
de l'étendre à l'univers infini. Que nous envisagions le monde
comme formé de systèmes sidéraux non isolés avec de ci de là
des systèmes où l'énergie reprend du grade, comme le pro-
posent certaines théories cosmogoniques, ou bien que nous
envisagions l'éther comme le réceptacle final de l'énergie
dégradée et le générateur d'éléments nouveaux prêts à recom-
mencer le cycle de la dégradation, nous ne pouvons regarder
la loi d'évolution que comme propre à chaque système qui
évolue ; et rien ne nous autorise à imaginer un univers éternel
ayant présenté dans le passé un état de maximum de grade
énergétique et devant aboutir dans un avenir plus ou moins
éloigné à l'uniformité, à la mort générale, à l'arrêt de tout
phénomène et de tout mouvement.

Disserter sur ces conclusions serait faire œuvre prétentieuse
et puérile; je n'ai rappelé ces déductions que pour bien montrer qu'il faut distinguer entre la généralisation des principes scientifiques à l'univers tout entier et leur simple application à notre système solaire dont nous allons dire un mot à
présent.

L'évolution terrestre se fait non pas comme celle d'un système isolé, mais comme celle d'un système en relation avec les

autres objets de l'espace. La terre reçoit de l'énergie radiante
du soleil, et dissipe de l'énergie qu'elle rayonne elle-même
dans toutes les directions. La somme d'énergie qu'elle possèd e
n'est pas constante. Il en est de même des autres planètes; et,
d'une façon générale, on peut dire que le système solaire, ou
qu'un système sidéral quelconque, perd continuellement de
l'énergie à partir de sa formation. Cette perte d'énergie l'ache -
mine vers sa fin par simple refroidissement.

En même temps, grâce à la deuxième loi de l'énergétique, la
matière subit dans notre système une évolution : toutes les
réactions chimiques, tous les phénomènes physiques, électriques, mécaniques, thermiques obéissent à cette loi géné -
rale. L'énergie se dégrade, et à mesure qu'elle se dégrade
l'évolution matérielle se poursuit.

Si la physique et la chimie nous révèlent que, au cours de
cette évolution, les formes les plus simples sont les premières
en date, si elles nous font remonter dans le passé à la conception
d'unités élémentaires, les électrons, dont le groupement engendre
les unités d'ordre supérieur plus complexes et plus diverses,
c'est surtout dans les formes organisées de la matière que nous
pourrons saisir cette loi d'évolution.

Mais que nous envisagions cette complexité croissante des
formes dans le monde organique ou dans le monde inerte, toujours elle est corrélative d'une dégradation de l'énergie qui
préside à sa genèse, et si l'on voulait parler le langage de la
physique mathématique on pourrait dire que dans un système
tel que le nôtre, supposé fermé, l'accroissement de la complexité des formes est une fonction de l'augmentation de
l'entropie, grandeur abstraite qu'on peut regarder approximativement comme l'inverse du grade de l'énergie utilisable.
Seulement cette grandeur abstraite, en augmentant sans
cesse au cours des mutations réelles, ne conduirait pas
ce monde vers un Eden de vie et de prospérité : son terme
final, serait l'arrêt des mutations matérielles, la mort dans

l'égalisation générale des mouvements d'agitation thermique.

Nous savons par contre que les nouvelles conceptions de la science qui font de la matière une phase de l'énergie nous poussent à admettre que l'évolution de chaque système n'a pas pour résultat de semer une épave à jamais inerte dans l'immensité.

De même que sur notre terre les molécules et les atomes de chaque être qui meurt sont indéfiniment repris par le torrent des mutations de la vie végétale et animale et servent indéfiniment à reconstituer de nouvelles formes, de même dans l'univers l'énergie restituée par la dislocation progressive des unités matérielles qui disparaissent est vraisemblablement reprise par des cycles de mutations inaccessibles à nos investigations, et sert indéfiniment à reconstruire de nouveaux systèmes.

Nous nous sommes interdits au cours de l'étude que nous avons faite du monde inorganique de sortir du domaine de la science positive; nous nous garderons encore dans l'étude que nous allons faire de la matière vivante de sacrifier aux préoccupations métaphysiques de l'esprit humain, mais cependant dès à présent nous concevons quelle portée philosophique peut avoir la double déduction que nous venons de faire, et que je formulerai une dernière fois pour terminer ce résumé des connaissances acquises.

C'est d'abord que le substratum énergétique de tout ce que nous connaissons nous paraît se conserver sans déperdition et prendre indéfiniment part à la vie universelle.

C'est ensuite que l'évolution d'un monde tel que notre monde solaire, depuis sa naissance jusqu'à sa mort, n'est que l'une des mille et mille faces de cette vie universelle que nous ne pouvons qu'imaginer, mais dans laquelle la pensée humaine a quelque chance d'entrevoir une finalité moins décevante que celle que lui offre la vie limitée du système où se déploie son activité et où se déroule son progrès.

LIVRE PREMIER

LA CHIMIE DE LA MATIÈRE VIVANTE

CHAPITRE PREMIER

Les êtres vivants. Permanence de la forme et de l'individualité. Renouvellement de la substance.

1. — La vie. Le monde minéral et le monde vivant.

Bien souvent, au cours de cet ouvrage, nous avons employé le mot de *vie* pour exprimer la qualité d'une chose qui évolue.

Quand nous avons parlé de l'atome, nous avons dit que vraisemblablement, il avait sa naissance, *sa vie*, et sa mort. Quand nous avons parlé des systèmes sidéraux, nous avons dit qu'ils avaient un commencement, *une vie* et une fin. Nous avons même cru pouvoir dire que l'univers infini, supposé sans commencement ni fin, avait lui aussi sa vie, une vie probablement éternelle. De sorte que nous ne connaissons rien au monde qui n'ait sa vie.

Pourtant, quand nous parlons des *êtres vivants*, nous avons l'intention de caractériser certaines organisations matérielles, et de les opposer à *la matière inerte.*

C'est l'opposition du monde minéral terrestre et du monde des animaux et des plantes qui définit la vie dans le sens restreint que nous lui attribuons ici : le premier est figé dans un *statu quo* apparent et se conserve à peu près tel qu'il est, pendant que nous l'observons; le second est, au contraire, en perpétuel changement; il est le siège de perpétuelles mutations. D'autre part, le monde vivant est formé d'unités, d'indivius différenciés, tandis que le monde minéral, macroscopiquement parlant tout au moins, n'est pas réparti en individualités autonomes. Un morceau de roche est une quantité de matière qui ne forme pas une individualité, et qui ne subit aucun changement, qui ne parcourt aucun cycle durant le cours de notre observation.

Sans chercher une définition de la vie, disons donc simplement que notre étude va avoir pour objet la matière des organismes terrestres qui évoluent entre un commencement et une fin, possédant au cours de cette évolution une certaine individualité, et conservant en général une forme déterminée malgré les rénovations continuelles, les échanges constants, dont ils sont le siège.

2. — La matière des êtres vivants. Chimie organique et chimie minérale.

L'étude de la matière vivante présente à envisager d'abord des éléments chimiques qui constituent la substance des êtres vivants, leur mode d'agrégation, leur forme; ensuite les réactions qui se passent entre ces éléments, les phénomènes physiques, chimiques ou autres qui les affectent.

Prenons un fruit, une graine, de la sève végétale ou du sérum sanguin, un cerveau, un foie ou un organe quelconque, nous devons, pour connaître ces objets, d'abord soumettre à l'analyse chimique ou microscopique chacun des matériaux qui les constituent, ensuite les regarder fonctionner, pendant que l'être vit, et déterminer les échanges, les mutations, les assimilations ou désassimilations, les actions thermiques, mécaniques, électriques ou autres qui les affectent.

C'est par l'analyse chimique des matériaux de la vie que nous commencerons cette étude.

L'être vivant emprunte continuellement des matériaux au monde extérieur; il les fixe, les assimile durant un certain temps, leur fait subir une certaine évolution, leur fait parcourir dans son intimité un cycle durant lequel ils constituent sa substance même, puis les désassimile et les rend au milieu sous une forme différente de celle qui avait précédé ce cycle. Ordinairement les produits ainsi transformés par l'organisme ou dérivés d'eux : les carbures d'hydrogène, les alcools, les acides organiques, l'urée, les colorants végétaux, les amidons, les albumines, ne se trouvent pas tout faits dans le règne minéral. Ils portent même si bien leur marque de fabrique que l'être vivant a paru jusqu'au milieu du siècle dernier indispensable à leur formation; et les maîtres de la chimie d'alors, les Berzélius, les Liebig, ont eu quelque raison d'affirmer que les éléments des substances organiques obéissent à des lois autres que celles de la matière inerte, et qu'ils sont tributaires d'une force vitale ou assimilatrice différente des forces d'affinité chimique!

Cette opinion d'ailleurs n'était-elle pas naturelle, chez bon nombre de savants que guidaient dans l'interprétation de la vie les dogmes spiritualistes plus que les enseignements du laboratoire, à cette époque, où la science expérimentale était impuissante à réaliser la synthèse artificielle de ces corps!

Mais depuis que Woehler en 1825 a tiré l'urée de l'acide cyanique, depuis que Liebig lui-même en 1834 a fabriqué l'acide oxalique avec l'oxyde de carbone et le potassium, et que, de l'oxalate d'ammoniaque, il a de nouveau tiré l'urée; depuis que Melsens en 1845 a obtenu le méthane, CH^4, prototype des corps organiques, par l'action de l'amalgame de potassium sur le tétrachlorure de carbone CCl^4 fabriqué déjà par Kolbe à partir du sulfure de carbone CS^2; depuis que ce dernier chimiste a fait en 1845 à partir du chlore, du sulfure de carbone et de l'eau, la synthèse de l'acide trichloracétique transformable en acide acétique, et quelques années plus tard celle de l'éthane C^2H^6 à partir de cet acide; depuis que Berthelot en 1855 a fait de l'alcool de toutes pièces; depuis que Graebe et Liebermann en 1868 ont obtenu artificiellement l'alizarine, colorant de la garance; depuis que la plupart des produits élaborés par les animaux et les plantes ont pu être tirés de la matière inerte, les frontières sont tombées entre les divisions anciennes, et l'on ne sait plus au juste ce qu'on doit entendre par composés organiques.

On s'accorde ordinairement aujourd'hui à classer dans le domaine de la chimie organique tous les produits qui prennent part à l'évolution des êtres vivants, qui sont fabriqués par eux, ou qui dérivent de ceux-ci, *à condition qu'ils renferment encore du carbone*. La chimie organique devient ainsi la chimie du carbone. Elle n'est pas une chimie différente de la chimie minérale, elle est seulement une branche de cette dernière. Mais le nombre et la variété des composés carbonés sont tels que cette branche est de beaucoup la plus vaste ; et encore ne connaissons-nous qu'une partie des corps ou des variétés de corps qui jouent un rôle important dans les phénomènes de la vie. Nous verrons bientôt pourquoi le carbone occupe dans la genèse de la matière vivante une place tellement primordiale, au point de pouvoir à juste titre être considéré comme le critérium marquant les frontières de la chimie organique.

3. — Matière organique et matière organisée.

A mesure que se comblait le fossé entre la classe des composés inertes et celle des matériaux fabriqués par les êtres vivants, une autre division se précisait non moins spécieuse que la première : c'est celle de la *matière organique* et de la *matière organisée*.

Dès 1835, Dumas avait formulé cette séparation et affirmé que la matière organique appartient à la chimie, tandis que la matière organisée appartient à la biologie.

Ici il faut s'entendre.

Il est certain qu'il y a des corps, et ce sont les plus

nombreux parmi ceux qui forment la substance même de l'être vivant, qui échappent à une définition chimique complète et dont on n'a pu réaliser la synthèse. Les amidons, les albumines, si répandus dans la nature en sont les premiers échelons. La plupart sont plus complexes encore ; il y en a dont l'existence même ne peut être que présumée. Tous ces corps sont particuliers aux tissus, aux matériaux vivants qui possèdent une structure, aux éléments figurés étudiés par la biologie. A première vue, il semble que leur production soit une conséquence de réactions propres à la vie cellulaire, et qu'il faille pour expliquer leur genèse en appeler à ces forces vitales mystérieuses dont nous n'avions pas jusqu'ici reconnu le besoin. Mais si, en raison de cette impuissance actuelle de la chimie à pousser plus loin la synthèse des corps organiques, on pensait pouvoir élever une barrière durable entre les composés organiques définis, tels que les hydrocarbures, les alcools, les acides carbonés, les amines, etc., et les corps organisés, dont l'étude appartiendrait aux sciences biologiques, on risquerait de voir chaque année des espèces chimiques nouvelles passer la frontière, abandonnant le mystère de la vie pour orner les tables du laboratoire. Il est possible, il est même probable, que la science arrivera à réaliser la synthèse de tous les corps que l'analyse isole dans les tissus vivants, et la chimie organique, la chimie du carbone, s'étendra vraisemblablement sans lacunes jusqu'aux produits les plus complexes des organismes les plus élevés.

Cependant la division proposée entre la matière organique et la matière organisée est en partie justifiée. Voici pourquoi : demandons-nous un moment quels moyens devra vraisemblablement mettre en œuvre la science expérimentale pour opérer cette synthèse? Si nous observons la matière vivante dans sa structure nous voyons qu'elle n'est pas formée comme la matière inerte d'un amas de molécules juxta-posées. Bien au contraire, nous la voyons revêtir des formes qui offrent des conditions toutes spéciales à l'évolution des composés. Des molécules très grosses, très compliquées s'unissent en agglomérats qui consti-tuent des unités nouvelles, des grains colloïdaux, des micelles; ces unités nouvelles s'associent et forment des unités d'un ordre plus élevé. Les conditions physiques et chimiques des réactions sont modifiées par les états électriques, les forces de tension superficielle, l'hémi-perméabilité des membranes micellaires, etc. Com-plexités moléculaires, variétés des réactions chimiques dues aux isoméries et à des conditions de milieu, de groupement, de relation, difficilement réalisées *in vitro*, autant de caractères qui nous expliquent que la chimie expérimentale risque à tout moment de se heurter à des difficultés d'un ordre spécial pour arriver à la synthèse des composés étudiés. Pour la réaliser à coup sûr, cette synthèse, il faudrait que la science pût créer artificiel-lement l'ensemble des conditions propres à la matière vivante. Mais si l'on tient compte de ce fait que, parmi ces conditions, il en est qui se parfont, qui se perfec-tionnent au cours de l'évolution des agglomérats; si l'on observe que les affinités chimiques, devenues dépendantes de toutes sortes de conditions de milieu, se modifient, se caractérisent durant cette évolution; si l'on songe enfin que, à ce degré de complexité, les *affi-nités* deviennent des *tendances fonctionnelles* et que les tendances acquises se continuent, à la mort d'une unité vivante, dans les éléments issus d'elle, prêts pour un nouveau cycle, on reste un peu anxieux devant une question délicate : pour reproduire artificiellement toutes les conditions de synthèse de la matière organisée, ne faudrait-il pas reprendre la vie depuis ses débuts, c'est-à-dire faire entrer en jeu tous les facteurs biologiques inaccessibles à la chimie pure? C'est à ce titre que l'on peut dire qu'il y a une différence entre la matière organique et la matière organisée, et que celle-ci ne peut être étudiée sans le secours de la biologie.

Mais ainsi conçue, cette division ramène à sa juste valeur le rôle des prétendues forces vitales : elles ne constituent pas, nous le reconnaîtrons au cours de cette étude, des entités énergétiques, mais elles répondent à un ensemble de conditions en présence desquelles les forces physico-chimiques évoluent dans un certain sens. Les forces vitales sont les apparences sous lesquelles se révèlent les manifestations de l'énergie physicochimique dans ces conditions déterminées.

4. — Renouvellement de la substance chimique des êtres vivants. Permanence de la forme et de certains caractères individuels.

En résumé, la chimie nous apprend à connaître :

1° Des molécules relativement simples qui constituent les substances désignées sous le nom de substances minérales.

2° Des molécules plus complexes, mais qui répondent à des formules chimiques définies, et qui peuvent être schématiquement représentées même avec leurs variétés structurales parfois très complexes.

Ce sont ces molécules qui entrent dans la constitution des substances organiques, substances élaborées ordinairement par les êtres vivants, mais pour la plupart réalisables artificiellement par les procédés chimiques et souvent cristallisables.

3° Enfin, des molécules très complexes, imparfaitement définies par la chimie, susceptibles de variations structurales parfois énormes sans être chimiquement appréciables, et très souvent dissymétriques, comme en témoigne leur pouvoir rotatoire sur la lumière polarisée. Ce sont ces molécules qui constituent plus particulièrement la substance active des êtres vivants. C'est de leur agrégat que nous verrons surgir des propriétés toutes nouvelles, toutes différentes de celles de la matière inerte.

Mais ce serait une erreur de se représenter les êtres vivants comme formés par des agrégats de molécules organisées dans un état stable. Bien au contraire tous les phénomènes de la vie sont liés aux mutations qui s'opèrent dans des édifices moléculaires : les plus rudimentaires sont dus à des déplacements et à des remplacements de pierres de ces édifices savants ; les plus complexes procèdent de l'enchaînement et de l'harmonie de ces mouvements de matière.

Toutes les énergies mises en jeu dans les actes de la vie sont des transformations des énergies moléculaires, fournies au cours de ces mutations. La vie est une fonction de mouvement; les énergies fournies par les êtres vivants sont l'équivalent des énergies fournies par les mutations de la molécule, et la stabilité chimique est incompatible avec la vie. Un organisme qui n'est le siège d'aucun échange chimique est un organisme mort. Il y a rénovation continuelle de la substance de l'être vivant; tous ses éléments constituants, un à un, parcourent un cycle déterminé depuis leur pénétration dans l'organisme jusqu'à leur sortie. Temporairement, ils jouent en passant le rôle auquel ils sont appelés pour la production des phénomènes de la vie.

Cette instabilité contraste évidemment avec la remarquable stabilité des formes propres à chaque individu, à chaque espèce vivante. La permanence de la forme et de l'individualité a le droit de nous étonner quand nous voyons chaque élément des êtres vivants en perpétuelle instabilité, en perpétuelle rénovation. Mais nous touchons-là à l'un des plus grands problèmes philosophiques liés à la biologie. Nous ne devons que l'énoncer pour le moment afin de l'avoir toujours présent à l'esprit au cours de l'étude que nous allons faire de la matière organique et de la matière organisée.

CHAPITRE II

La chimie de la matière organique.

5. — La matière organique. Le rôle du carbone.

Nous allons dans ce chapitre nous occuper de la matière organique, c'est-à-dire des corps chimiquement définis qui ont pour caractéristique d'être élaborés naturellement par les êtres vivants, ou, en tout cas, de dériver des produits fabriqués par eux, et de renfermer toujours du carbone.

Bien que cette double caractéristique n'ait, comme nous l'avons dit, rien d'absolu, bien que la synthèse chimique ait fabriqué à partir des produits minéraux des composés organiques à la genèse desquels les êtres vivants n'ont aucune part, et bien que le carbone figure dans des molécules telles que CO^2, CS^2, etc., qui appartiennent plus au règne minéral qu'aux règnes organiques, il n'en est pas moins vrai que l'on peut avec raison s'étonner de ce rôle prépondérant du carbone, qui nous apparaît comme le noyau nécessaire autour duquel se groupent des éléments variables pour constituer toutes les substances nécessaires à la vie.

Pourquoi donc cette importance du carbone dans la genèse de la matière vivante? A quelle vertu spéciale cet atome doit-il le rôle capital auquel il s'est trouvé élevé?

Parmi les raisons qui justifient ce phénomène de la nature, il en est quelques-unes au moins qui nous sont parfaitement accessibles.

Tout d'abord, c'est que le carbone est tétravalent, ce qui permet d'édifier autour de lui des composés très complexes.

C'est ensuite et surtout que, à l'encontre des autres éléments tétravalents, tels que le plomb, le platine, il s'allie facilement à lui-même comme aux métalloïdes et aux métaux pour former des composés très stables.

Un exemple fera mieux comprendre cette particularité :

Prenons le corps organique le plus simple, le gaz des marais, que la nomenclature chimique actuelle, établie par le Congrès de Genève, désigne sous le nom de *méthane*, et dont la molécule est formée d'un atome de carbone et de quatre atomes d'hydrogène.

Pour faciliter la représentation de cette molécule, figurons-la sur un plan, suivant les conventions de la chimie, en indiquant les 4 valences du carbone par quatre traits à angle droit.

$$H - \overset{\displaystyle H}{\underset{\displaystyle H}{C}} - H$$

Schéma plan de la molécule du gaz des marais ou méthane.

Nous pouvons, en rendant libre une valence, c'est-à-dire en retranchant un atome H, et en la satisfaisant par un autre atome ou un radical monovalent, tout d'abord former des corps comme l'iodure de méthyle, le sodium-méthyle, l'alcool méthylique, dans lesquels cette valence libre est respectivement satisfaite par un atome électronégatif de métalloïde I, par un atome électropositif de métal Na ou par un radical monovalent OH.

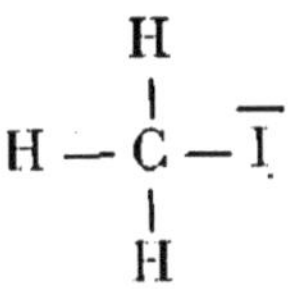

$$
\begin{array}{ccc}
H & H & H \\
| & | \; + & | \\
H-C-\overline{I} & H-C-Na & H-C-O\overline{H} \\
| & | & | \\
H & H & H
\end{array}
$$

Iodure de méthyle 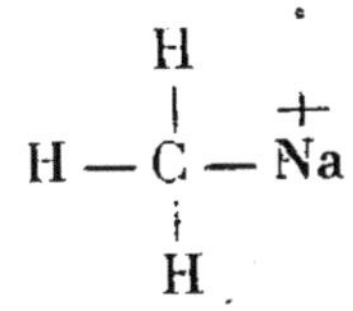   Sodium-méthyle 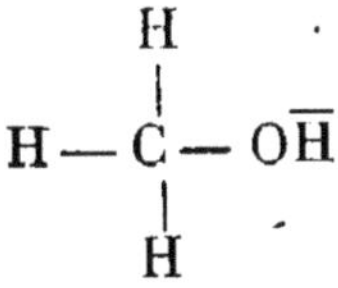   Alcool méthylique.

Mais nous pouvons aussi, et c'est là la particularité intéressante, donner naissance à des corps non moins stables que les précédents et dans lesquels un noyau carboné monovalent prend la place de l'hydrogène, tel l'éthane ou diméthyle.

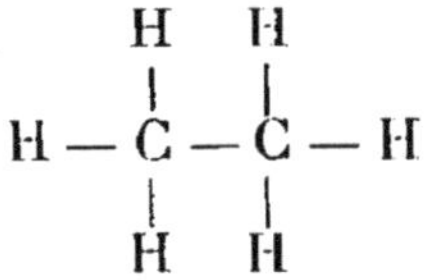

$$
\begin{array}{cc}
H & H \\
| & | \\
H-C-C-H \\
| & | \\
H & H
\end{array}
$$

Ethane ou diméthyle.

C'est ce qui se produit quand on fait réagir l'iodure de méthyle sur le sodium-méthyle dont nous venons de donner le schéma.

Cette affinité du carbone pour lui-même est telle que deux, trois et même quatre valences peuvent être satisfaites par d'autres noyaux carbonés.

De là les noyaux à chaîne ouverte longue

$$-\overset{|}{\underset{|}{C}}-\overset{|}{\underset{|}{C}}- \qquad -\overset{|}{\underset{|}{C}}-\overset{|}{\underset{|}{C}}-\overset{|}{\underset{|}{C}}- \qquad -\overset{|}{\underset{|}{C}}-\overset{|}{\underset{|}{C}}-\overset{|}{\underset{|}{C}}-\overset{|}{\underset{|}{C}}-$$

Noyau de l'éthane.   Noyau du propane.   Noyau du butane.

dont le plus simple est celui de l'éthane et qui, à partir du tricarboné (propane), offrent toujours des atomes centraux de carbone unis par deux valences à deux autres atomes de carbone.

De là aussi les noyaux isomères à chaîne latérale, tels que le noyau isomère du butane :

$$-\overset{|}{\underset{|}{C}}-\overset{|}{\underset{|}{C}}-\overset{|}{\underset{|}{C}}-$$
$$-\overset{|}{\underset{|}{C}}-$$

où un atome C a trois de ses valences satisfaites par des atomes semblables :

De là enfin les corps tels que le méthyl-éthyl-heptane

$$CH^3 - CH^2 - CH^2 - \overset{\overset{\displaystyle CH^3}{|}}{\underset{\underset{\displaystyle C^2H^5}{|}}{C}} - CH^2 - CH^2 - CH^3$$

où un atome de carbone a ses quatre valences satisfaites par d'autres atomes de carbone.

Mais il y a mieux encore ; si par des réactions appropriées on enlevait à un hydrocarbure, tel que C^2H^6, une partie de son hydrogène de manière à ce que, théoriquement, sa molécule devînt par exemple :

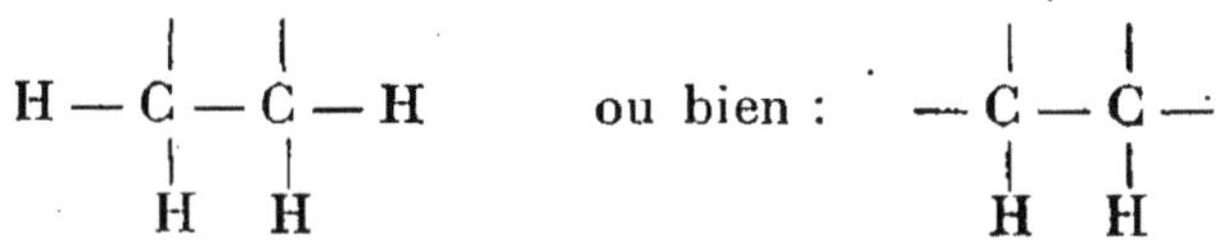

on serait tenté d'affirmer à première vue qu'on n'a pu donner naissance à autre chose qu'à un radical bivalent dans le premier cas ou tétravalent dans le second. Eh bien, l'expérience prouve que les deux atomes de carbone en présence sont capables de satisfaire réciproquement leurs valences libres, et l'on obtient en réalité deux molécules saturées d'éthylène ou d'acétylène .

Un double ou triple lien unit aussi les atomes de carbone dans une série de corps qui jouent un rôle capital dans la chimie organique : la série aromatique.

Ces exemples suffisent à montrer la facilité avec laquelle le carbone s'associe à lui-même, ou, si l'on veut, l'affinité de l'atome de carbone pour lui-même.

Il y a bien dans la nature un autre atome, tétravalent comme le carbone, et qui lui aussi peut s'allier à lui-même en donnant des composés stables : c'est le silicium ; et Friedel a montré qu'on peut substituer le silicium au carbone dans la formation de certains composés organiques.

Mais le fait même que le silicium, malgré certains caractères favorables, n'a pas été la souche d'une lignée

dans la genèse de la matière vivante, est pour nous un
enseignement. Il nous montre que, outre ces caractères
primordiaux, il en est d'autres que doivent présenter
les composés formés, propriétés physicochimiques, relations avec le milieu, etc., sans lesquels l'extraordinaire
évolution de la matière organique ne saurait s'effectuer.

6. — La molécule de méthane, prototype des molécules organiques.

La molécule organique la plus simple de toutes, la
plus accessible à la science, est, comme nous l'avons
dit, la molécule de méthane, ou gaz des marais CH^4,
dans laquelle les quatre valences du carbone sont
satisfaites par des atomes monovalents d'hydrogène et
dont nous avons donné le schéma en figure plane (§ 5).

L'étude de ses propriétés nous révèle des caractères
intéressants de sa structure, et non seulement la connaissance de ces caractères nous éclaire sur la constitution de tous les corps organiques, mais elle est pour
nous comme une illustration des données de la chimie
moléculaire et atomique.

C'est pour cela que nous devons nous y arrêter un
moment, et nous allons voir comment, par deux voies
différentes, on a pu arriver à la notion de sa forme
réelle, ou tout au moins à la notion de la place qu'occupent les quatre atomes d'hydrogène qu'elle renferme
par rapport à l'atome de carbone qui lui sert de noyau.

Il paraîtra peut-être étonnant au lecteur, à première
vue, que nous cherchions à déterminer les positions

relatives de ces infiniment petits, quand des considérations antérieures nous ont amenés à les concevoir en agitation perpétuelle; l'atome nous a paru être un agrégat
d'électrons en révolution autour d'un centre; nous avons
imaginé pareillement les atomes en révolution dans la
molécule; et nous avons dû conclure que tous ces infiniment petits étaient en outre agités d'oscillations
thermiques.

Pourtant nous avons trouvé à la matière des propriétés vectorielles; ces propriétés révèlent évidemment une
orientation possible des mouvements des infiniment
petits qui la composent, et nous aurions pu parler de
situation moyenne des axes de leurs mouvements.
Aussi bien nous pouvons parler de leur position
moyenne s'ils oscillent, ou de leur position relative s'ils
poursuivent à la fois des révolutions parallèles.

Prenons donc dans son sens le plus large cette notion
de « place relative des éléments constituants de la
molécule organique » et voyons comment la science
expérimentale a pu dévoiler les formes moléculaires
dont l'étude fait l'objet de la *stéréochimie*.

7. — La forme de la molécule de méthane.

Nous devons nous demander tout d'abord si les
atomes occupent bien dans la molécule une situation
moyenne déterminée, et s'il y a des raisons suffisantes
pour que nous puissions attribuer une forme définie à
la molécule chimique, plutôt que de la regarder comme
un amas d'atomes groupés au hasard.

La chimie expérimentale nous fournit une preuve formelle de cette hypothèse : en effet, elle nous montre qu'il existe des corps différents répondant à la même formule. Ces corps s'appellent des *isomères*. Leur molécule renferme le même nombre d'atomes, les mêmes groupements fonctionnels et pourtant leurs propriétés sont différentes. Dès lors que le nombre d'atomes de chaque espèce dans la molécule ne suffit pas à faire la spécificité moléculaire, il faut bien que ce soit l'arrangement de ces atomes, leur place relative qui entre en scène. Bien plus, la chimie est arrivée à expliquer la plupart des isoméries par les variantes des schémas moléculaires, et, sur un noyau polycarboné quelconque, elle parvient à greffer des radicaux là où elle veut, à réaliser les isomères qu'elle se propose.

Enfin une preuve plus directe nous est fournie par l'étude du pouvoir rotatoire de certains isomères sur la lumière polarisée : ces isomères, ne différant que par la position d'un groupe fonctionnel *par rapport à un plan défini de l'édifice moléculaire*, ont un pouvoir rotatoire justement inverse. Nous reviendrons sur ce fait qu'il nous suffit d'énoncer ici et qui ne peut guère laisser de doute dans notre esprit sur l'existence d'une architecture permanente de la molécule. Cette certitude étant acquise, nous pouvons avec fruit discuter l'orientation des atomes dans la molécule organique la plus simple, dans la molécule de méthane.

Prenons donc cette molécule CH^4 que nous représentons schématiquement en figure plane de la façon que nous savons :

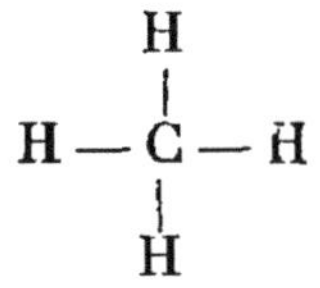

$$H - \overset{\displaystyle H}{\underset{\displaystyle H}{\overset{|}{\underset{|}{C}}}} - H$$

et tâchons de déterminer sa forme réelle dans l'espace.

I. — Substituons à l'un des atomes d'hydrogène un reste monovalent quelconque R ou un atome monovalent tel que Cl; nous n'obtenons jamais, quel que soit le procédé expérimental mis en œuvre, qu'un seul corps CH^3R, CH^3Cl, qui n'a pas d'isomères. Quel que soit l'atome H remplacé, la molécule nouvelle est toujours la même, les figures représentatives de chaque substitution sont toujours superposables à elles-mêmes.

Il n'y a de même qu'un seul corps répondant à la formule CH^2Cl^2 et $CHCl^3$.

Cela ne tient pas, comme on pourrait l'objecter, à ce que les quatre atomes d'H se laissent toujours substituer dans le même ordre, l'un deux, le moins adhérent, partant toujours le premier, et les autres successivement suivant leur adhérence; la thermochimie fait voir que le remplacement de chaque atome l'un après l'autre par le même reste mobilise la même quantité de chaleur. D'autre part, un corps tel que le nitrotrichlorométhane

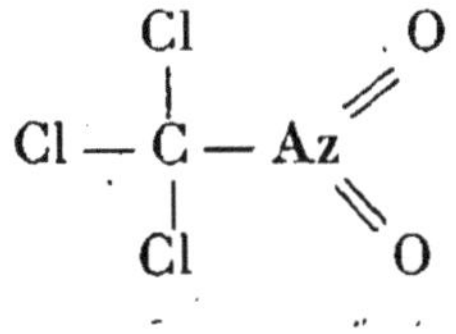

$$Cl - \overset{\displaystyle Cl}{\underset{\displaystyle Cl}{\overset{|}{\underset{|}{C}}}} - Az\overset{\displaystyle \nearrow O}{\underset{\displaystyle \searrow O}{}}$$

obtenu soit en nitrant le chloroforme, $CHCl^3$, soit en chlorant le nitrométhane CH^3AzO^2, est toujour identique à lui-même, bien que dans le premier cas le groupe fonctionnel nitré soit substitué au 4ᵉ atome de H, soupçonné le moins docile aux permutations, tandis que dans le deuxième, il est substitué au 1ᵉʳ atome de H qui serait le moins adhérent (1).

Les quatre atomes d'hydrogène de CH^4 sont donc équivalents; les figures obtenues par substitution de 1, 2, 3 atomes par un reste quelconque doivent être superposables, *et, par suite, on doit admettre que ces quatre atomes sont à la même distance du noyau carboné.*

II. — Du fait que les quatre substitutions possibles de deux H par deux mêmes restes R, donnent des figures superposables, on peut conclure de même que *les quatre centres atomiques H ne sont pas sur le même plan.* En effet, on ne pourrait superposer :

$$\begin{array}{ccc} & H & \\ & | & \\ R - & C & - R \\ & | & \\ & H & \end{array} \qquad et \qquad \begin{array}{ccc} & H & \\ & | & \\ H - & C & - R \\ & | & \\ & R & \end{array}$$

qui constitueraient deux isomères. Cela nous montre l'incorrection des schémas plans employés en chimie. Ils suffisent néanmoins à faire comprendre la structure moléculaire, pourvu qu'on soit prévenu de leurs défauts.

III. — La seule figure qui réponde aux conditions requises : équidistance des atomes de H avec l'atome C et possibilité de la superposition de tout schéma des

(1) Voir BEHAL et VALEUR. *Chimie organique*, 1909.

corps en CH^2R^2, est le *tétraèdre régulier* inscrit dans une sphère dont l'atome de carbone occupe le centre (fig. 1).

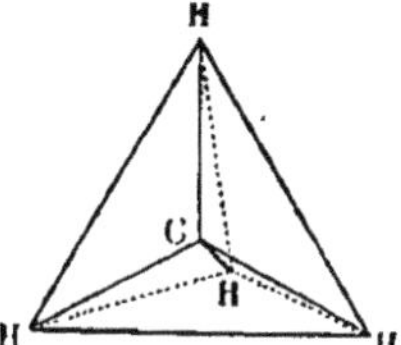

Fig. 1. — Représentation géométrique de la molécule CH^4.

L'étude des propriétés optiques de ce tétraèdre va utilement compléter ces déductions.

8. — Propriétés optiques de la molécule de méthane liées à sa forme tétraèdrique.

Le méthane CH^4 ne dévie pas le plan de polarisation. La plupart des composés organiques le dévient. Ainsi parmi les corps carbonés, les uns sont actifs, les autres ne le sont pas.

Tel est le fait fondamental qui s'impose à notre observation : son analyse va confirmer l'hypothèse que nous venons de formuler. Nous savons que depuis les travaux de Fresnel, la déviation, par certaines substances, du plan de polarisation d'un faisceau lumineux polarisé, s'explique par ce fait qu'on peut assimiler la vibration rectiligne qui caractérise ce faisceau à deux vibrations circulaires égales et de sens contraire (Cf. T. II § 77) et que si, par un moyen quelconque, on ralentit l'un de ces mouvements circulaires, leur recomposition donne une vibration, rectiligne aussi, mais dont le plan fait un certain angle avec le plan de vibration primitif.

Or, nous avons dit que la condition nécessaire pour effectuer ce retard de l'une des composantes est la dissymétrie du milieu optique traversé : les cristaux de quartz, qui présentent deux ellipsoïdes d'élasticité dont les grands axes sont inclinés l'un sur l'autre, nous ont servi de types pour la démonstration. Nous avons vu que beaucoup d'autres cristaux jouissent de la même propriété, tels le bromate de soude, le chromate de soude, l'acétate de soude, etc. ; mais, liquéfiés par fusion ou par dissolution, presque tous perdent totalement leur pouvoir rotatoire.

D'autre part, si l'on fait agir artificiellement une cause étrangère capable de créer une dissymétrie dans une substance indifférente, comme par exemple un champ magnétique puissant, cette substance devient temporairement active (1).

Enfin, nous avons vu que les solutions aqueuses de certaines substances organiques font tourner le plan de polarisation, les unes à droite telles que les solutions de dextrose (glycose), de lactose, de maltose, de glycogène, d'acides tartrique, malique ou aspartique droits, etc., les autres à gauche, telles que les solutions de lévulose, d'acides tartrique, malique ou aspartique gauches, etc.

Pour une solution donnée, la déviation est proportionnelle au nombre de molécules dissoutes. De ce fait, nous avons déduit ou bien que toutes les molécules dissoutes présentent le même pouvoir rotatoire quelle que soit

(1) Cf. T. II, § 78 et 79. Pouvoir rotatoire magnétique et phénomène de Zeeman.

leur orientation, ou bien qu'une fraction seulement, toujours la même, présente l'orientation requise, ou bien enfin que cette orientation, perpétuellement variable, est à un moment donné présentée par une fraction moyenne des molécules toujours égale à elle-même. Quelle que soit l'hypothèse admise, cela implique une dissymétrie de la molécule, et nous pouvons conclure que toute molécule organique, qui en solution a un pouvoir rotatoire, est une molécule dissymétrique.

Or la comparaison des molécules douées de pouvoir rotatoire et de celles qui en sont dépourvues, aidée des déductions de la chimie et de la thermo-chimie exposées ci-dessus, met en pleine lumière la structure atomique des molécules organiques, et de la molécule de méthane en particulier ; par cela même, elle dissipe ce qui pouvait nous paraître imprécis dans la conception des solutions douées du pouvoir rotatoire sur la lumière polarisée.

En effet, si nous cherchons systématiquement à représenter les molécules inactives par une figure géométrique possédant au moins un plan de symétrie et les molécules actives voisines de celles-ci par une figure dissymétrique, tout en respectant les données de la chimie pour passer des unes aux autres, nous voyons tout d'abord que les figures planes peuvent être écartées, puisque le plan même renfermant les atomes de la molécule serait un plan de symétrie. Il ne pourrait y avoir de composés actifs.

Si ce n'est pas là une preuve rigoureuse que la molécule de méthane ne peut être plane, c'est du moins une forte présomption de cette impossibilité.

Si l'on a recours à une figure dans l'espace, on doit avant tout tenir compte de ce fait, que le méthane CH^4 et les monosubstitués CH^3R sont inactifs, ce qui implique non seulement un plan de symétrie pour la molécule de méthane, mais un plan de symétrie renfermant l'atome C et chaque sommet successif R, le reste R pouvant se substituer à tel ou tel atome H indifféremment. Il est facile de voir que le seul tétraèdre qui réponde à ces conditions est le tétraèdre régulier inscrit dans une sphère dont le carbone occupe le centre. Il possède six plans de symétrie passant par une arête et par le milieu de l'arête opposée.

On conçoit que dans un tel tétraèdre la substitution de deux atomes par deux restes différents, R et R', donne toujours une figure dans laquelle on peut faire passer un plan de symétrie CRR'S (fig. 2) ; par conséquent, les molé-

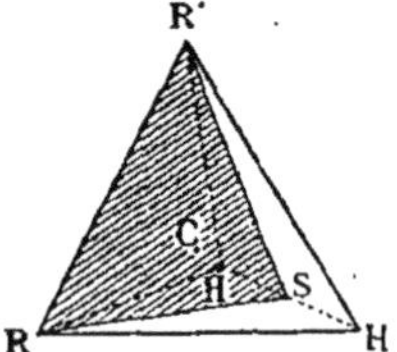
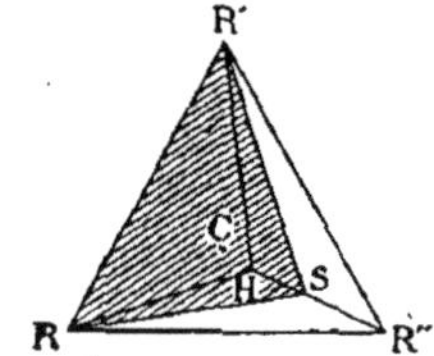

Fig. 2. — Molécules en CH^2RR' (possédant un plan de symétrie).

Fig. 3. — Molécules en $CHRR'R''$ (dissymétriques).

cules en CH^2RR' quelles qu'elles soient, sont inactives.

Par contre, la trisubstitution, $CHRR'R''$ par des restes différents ne saurait plus laisser persister de plan de symétrie. La figure 3 montre en effet que le plan CRR'S ne saurait jamais être un plan de symétrie puisqu'alors la moitié postérieure de la figure porte à son sommet un atome H, tandis que l'antérieure porte au sommet correspondant un atome différent R".

Donc tous les composés trisubstitués, dont les trois restes monovalents R, R' et R" sont différents, doivent être actifs, ce qui est bien vérifié par l'expérience.

Ainsi, par deux voies différentes, nous arrivons à cette même conception de l'architecture de la molécule de méthane. Quel que soit le régime cinétique des éléments constituants, nous apercevons dans ce petit monde en agitation une position déterminée ou une situation moyenne des atomes constituants.

Les substitutions atomiques que nous opérons, quand nous étudions les corps organiques dérivés, changent naturellement l'équilibre cinétique de l'édifice; un modus vivendi nouveau doit s'établir à chaque transformation et la forme réelle des molécules complexes dont nous allons prendre une vue générale nous est à peu près inaccessible. Quoi qu'il en soit, il m'a paru que cette image de la molécule organique la plus simple, était bien propre à donner au lecteur une juste idée de la complexité remarquable des molécules organiques en complétant les notions antérieures sur la structure des infiniment petits. C'est pourquoi je n'ai pas craint de m'y arrêter un moment au début de cette étude.

9. — Le pouvoir rotatoire a été regardé à tort comme le critérium différenciant les molécules organiques naturelles des artificielles.

Avant de donner au lecteur un aperçu des corps organiques dont la connaissance sera l'introduction nécessaire à l'étude de la vie, qu'il me soit permis de rappeler une erreur historique commise par l'un des plus grands génies des sciences biologiques. Cette erreur ne diminue pas sa gloire; elle nous permet au contraire d'admirer une fois de plus son grand esprit observateur; mais elle nous fait voir que, dans la généralisation des faits observés, les savants les plus consciencieux peuvent subir à leur insu l'influence d'idées directrices qui les poussent vers des déductions fausses.

Ce génie des sciences biologiques, c'est Pasteur.

L'erreur qu'il a commise, c'est d'avoir affirmé qu'entre la matière organique naturelle, formée par les êtres vivants, et la matière organique artificielle, fabriquée dans nos laboratoires, existe une différence fondamentale : la première possédant le pouvoir rotatoire, et la seconde étant inactive.

Et l'idée directrice qui ne fut pas étrangère à la genèse de cette erreur, c'est la foi spiritualiste du grand adversaire des générations spontanées. Un fossé infranchissable, un abîme devait séparer le monde inerte du monde vivant, et toute observation scientifique qui appuyait cette thèse prenait par cela même à ses yeux une importance toute spéciale. La dissymétrie moléculaire lui apparut comme le caractère, peut-être unique d'ailleurs, révélant « la séparation la plus profonde entre les produits nés sous l'influence de la vie et tous les autres ». C'est pour cela qu'un moment il se consacra tout entier à l'étude de la polarimétrie, c'est pour cela que noûs tenons de lui sur ce sujet des travaux expérimentaux qui font autorité dans la science.

Après avoir posé en principe la relation de cause à

effet qui existe entre le pouvoir rotatoire et le groupement dissymétrique des atomes dans la molécule active,
Pasteur mit en lumière certains faits capitaux. Tout
corps possédant un pouvoir rotatoire droit, dit-il, a son
inverse optique possédant le pouvoir rotatoire gauche,
et il crut pouvoir affirmer que les deux inverses ne diffèrent que par leurs propriétés optiques. On a reconnu
depuis, et M. Chabrié a été l'un des premiers à l'établir,
que certains inverses optiques diffèrent par d'autres
propriétés; ainsi, très souvent des molécules actives
droites ou gauches se comportent différemment avec un
même liquide, quand lui-même est actif, et par suite
peuvent de ce fait manifester des caractères différents.
C'est évidemment pour cela que, en raison de l'activité
optique des liquides organiques, la toxicité des tartrates
droits ou gauches n'est pas la même; c'est pour cela
aussi que les asparagines n'ont pas la même saveur, etc.

Aujourd'hui, on sait obtenir artificiellement beaucoup
de corps actifs par synthèse, et Pasteur lui-même à la
fin de sa carrière a dû constater la fragilité du critérium
que des observations trop peu nombreuses lui avaient
fait croire absolu.

Mais il n'en est pas moins vrai que, dans la généralité
des cas, et si l'on n'a pas recours à des artifices spéciaux, les composés organiques artificiels sont inactifs
en lumière polarisée, cette particularité demande à
être expliquée. La discussion d'ailleurs est des plus
instructives; elle touche à la conception même de l'évolution de la matière vivante à partir de la matière
inerte.

Quand, partant de molécules inorganiques, on cherche à obtenir des dérivés analogues aux corps organiques naturels, on met en somme en présence des éléments symétriques; et si des causes externes, chaleur, lumière, pression, etc., interviennent, ces causes n'apportent ordinairement avec elles aucun facteur de dissymétrie. Or, si nous considérons une molécule symétrique en voie de réaction, par exemple une molécule polycarbonée à chaîne ouverte et symétrique dont un chaînon intermédiaire

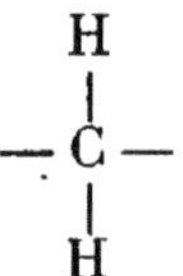

peut subir une double substitution de H par un autre atome quelconque, mais si la réaction est telle que l'une seulement de ces deux substitutions puisse se produire, c'est indifféremment l'une ou l'autre des deux qui s'effectuera. Les chances seront égales de part et d'autre et par suite, d'après les probabilités, on aura en quantités égales deux isomères qui pourront, si l'architecture de la molécule s'y prête, avoir chacun une dissymétrie inverse. Ces deux isomères répondront à une formule dont la seule inspection, comme l'ont affirmé Le Bel et Van t'Hoff, révèlera le pouvoir rotatoire respectif et inverse, et l'ensemble présentera en conséquence une *symétrie statistique* qui rendra le mélange inactif. Cette symétrie ne sera détruite qu'à une condition : c'est qu'une cause étrangère intervienne qui élimine un isomère en respectant l'autre.

Prenons, par exemple, l'acide tartrique CO_2H—$CHOH$ — $CHOH$ — CO_2H dont les deux atomes moyens de la chaîne sont dissymétriques. Nous concevons *a priori* que, dans sa préparation à partir des molécules inorganiques (1), il n'y ait aucune raison pour que la dissymétrie se produise dans un sens plutôt que dans l'autre; par suite les chances de formation des molécules droites et des molécules gauches sont les mêmes. On conçoit aussi que la dissymétrie *inverse* des deux atomes centraux puisse fréquemment se produire et que la molécule formée soit dépourvue de pouvoir rotatoire. On prévoit donc, avant toute constatation expérimentale, qu'une telle réaction donnera vraisemblablement lieu à des molécules droites et gauches en nombre égal, et à des molécules inactives, dont l'ensemble n'aurait par suite aucun effet sur la lumière polarisée. Si, par un moyen quelconque, on arrivait à diminuer le nombre des molécules de l'une ou de l'autre des deux premières classes, on obtiendrait un corps actif.

C'est ce qui a lieu dans la réalité.

On connaît un acide tartrique droit, un acide tartrique gauche, un acide racémique (mélange du droit et du gauche), et un acide inactif.

Admettons donc que nous ayons obtenu un tel mélange et que la symétrie statistique de l'ensemble ne nous donne en lumière polarisée aucun effet rotatoire,

____

(1) L'acide tartrique en réalité ne se prépare pas directement à partir de ces molécules, mais par l'intermédiaire de l'érythrite, de l'acide succinique, du glyoxal, etc., ce qui ne change rien à la proposition.

et cherchons à présent quelque agent qui puisse trier
ces molécules isomères.

Nous constatons tout d'abord que ce triage est des
plus difficiles. Les réactions physiques ou chimiques
propres à chacune de ces molécules sont les mêmes en
général, conformément à la loi énoncée par Pasteur qui,
nous le savons, n'admettait entre ces isomères qu'une
seule différence : leur action en lumière polarisée. On
arrive bien dans quelques cas à faire un triage partiel
par la cristallisation, on arrive à obtenir des cristaux qui
ne sont pas un mélange par parties égales des deux
isomères ; ainsi l'asparagine droite et gauche, le tartrate
double droit et gauche de soude et d'ammoniaque,
donnent des cristaux différents. Mais, ordinairement il
faut recourir à des réactifs dissymétriques, c'est-à-dire
à des réactifs organiques, pour opérer le triage. Citons-
en un seul exemple : sous l'action d'un organisme
vivant, le *Penicillium glaucum*, l'alcool amylique droit
est séparé du gauche et ce dernier est détruit.

Dès lors, on peut se demander comment dans la nature
sont nées ces dissymétries qui caractérisent d'une
façon si remarquable les substances organiques, et c'est
par ce côté que l'étude du pouvoir rotatoire touche à
l'histoire de la vie. Vraisemblablement ici il faut faire
intervenir ces faibles perturbations d'équilibre, ces com-
mencements de variations dues aux hasards statistiques
qui ont été le point de départ de réactions utiles et par
cela même fixées. Le développement de cette idée nous
ferait devancer l'ordre des matières ; aussi ne devons-nous
que l'énoncer pour en discuter plus tard la thèse générale. Il est peut-être du reste dans la nature des agents

dissymétriques que nous ignorons. M. A. Cotton a observé que certains tartrates en solution absorbent inégalement les vibrations circulaires droites et gauches, et comme l'énergie absorbée doit se retrouver sous une forme quelconque dans le corps qui l'absorbe, il paraît certain que les deux isomères, après avoir été irradiés, ont subi au moins une action latente différente, capable de les entraîner dans des cycles réactionnels différents, et par suite de dissocier les deux isomères.

Quoi qu'il en soit, il résulte de cet aperçu que si, contrairement à l'idée de Pasteur, il n'y a pas, du fait de l'activité en lumière polarisée, une différence fondamentale entre les corps organiques et les composés minéraux, néanmoins excessivement restreintes sont les causes physicochimiques qui peuvent de toutes pièces créer la dissymétrie statistique des produits artificiels. Il n'est pas inutile de noter en outre, pour terminer, que les différents isomères peuvent se transformer fréquemment les uns dans les autres, ce qui ne saurait surprendre quand on admet la théorie cinétique chimique (§ 41).

10. — Un coup d'œil d'ensemble jeté sur les corps organiques. Les noyaux, chaînes ouvertes et chaînes fermées.

La faculté que possède l'atome de carbone de se souder à d'autres atomes de carbone et de former ainsi des charpentes stables sur lesquelles viennent se greffer d'autres atomes variés est, comme nous l'avons dit, la principale raison de la multiplicité des corps organiques. Si nous disons que cette charpente carbonée est stable, c'est que l'on peut faire subir aux molécules saturées dont elle est le support, une série de mutations, on peut changer les atomes variés qui satisfont ses valences libres sans altérer sa structure. Cette charpente, plus stable que les composés saturés qui se forment sur elle, porte le nom de *noyau*.

En principe, un *noyau organique* est donc constitué par la réunion de deux ou plusieurs atomes de carbone soudés ensemble, de manière à constituer une charpente stable possédant un certain nombre de valences libres, valences qui seront satisfaites par des atomes variés au cours des réactions chimiques.

Prenons par exemple l'éthane :

$$
\begin{array}{ccc}
 & H & H \\
 & | & | \\
H - & C - & C - H \\
 & | & | \\
 & H & H
\end{array}
$$

On peut lui faire subir de nombreuses réactions au cours desquelles, un, deux, trois... six atomes d'hydrogène sont successivement remplacés par d'autres atomes ou par des restes monovalents. Au cours de ces mutations, les molécules formées changent chaque fois, mais le noyau $- \overset{|}{C} - \overset{|}{\underset{|}{C}} -$ qui leur sert de trame, demeure.

Voici les principaux types de noyaux qu'on rencontre en chimie organique.

I. — Le *plus simple* de tous est celui qui ne renferme qu'un atome de C, le noyau du méthane $-\overset{|}{\underset{|}{C}}-$.

II. — Si l'on groupe plusieurs atomes de carbone de manière que chaque atome C ne soit jamais soudé à plus de deux autres atomes C, on constitue ordinairement les noyaux dits à *chaine longue ouverte*.

Le plus simple est celui de l'éthane :

$$-\overset{|}{\underset{|}{C}}-\overset{|}{\underset{|}{C}}-$$

Noyau de l'éthane.

On a de même :

$$-\overset{|}{\underset{|}{C}}-\overset{|}{\underset{|}{C}}-\overset{|}{\underset{|}{C}}-$$

Noyau du propane.

$$-\overset{|}{\underset{|}{C}}-\overset{|}{\underset{|}{C}}-\overset{|}{\underset{|}{C}}-\overset{|}{\underset{|}{C}}- \qquad -\overset{|}{\underset{|}{C}}-\overset{|}{\underset{|}{C}}-\overset{|}{\underset{|}{C}}-\overset{|}{\underset{|}{C}}-\overset{|}{\underset{|}{C}}-$$

Noyau du butane.   Noyau du pentane.

et ainsi de suite.

III. — On peut d'ailleurs greffer latéralement sur ces noyaux à chaîne longue ouverte des restes carbonés monovalents tels que — CH^3.

Sur le noyau du propane, on greffera, par exemple, un reste — CH^3 en le soudant à l'atome moyen ; on constituera ainsi un noyau à 4 atomes de C,

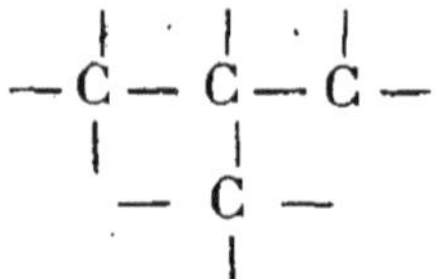

Noyau de l'isobutane.

isomère du noyau butane. Ce noyau sera encore à *chaîne ouverte*, mais il possèdera ce qu'on appelle une *chaîne latérale*.

IV. — Dans certains cas, on admet que les atomes de carbone en présence sont réunis par plus d'une valence. Si, par exemple, on fait agir sur le chlorure d'éthyle :

$$\text{Cl} - \overset{\displaystyle \overset{H}{|}}{\underset{\displaystyle \underset{H}{|}}{C}} - \overset{\displaystyle \overset{H}{|}}{\underset{\displaystyle \underset{H}{|}}{C}} - H$$

la potasse bouillante KOH, il se forme un composé stable en C^2H^4,

$$H - \overset{}{\underset{\displaystyle \underset{H}{|}}{C}} = \overset{}{\underset{\displaystyle \underset{H}{|}}{C}} - H$$

qui ne peut se concevoir saturé qu'à la condition d'admettre dans son noyau un double lien carboné; et de fait, le noyau

$$- \overset{}{\underset{|}{C}} = \overset{}{\underset{|}{C}} -$$

une fois formé montre une certaine stabilité à travers les combinaisons auxquelles il se prête : c'est le noyau *éthylène*. Mais cette stabilité n'est pas comparable à celle du noyau fondamental

$$-\overset{|}{\underset{|}{C}}-\overset{|}{\underset{|}{C}}-$$

auquel il est facile de le ramener en faisant simplement agir sur les corps éthyléniques le chlore, le brome, etc., qui dissocient le double lien carboné et se greffent sur les deux valences devenues libres.

On a de même un noyau *acétylénique* en

$$\underset{|}{C}\equiv\underset{|}{C}$$

mais il ne présente aussi qu'une stabilité relative.

Quoi qu'il en soit, si l'on fait abstraction des doubles et triples liens carbonés, tous les noyaux que nous venons d'étudier sont caractérisés expérimentalement par ce fait que l'on peut toujours les saturer par un nombre d'atomes d'hydrogène égal à deux fois le nombre d'atomes C enchaînés dans ce noyau, plus 2; *ce sont des corps* en $C^n H^{2n+2}$.

V. — Or, il y a diverses séries de corps qui ne répondent pas à cette formule générale, comme la benzine C^6H^6, la naphtaline $C^{10}H^8$, l'anthracène $C^{14}H^{10}$, etc.

On peut substituer à chaque atome de H de ces corps des atomes très variés, sans pour cela détruire la charpente fondamentale qu'on retrouve stable à travers ses combinaisons multiples.

Ces corps ne peuvent être à chaîne ouverte, car la substitution de H par un reste quelconque donnerait des isomères, suivant que le H substitué appartient à un chaînon terminal ou à un chaînon moyen, ce qui n'est pas; cette raison et diverses autres ont conduit à admettre que le noyau est constitué par des atomes de C réunis en chaîne fermée. Les composés dérivés du noyau hexacarboné à chaîne fermée dont chaque atome possède une valence libre, portent le nom de *composés aromatiques*; parce que beaucoup de corps de cette série sont odorants.

On représente ordinairement le noyau aromatique ou benzénique par le schéma de Kékulé :

Noyau benzénique ou aromatique.

qui donne une idée de sa constitution, sans prétendre à l'image de la réalité.

La benzine $C^6 H^6$, formée de ce noyau dont les six valences sont saturées par des atomes de H, peut s'obtenir artificiellement en chauffant fortement l'acétylène $HC \equiv CH$ (Berthelot).

Deux noyaux benzéniques peuvent se souder ensemble : deux atomes de carbone établissent la conjonction. On obtient ainsi les noyaux naphtalénique et anthra-

cénique qu'on représente ordinairement par les schémas :

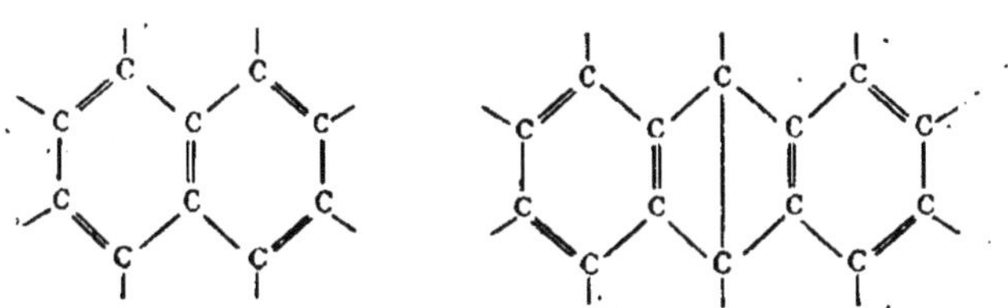

Noyau de la naphtaline.　　　　　Noyau de l'anthracène.

VI. — On connaît beaucoup d'autres corps à chaîne
fermée possédant un noyau carboné qui diffère du
noyau aromatique en ce qu'il renferme 3, 4, 5 atomes
au lieu de six.

VII. — On connaît aussi des corps cycliques qui
ne présentent qu'un seul lien carboné et dont chaque
atome C possède ainsi deux valences libres. Si on les
sature par de l'hydrogène, on a des corps en $C^n H^{2n}$, tels
des hydrocarbures à chaîne longue ouverte dont on aurait
réuni les deux extrémités en supprimant les deux atomes
de H terminaux : d'où les noms de cyclo-butane, cyclo-
pentane, cyclo-hexane, etc., qui leur sont donnés.

VIII. — On connaît enfin des corps à chaîne fermée
appartenant soit à ces séries, soit à la série aromatique,
dans lesquels une maille de la chaîne est constituée
non pas par un atome de carbone, mais par un atome
de Az, de S, de O, etc.

Ainsi la pyridine, le thiophène, le furfurane.

Pyridine.   Thiophène.   Furfurane.

11. — Les fonctions. Les groupes fonctionnels. Fonction hydrocarbure.

Nous avons dit que ce qui caractérise les noyaux, qu'ils soient à chaîne ouverte ou à chaîne fermée, c'est leur stabilité. Ils persistent sans se disloquer, alors que les atomes divers qui satisfont leurs valences libres se substituent volontiers au cours des réactions chimiques.

La conséquence est qu'un même noyau sert à former des corps qui possèdent des propriétés toutes différentes, suivant les atomes ou les groupes d'atomes greffés sur eux. Ce sont ces atomes ou ces groupes d'atomes qui leur donnent leur *valeur fonctionnelle*.

Ainsi prenons par exemple, le noyau à chaîne ouverte et à chaîne latérale de l'isopentane C^5H^{12}.

Noyau de l'isopentane.

Nous pouvons supposer que toutes ses valences libres sont satisfaites par des atomes de H ; le corps ainsi construit, comme tous les hydrocarbures saturés, a un ensemble de caractères bien déterminés. Il se comporte dans ses actions chimiques d'une façon caractéristique qui est celle des *hydrocarbures*, et, si l'on veut, celle du plus simple des hydrocarbures, celle du méthane, CH^4.

Si, par la pensée, on dissocie la molécule de l'isopentane en ses différents éléments carbonés, chacun d'eux constituera un groupe ne possédant que les propriétés des hydrocarbures, ayant *seulement la fonction hydrocarbure*. Figurons graphiquement cette dissociation en représentant par de gros traits les liens carbonés qui, dans la réalité, sont indestructibles au cours des réactions ordinaires, et par des traits fins les liens des atomes d'hydrogène qui, eux, sont facilement rompus, nous obtiendrons cinq groupes

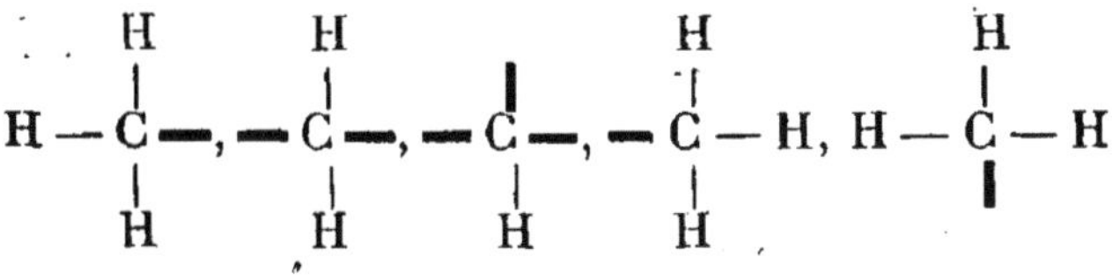

$$H-\overset{\overset{\displaystyle H}{|}}{\underset{\underset{\displaystyle H}{|}}{C}}\!\!\!-,\ -\overset{\overset{\displaystyle H}{|}}{\underset{\underset{\displaystyle H}{|}}{C}}\!\!\!-,\ -\overset{\overset{\displaystyle H}{|}}{\underset{\underset{\displaystyle H}{|}}{C}}\!\!\!-,\ -\overset{\overset{\displaystyle H}{|}}{\underset{\underset{\displaystyle H}{|}}{C}}-H,\ H-\overset{\overset{\displaystyle H}{|}}{\underset{\underset{\displaystyle H}{|}}{C}}-H$$

On appelle ces groupes des *groupes fonctionnels* : en un mot, l'isopentane renferme *cinq groupes fonctionnels hydrocarbures*. Nous allons voir bientôt que cette fonction n'est pas *identiquement* la même pour tous les groupes que nous avons à dessein dissociés dans le schéma ci-dessus. Cette distinction sera plus facile à établir quand nous envisagerons les autres fonctions.

Les groupes fonctionnels hydrocarbures dans les corps cycliques ont certaines propriétés différentes aussi de celles des hydrocarbures acycliques. Si le chlore, par exemple, déplace facilement l'hydrogène aussi bien dans le méthane, l'éthane, le propane, etc., que dans la benzine, par contre l'acide azotique qui attaque les hydrocarbures cycliques n'a, en principe, pas d'action sur les hydrocarbures à chaîne ouverte.

On conçoit donc que l'atome de carbone, suivant qu'il est accolé ou non à d'autres atomes de carbone et suivant le nombre de valences qui l'unissent à eux, modifie sa liaison avec les atomes d'H qui le saturent d'autre part. Autrement dit, une liaison monovalente $\equiv C - H$ n'a pas identiquement la même valeur, suivant le mode de saturation des trois autres valences de C et suivant en particulier les multiples liens qui l'unissent aux autres atomes de carbone.

12. — Les diverses fonctions (alcool, phénol, aldéhyde, acide, etc.). Les fonctions primaires, secondaires, tertiaires.

1° Fonction alcool et phénol.

Les quelques mots que nous allons dire des diverses fonctions chimiques vont nous faire faire un pas de plus dans la connaissance de la matière organique en nous montrant la richesse des variantes moléculaires qu'elle peut présenter.

I. — Reprenons notre exemple de l'isopentane

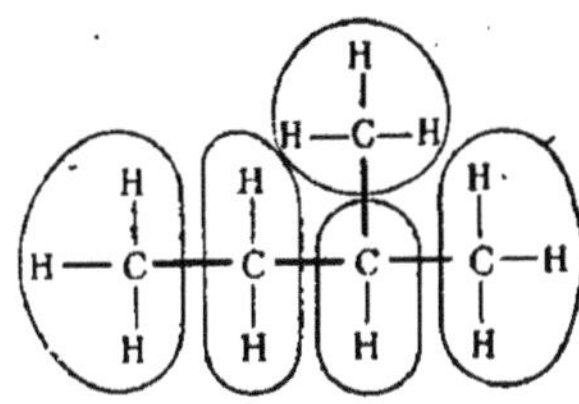

L'isopentane.

avec ses cinq groupes fonctionnels, on peut dans l'un ou l'autre de ces groupes remplacer un atome de H par divers atomes ou restes monovalents, ce qui donnera à ce groupe et par suite à l'ensemble de la molécule une valeur fonctionnelle différente.

Si, par exemple, nous remplaçons H par OH dans l'un de nos groupes, nous créons ce qu'on appelle *la fonction alcool* : le type le plus simple des alcools, en chimie organique, est l'alcool méthylique CH^3OH.

Or si l'on veut bien remarquer que dans notre isopentane, nous pouvons faire porter la substitution soit sur l'un des groupes à trois atomes d'hydrogène — CH^3, soit sur les groupes à deux atomes d'hydrogène $= CH^2$, soit sur un groupe à un seul atome d'hydrogène $\equiv CH$, et si d'autre part, on veut bien se rappeler ce que nous avons dit au paragraphe précédent, à savoir que chacune des valences de C n'est pas absolument indépendante du mode de saturation des trois autres valences, et en particulier des saturations par d'autres atomes carbonés nucléaires, on comprendra que la fonction alcool donnée à la molécule de l'isopentane ne sera pas identiquement la même suivant le groupe dans lequel elle sera introduite. De là l'existence de trois alcools différents : les alcools primaires, quand la substitution a lieu dans un groupe en — CH^3, secondaires quand elle a lieu dans un groupe en $= CH^2$ et tertiaires quand elle porte sur un groupe en $\equiv CH$.

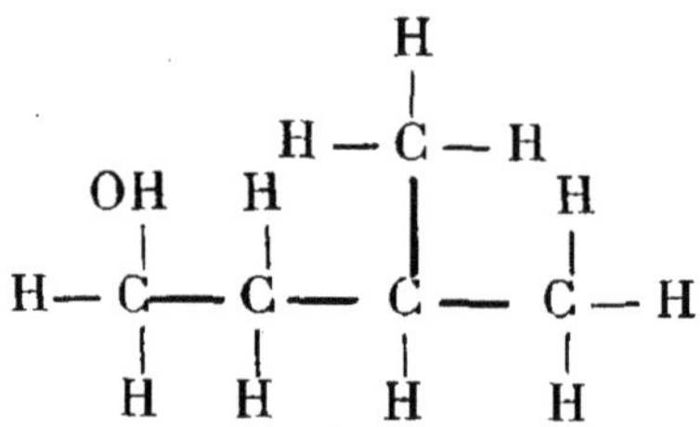

Alcool amylique primaire.

Alcool amylique secondaire.

Alcool amylique tertiaire.

On peut en outre se rendre compte à la seule inspection du schéma représentant l'alcool amylique primaire que la molécule est différente suivant que la substitution porte sur le groupe — CH^3 de gauche, ou bien sur l'un des groupes — CH^3 de droite. On connaît en effet, deux alcools primaires différents de l'isopentane, deux alcools primaires amyliques.

II. — Lorsque la substitution de H par OH se fait dans un corps cyclique tel que la benzine, on obtient un composé qui porte le nom de *phénol.*

Si les phénols et les alcools possèdent des caractères communs, tels que la propriété de former des dérivés métalliques avec les métaux alcalins (par substitution de K, Na, à l'H de l'oxhydrile), les phénates et les alcoolates ont des propriétés différentes : les premiers sont en général plus stables.

La même différence se poursuit dans les éthers; on sait que les éthers résultent de la combinaison d'un alcool ou d'un phénol avec un acide minéral ou organique; exemples;

$$C^2H^5.OH + HCl \qquad = C^2H^5Cl + H^2O$$

Alcool. · Ether chlorhydrique.

$$C^2H^5 OH + C^2H^3O^2.H = C^2H^5.O.C^2H^3O + H^2O$$

Alcool. · Acide acétique. · Ether acétique.

$$C^6H^5.OH + PCl^5 \qquad = C^6H^5Cl + PCl^3O + HCl$$

Phénol. · Chlorure de phényl (éther).

D'une façon générale, les éthers des phénols sont plus stables que les éthers des alcools, ce qui justifie la remarque que nous avons faite tout à l'heure sur le peu d'autonomie de chaque liaison chimique carbonée, une liaison dépendant toujours dans une certaine mesure de la manière dont sont saturées les autres valences.

2° Fonction aldéhyde.

Lorsqu'on cherche à introduire deux oxhydriles dans un hydrocarbure, on s'aperçoit vite que si chacun de ces oxhydriles a été fixé sur un groupe différent, on obtient un composé stable, un alcool biatomique, ou glycol. Si, au contraire, les réactions ont été telles qu'elles introduisent les deux OH dans le même groupe, la combinaison n'est pas stable; il se forme immédiatement de l'eau.

$$R - C \underset{OH}{\overset{H}{|}} OH = R - C \overset{H}{\underset{O}{\diagup}} + H_2O$$

Cette tendance à la déshydratation constitue un nouveau groupe fonctionnel, le groupe aldéhyde. L'aldéhyde peut être regardée comme de l'alcool biatomique déshydraté. Si le groupe fonctionnel intéressé est un groupe secondaire $R - \underset{O}{\overset{||}{C}} - R'$, l'aldéhyde prend le nom d'acétone.

3° Fonction acide.

Si au lieu d'introduire deux oxhydriles dans un groupe — CH^3, on en introduit trois, il se forme encore de l'eau comme dans la genèse théorique des aldéhydes et il reste le groupement — COOH qui donne à la molécule la fonction acide, caractérisée, comme on le sait, par sa tendance à abandonner un atome d'hydrogène pour le remplacer par un reste monovalent.

$$R-C\underset{OH}{\overset{OH}{|}}OH = R-C\overset{OH}{\underset{O}{\diagdown}} + H^2O$$

. Ces notions très succinctes sur les principales fonctions oxygénées suffiront. je pense, pour donner une idée de la richesse des variétés moléculaires possibles en chimie organique.

Si l'on songe que d'autres éléments peuvent être introduits dans chaque groupe sous des formes multiples, l'azote par exemple, sous la forme — AzH^2 pour former les amines, sous la forme $= AzH$ pour former les imines, sous la forme $\equiv Az$ pour former les nitriles, à moins qu'il ne figure parfois dans les composés organiques avec sa pentavalence; si l'on songe que le soufre, que la plupart des métalloïdes et des métaux peuvent se greffer sur quelque valence libre des édifices moléculaires, on comprendra à quelle complexité fonctionnelle on peut arriver au cours des réactions moléculaires.

Nous ne pouvons nous arrêter davantage à ces notions de chimie pure. Mon but en les rappelant, était seulement de donner une vue d'ensemble des corps organiques les plus simples : elles nous auront permis de les classer en disséquant leur architecture. Nous allons voir à présent que parmi les substances qui jouent un rôle actif dans la vie, il en est beaucoup qui viennent simplement se ranger dans l'une ou l'autre des catégories que nous avons énumérées. D'autres, plus complexes, encore incomplètement définies, peuvent seulement, par analogie, être rapprochées de ces dernières. D'autres enfin, nous sont totalement inconnues. .

Essayons donc de pénétrer la structure de ces diverses substances en nous inspirant des connaissances déjà acquises.

13. — Un exemple pour montrer la complexité de l'architecture moléculaire des substances organiques : la molécule d'un alcaloïde, la morphine.

Nous étudierons au chapitre suivant les principales substances qui jouent un rôle dans l'évolution des êtres vivants. Quelques-unes, les graisses, les sucres, certaines substances azotées même, sont chimiquement assez connues pour qu'on puisse concevoir leur architecture moléculaire. Pour suivre l'ordre logique des matières, il faudrait acheminer pas à pas le lecteur depuis les corps carbonés rudimentaires dont nous venons de faire l'étude jusqu'à ces composés d'un ordre plus élevé en spécifiant la valeur de chaque groupe fonctionnel qui entre dans leur structure; mais c'est un ouvrage de chimie organique qu'il faudrait écrire pour cela, et comme mon but est seulement de donner une idée générale de la matière vivante, je crois plus utile de prendre au hasard un exemple parmi les corps connus tirés des tissus vivants et de montrer comment, avec les seules données que nous venons de remémorer, il sera possible de concevoir sa molécule théorique d'après ses propriétés révélées par la chimie expérimentale.

Je prendrai cet exemple parmi les alcaloïdes, corps azotés, à fonction basique, assez analogues chimiquement aux amines, et qui, facilement extraits des tissus animaux ou végétaux, intéressent au plus haut point le physiologiste, parce que très souvent ils possèdent, même à très faibles doses, des actions énergiques sur les organismes supérieurs. Certains d'entre eux tels que la caféine, la théobromine de la série purique, l'adrénaline de la série des aminophénols, etc., ont des structures relativement peu compliquées. D'autres, tels que la morphine, ont un édifice moléculaire plus complexe, mais à peu près déterminé.

Nous allons considérer l'un de ces corps, la morphine, le premier des alcaloïdes végétaux connus et montrer, par une étude sommaire de ses propriétés, par quelle voie on peut arriver à la conception de la structure probable de sa molécule.

La morphine, dont la formule brute est $C^{17} H^{17} (OH)^2 AzO$, se comporte comme une base tertiaire; elle est douée d'une fonction phénolique et d'une fonction alcool.

De certaines réactions propres à la codéine, son éther phénolique, on a pu conclure à la présence, dans la molécule de la morphine et de la codéine, d'un noyau phénanthrénique $C^{14}H^{10}$ isomère de l'anthracène (Voir § 28)

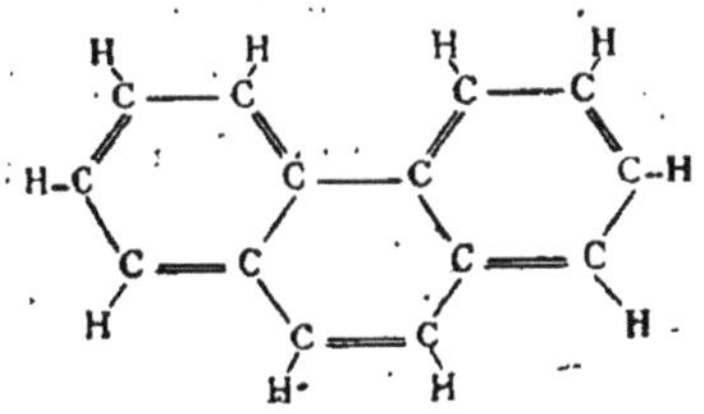

ou tout au moins d'un groupement à trois cycles hexa-
carbonés disposés de manière à donner facilement du
phénanthrène.

Il existe d'autre part dans la morphine une chaîne
azotée à laquelle certaines analogies réactionnelles font
attribuer la structure :

$$-\overset{\overset{H}{|}}{\underset{\underset{H}{|}}{C}}-\overset{\overset{H}{|}}{\underset{\underset{H}{|}}{C}}-Az\overset{C\equiv H^3}{\diagdown}$$

Knorr pense pouvoir expliquer toutes les réactions
observées en greffant cette chaîne de la façon suivante,
et en plaçant les oxhydriles des fonctions phénol et
alcool comme l'indique le schéma :

Que l'on veuille bien observer que si nous avons
énoncé quelques faits grossiers qui ont permis par
exemple d'établir la présence d'un noyau phénanthrénique dans la morphine, ou l'existence d'oxhydriles
apportant à cette molécule une fonction phénol ou une
fonction alcool, nous avons dû passer sous silence les

raisons plus spéciales tirées des analogies de réaction, de l'enchaînement des dérivés, des similitudes d'action de certains groupes fonctionnels supposés, etc.; raisons d'après lesquelles les chimistes se trouvent entraînés à greffer tel ou tel oxhydrile, tel ou tel groupe fonctionnel, telle ou telle chaîne latérale sur tel ou tel atome du noyau. Ce sont là des déductions délicates de la chimie expérimentale que les faits accumulés finissent par confirmer définitivement ou par modifier, faits dont l'étude exige un labeur incessant, une patience inlassable, de la part des savants qui s'y consacrent.

C'est pour cela que la chimie organique avance si lentement, mais si sûrement aussi, grâce à l'effort ininterrompu d'une pléiade d'expérimentateurs qui, les uns sollicités par les besoins de l'industrie, les autres par des préoccupations biologiques ou par les *desiderata* de la thérapeutique, multiplient à l'infini les variétés moléculaires des corps nouveaux, produisent, au cours de leurs recherches, des composés plus ou moins semblables aux corps naturels, et au fur et à mesure qu'ils les produisent, éclairent la synthèse et l'architecture élémentaires de ces derniers.

Aujourd'hui que la vulgarisation scientifique occupe l'esprit des foules par les découvertes émotionnantes de la physique, on oublie un peu trop ces conquêtes moins bruyantes de la chimie ; elles se font dans l'ombre, et ne trahissent qu'exceptionnellement leur importance et leur portée. Pourtant n'est-ce pas d'elles que sortira peu à peu, insidieusement sans doute et sans fracas, la synthèse de tous les matériaux de la vie! La physique nous éclairera certes sur les facteurs mis en jeu dans la genèse de la matière organisée; elle nous fournira les mouffles, les treuils, la force motrice, les lois de statique et d'énergétique nécessaires pour construire l'édifice de la molécule; mais encore faut-il que nous sachions quels matériaux nous allons employer et que nous ayons le plan du monument à construire; à quoi en effet nous serviraient les engins de construction les plus perfectionnés si nous risquions de placer les pierres de soubassement à la crête faîtière!

CHAPITRE III

La chimie de la matière organisée.

Section I. — Les substances chimiques qui forment les organismes vivants.

14. — Matériaux des tissus vivants. Le rôle de l'eau.

Tous les tissus, tous les organes des êtres vivants sont constitués en dernière analyse par des *substances organiques* (c'est-à-dire des substances carbonées), par de l'*eau* et accessoirement par des *matières salines*.

α) Les *substances carbonées* qui entrent dans la constitution des tissus vivants sont soit des substances binaires, c'est-à-dire composées de carbone et d'hydrogène, soit des substances ternaires, c'est-à-dire composées de carbone, d'hydrogène et d'oxygène, soit des substances quaternaires renfermant en plus de l'azote et différents autres éléments.

β) Les *matières salines*, qui se trouvent soit à l'état de dissolution dans les liquides de l'organisme, soit intimement liées à la matière organique elle-même, sont trop volontiers considérées comme tout à fait secondaires dans les processus vitaux. Elles ont en réalité une importance parfois considérable, soit en modifiant les conditions physiques ou chimiques des réactions dont l'ensemble fait l'évolution des êtres, soit en prenant une part directe aux réactions de l'organisme.

γ) *L'eau* joue un rôle capital dans l'évolution de la matière vivante. Un milieu liquide est nécessaire aux échanges chimiques qui sont à la base même de la vie. Les unités vivantes les plus rudimentaires vivent simplement dans un milieu ambiant aqueux; et, des échanges qui se passent entre leur propre substance et ce milieu, résultent les phénomènes de la nutrition. Les êtres plus complexes ont leur milieu liquide intérieur, les animaux ont leur sang, leur lymphe, les végétaux leur sève, et chaque unité, chaque cellule qui entre dans leur édifice y puise ses matériaux d'échange.

Si l'on analyse de plus près la constitution même de ces unités cellulaires, on voit qu'elles possèdent elles aussi leur milieu aqueux où évolue la matière fondamentale de la vie. Nous savons déjà que les molécules matérielles dans la substance organisée sont probablement groupées en micelles, que ces micelles baignent dans un milieu aqueux, et que chaque molécule est elle-même entourée d'une mince couche d'eau que les forces moléculaires rendent parfaitement adhérente à leur surface.

Ces particularités montrent le rôle primordial de l'eau dans l'évolution de la matière vivante. Eau ambiante, eau péri-micellaire, eau intra-micellaire, eau de constitution moléculaire, ce corps est à la fois le véhicule

solvant indispensable à la nutrition, le ciment fluide
assurant la connexion en même temps que la mobilité
des éléments vivants, et enfin l'un des constituants chimiques les plus fondamentaux de la substance des êtres
organisés.

Parmi les procédés mis en œuvre pour étudier les
matériaux dont sont faits les êtres vivants, il en est un
bien fait pour mettre en lumière le rôle de l'eau dans
l'organisme : c'est le chauffage progressif, dont l'effet
commence par être la dessication et finit par la combustion et l'incinération.

C'est d'abord l'eau d'imbibition qui s'échappe; la
matière, de molle qu'elle était, devient rigide. Mais les
molécules qui la constituent restent entières; la matière
vivante n'est pas désorganisée; et cela est si vrai que,
dans beaucoup de cas, incapable de vivre d'une vie
active après dessication, elle continue de vivre d'une
vie ralentie, presque latente, tant qu'elle est privée
d'eau et elle pourra récupérer ultérieurement par
hydratation toutes ses facultés vitales. Tel est le cas de
beaucoup de microbes, des spores, des graines, des
rotifères, etc.

Lorsqu'au lieu de dessécher la matière organique à
des températures relativement basses, on fait agir une
température plus élevée, des réactions moléculaires
entrent en scène et l'on assiste encore à un dégagement
de gaz parmi lesquels domine la vapeur d'eau; mais
cette vapeur d'eau provient non plus de l'eau d'imbibition, de l'eau renfermée à l'état libre par les tissus,
mais de l'eau de constitution, de l'eau résultant de la
dissociation de certaines molécules organiques par la

chaleur. Au fur et à mesure que la chaleur augmente, la matière se transforme en une masse noirâtre (carbonisation), qui à température plus élevée s'oxyde (combustion), pour ne plus laisser qu'un résidu blanchâtre, les cendres (incinération), où l'on ne trouve plus que des sels de potasse, de soude, de chaux, de magnésie, de fer, etc. A ce stade, on peut dire que le résidu de l'action de la chaleur n'a plus rien d'organique : le carbone caractéristique de la matière vivante s'est totalement éliminé sous forme de gaz carbonique et les autres éléments se sont dissipés aussi sous des formes variées parmi lesquelles domine la vapeur d'eau.

Cet aperçu général de la constitution des tissus, des humeurs, dans les deux règnes vivants, nous permet à présent d'aborder l'étude des principes immédiats qui entrent dans leur composition.

15. — Principes immédiats entrant dans la constitution de la matière vivante. Analogie des deux règnes.

Quand la chimie analytique s'est attaquée à la matière vivante, elle s'est trouvée en présence de deux classes d'êtres qui, à première vue, ont pu paraître différentes et avoir chacune leurs espèces chimiques propres et leurs modes de réactions particuliers : les animaux, les plantes.

Non seulement le gros bon sens établissait entre les deux règnes une séparation radicale, à cause des caractères, des propriétés qui les distinguent, mais un examen chimique sommaire ne pouvait qu'accentuer ces diffé-

rences. En effet, comme l'avaient établi les travaux
mémorables des deux chimistes français Dumas et Bous-
singault, les mutations chimiques principales qui pro-
voquaient les processus vitaux chez les animaux et chez
les plantes étaient tout autres, on pouvait même dire :
étaient diamétralement opposées. La plante, grâce à sa
fonction chlorophyllienne, assimilait des éléments minéraux, de l'acide carbonique en particulier, en captant
l'énergie électromagnétique, calorique et lumineuse du
milieu ambiant; en un mot, elle opérait la synthèse de la
matière organisée en accroissant ses réserves énergétiques aux dépens de l'énergie extérieure. Au contraire,
l'animal apparaissait comme un dissipateur d'énergie
assimilant les matières organiques édifiées par la plante,
les brûlant, les détruisant, pour prendre d'elles les éléments utiles à ses rénovations, à ses mutations, tout en
rendant à l'ambiance sous forme de chaleur ou de travail
mécanique l'énergie accumulée au cours de la synthèse
végétale.

Cette dualité des deux règnes avait le mérite de s'har-
moniser admirablement avec les idées philosophiques
alors les plus en honneur : le plan de la création n'était-
il pas d'avoir arrangé les êtres et les choses en vue de la
finalité humaine? Les végétaux offraient aux animaux
la pature, et l'homme, végétarien et carnivore à la fois,
utilisait à son profit les trésors de la nature, les fruits de
la synthèse organique préparée autour de lui par le reste
du monde vivant.

Nous verrons bientôt, quand nous étudierons les procédés de synthèse naturelle des composés organiques et
les origines de la matière organisée, que la fonction

chlorophyllienne n'est pas tout dans la plante. Nous verrons que les végétaux ont, à côté de cette fonction synthétique qui leur est propre, une « vie animale », pour employer l'expression de A. Gautier. Nous verrons que la plante respire, qu'elle brûle ses matières organiques, qu'elle consomme de l'énergie comme l'animal, et nous verrons aussi que l'animal, lui, est le siège de certaines synthèses. Pour le moment, nous ne pouvons que signaler ce commencement de preuve de l'analogie fonctionnelle des deux règnes, afin d'écarter l'idée préconçue d'un dualisme physiologique.

Cette idée du dualisme physiologique aurait pu en effet, faire attribuer une importance insolite aux petites différences de chimisme, aux petits écarts de composition élémentaire des tissus animaux et végétaux, alors que la chimie du monde vivant est une, et que les principes immédiats qui entrent dans la constitution des êtres animés et des plantes sont à peu près les mêmes ou du moins présentent toujours une analogie, un point de départ commun.

Quels sont donc ces principes immédiats dont l'arrangement compliqué donne lieu aux phénomènes de la vie ?

Si l'on excepte l'eau et les matières salines, on peut, comme nous l'avons dit, les répartir en 3 groupes :

1° Les hydrocarbures en C.H. qui ont une importance presque nulle chez les animaux mais jouent un rôle plus important chez les plantes.

2° Les corps ternaires en C.H.O. : hydrates de carbone et corps voisins (amidon, glycogène, cellulose, saccharose, etc.), corps gras et lipoïdes.

3ᵒ Les albuminoïdes ou substances protéiques, corps quaternaires en C.H.O.Az. où l'azote est ajouté aux composés ternaires, et qui renferment en outre du soufre et d'autres éléments dans leur architecture moléculaire. Ce sont les corps analogues à l'albumine de l'œuf, à la fibrine du sang, à la gélatine. Ils constituent la partie essentielle de la matière vivante, celle que dans l'ancienne chimie on aurait appelée la partie noble des tissus.

Des albuminoïdes on doit rapprocher des substances azotées non albuminoïdes, mais dérivées des précédentes et entrant dans leur constitution. Leurs propriétés sont différentes de celles des substances protéiques; elles sont en général chimiquement définies; beaucoup sont cristallisables. Citons parmi elles : les uréides tels que l'acide urique, les leucomaïnes telles que la créatine, les amides et acides amidés tels que l'urée et l'acide hippurique.

C'est par les albuminoïdes que nous commencerons cette étude. Nous dirons ensuite quelques mots des substances ternaires, et nous négligerons les hydrocarbures dont nous avons assez parlé quand nous avons exposé les principes de la chimie organique.

16. — Albuminoïdes ou substances protéiques.

Tout plasma possédant l'activité vitale renferme comme substance fondamentale des matières protéiques en connexion plus ou moins intime avec de l'eau et des matières salines.

Ces matières protéiques, ces albuminoïdes essentiels

à la vie sont composés de carbone, d'hydrogène, d'oxygène et d'azote, comme éléments fondamentaux, de soufre à peu près constant, et d'éléments divers moins constants, tels que le phosphore, le fer, etc.

On ne peut leur donner une définition chimique précise parce que leur constitution moléculaire n'est pas complètement connue. Mais une certaine analogie dans leur composition pondérale, dans leurs réactions et dans les produits dérivés de ces réactions, les rapproche les unes des autres.

En outre, elles s'offrent toutes ordinairement en présence de l'eau, sous la forme colloïdale, et nous savons déjà que les propriétés d'un corps à l'état colloïdal sont très particulières.

Nous allons tâcher de donner une idée de la nature de la molécule albuminoïde et de sa structure probable.

α) *Composition centésimale.*

Tout d'abord, l'analyse chimique révèle que les substances albuminoïdes renferment environ :

50	à 55	pour 100	de carbone.
6,5	à 7,3	—	d'hydrogène.
15	à 19	—	d'azote.
19	à 24	—	d'oxygène.
0,3	à 2,5	—	de soufre.

β) *Poids moléculaire.*

On a déterminé leur poids moléculaire par différents procédés. Pour donner une idée de ces mesures, je rappellerai seulement un procédé employé par A. Gautier pour la recherche du poids moléculaire de l'albumine de l'œuf.

L'albumine se comporte comme un acide bibasique, capable de former, comme tout acide bibasique, un sel acide monosodique et un sel neutre bisodique avec la soude NaOH

$$\text{Rad. Ac.} \diagup_{\diagdown H}^{H \,+\, OH\,Na} \quad = \text{Rad. Ac} \diagup_{\diagdown H}^{Na} \quad + H^2O$$

et

$$\text{Rad. Ac.} \diagup_{\diagdown H \,+\, OH\,Na}^{H \,+\, OH\,Na} \quad = \text{Rad. Ac} \diagup_{\diagdown Na}^{Na} \quad + 2H^2O$$

Le poids moléculaire du radical acide étudié est donc celui qui sature 2NaOH, c'est-à-dire 80 grammes de soude. On trouve par ce procédé un poids moléculaire de 5.800 à 6.010, résultat peu différent de ceux obtenus par Diakonow (5.944), Schwarzenbach (6.000) et par divers autres expérimentateurs. Toutefois, outre la variabilité des différents albúminoïdes autour du chiffre 6.000, il faut noter que certaines substances protéiques, telle que la globine de l'hémoglobine du cheval et du chien, ont des poids moléculaires voisins de 16.000, ce qui prouve qu'à ce degré de complexité atomique, des associations variées peuvent se produire, tout en laissant aux corps formés les propriétés génériques qui leur donnent leur étiquette chimique.

Quoi qu'il en soit, nous nous trouvons en présence de molécules énormes, trois mille fois au moins plus pesantes que la molécule d'hydrogène et cette grosseur même sera un facteur utile à faire entrer en scène dans l'explication des réactions organiques. Malgré cet énorme poids moléculaire, il ne faut pas qu'on s'imagine que la molécule d'albumine ait un poids absolu bien considérable. Si l'on se rappelle ce que nous avons dit T. I, p. 275, on sait que le poids de la molécule d'hydrogène serait $2\gamma, 88$, le γ étant la trillionième partie du trillionième de gramme, celui de la molécule d'albumine serait de 8.640 γ environ, et il en faudrait plus de 115.000 trillions pour faire un milligramme !

Tel est l'ordre de grandeur vraie de cette molécule dont l'énormité de la masse relative nous paraît étonnante quand nous la comparons aux molécules minérales.

γ) *Formule chimique des substances protéiques.*

La notion du poids moléculaire et celle de la composition centésimale des matières albuminoïdes permettent donc de leur attribuer une formule chimique voisine de celle-ci :

Albumine de l'œuf (Gautier) $= C^{250} H^{409} Az^{67} O^{81} S^{3}$ pour un poids de 5.739.

Mais hâtons-nous de le répéter, cette formule n'a rien d'absolu ; elle varie avec chaque espèce d'albumine et souvent dans des proportions très étendues. Néanmoins, elle donne une idée de la complexité de cet édifice remarquable qu'est la molécule la plus importante à considérer dans les phénomènes de la vie.

Nous allons, à présent, nous efforcer de pénétrer un peu plus loin dans sa structure et d'envisager la possibilité de sa synthèse artificielle.

17. — Structure de la molécule albuminoïde.

Un apprenti mécanicien qui se trouverait en présence d'une machine compliquée dont il ne connaîtrait ni la construction ni le fonctionnement, devrait, s'il voulait la comprendre pour la reproduire, analyser et démonter méthodiquement ses rouages. Il y trouverait ordinairement des assemblages principaux, des groupes de rouages différents, et, avant d'en morceler les articles, il devrait bien se rendre compte de la structure de chacun d'eux. Ensuite, il pénètrerait plus loin dans l'analyse, il démonterait les pièces de chaque groupe, sans les confondre, sans les mêler les unes avec les autres. Il pourrait arriver certainement que des roues, que des leviers, que des bielles, soient identiques dans des groupes différents, et qu'ils soient interchangeables; il pourrait arriver que les vis et les boulons soient de deux ou trois types seulement; il pourrait se faire que, le démontage effectué, l'ouvrier constatât, avec surprise et satisfaction, la simplicité et le petit nombre de types des pièces élémentaires. Ainsi pourrait-il facilement préparer ces pièces élémentaires en autant d'exemplaires qu'il serait utile, et les associer suivant le plan de chaque groupe pour réunir ensuite les groupes suivant le plan général.

Le chimiste, qui se trouve en présence de la molécule protéique, tient le rôle de cet apprenti devant la machine la plus compliquée qui se puisse concevoir, parce que lui n'a ni la ressource de regarder avec ses yeux, ni celle de sentir avec ses doigts l'arrangement des articles de la machine : ce n'est que par des analyses délicates, par des analogies subtiles, par des déductions où règne fatalement une part d'hypothèse qu'il peut arriver à la notion de cette structure.

Il n'en est pas moins vrai qu'il doit s'inspirer des mêmes règles que l'ouvrier mécanicien.

Avec des acides faibles, avec des bases faibles, avec les ferments digestifs qui opèrent lentement et progressivement, il dissocie la molécule protéique en gros fragments principaux et tâche d'identifier ces fragments. Avec des réactifs plus énergiques, il dissocie ces fragments eux-mêmes et arrive à la notion des noyaux plus simples qui sont les articles primordiaux de la machine. Et, chemin faisant, il essaie de remonter l'assemblage de chaque fragment, de chaque groupe, de chaque article.

Mais ce n'est pas sans risquer de s'égarer qu'il pénètre dans le dédale de ces assemblages variés, et l'une des causes d'erreur les plus décevantes est que tel ou tel noyau en se séparant de la molécule totale sous l'influence d'un réactif approprié, peut revêtir lui-même une forme variable suivant le réactif employé. Si très souvent ce polymorphisme ne suffit pas à cacher son identité, si la tyrosine, par exemple, qui figure dans toutes les molécules protéiques et qui se sépare d'elles sous l'action des acides minéraux, se révèle sous la forme d'acide p — oxyphénylpropionique, quand la séparation a lieu par les processus putrides, et si son noyau se décèle ainsi facilement dans tous les cas, il est des réactions où l'identification des sous-molécules est beaucoup plus douteuse.

Voyons donc ce que jusqu'ici a donné ce travail de géant, premier ouvrage de l'homme à la conquête de la vie.

I. — Conservons d'abord les gros assemblages. Pour cela, faisons agir les *acides faibles* qui provoquent l'hydratation de la molécule protéique et la dissocient en groupes plus simples que la molécule primitive (hémiprotéine, hémi-albumine, molécules accessoires) ; ou bien les *bases faibles* dont les réactions avaient conduit Mülder à isoler de divers albuminoïdes la *protéine* (1), substance qui, d'après lui, aurait été commune à toutes les molécules organiques quaternaires, mais qui depuis fut reconnue polymorphe et variable suivant la molécule primitive ; ou enfin les *ferments digestifs* qui permettent de provoquer la dissociation lente et progressive des substances protéiques. Nous obtenons ainsi des *albumoses*, des *peptones* dont la molécule est plus simple que celle des albuminoïdes, mais dont la structure n'est pas encore élucidée. Cependant, la méthode synthétique a permis à Grimaux (1882), et plus récemment à Fischer d'obtenir des molécules à peu près identiques à celles des albumoses et des peptones en associant des acides aminés, ce qui a jeté un peu de clarté sur leur consti-

---

(1) Du nom de protéine donné à cette substance regardée comme fondamentale est dérivée l'expression de matière protéique appliquée au groupe des albuminoïdes.

tution. Nous reviendrons tout à l'heure sur ces produits de synthèse artificielle qui, sous le nom de polypeptides, préoccupent aujourd'hui à juste titre le chimiste et le biologiste.

II. — A présent, pénétrons plus loin dans l'analyse ; allons plus loin dans le morcellement de la molécule protéique, et pour cela adressons-nous aux réactifs plus puissants, tels que l'hydrate de baryte employé surtout par Schützenberger au cours de ses mémorables travaux d'analyse des protéiques, l'acide sulfurique ou l'acide chlorhydrique utilisé par E. Fischer, l'acide fluorhydrique qui, d'après Hugounenq, présente des avantages importants, les oxydants, permanganate, bioxyde de manganèse, les agents de putréfaction, etc. Les produits plus simples qui résultent de cette dissociation sont presque tous des *acides aminés* dont nous pouvons citer comme type, le glycocolle :

$$CH^2.AzH^2$$
$$|$$
$$CO.OH$$

résultant de la combinaison de l'ammoniaque AzH^3 avec l'acide acétique $CH^3 — CO.OH$, par l'intermédiaire de l'acide bromacétique $CH^2Br — CO.OH$. De même, tous les autres acides aminés, leucine, sérine, acide aspartique, tyrosine, etc., qui sont des pierres de l'édifice protéique, présentent une fonction amine et une fonction acide. Ils appartiennent soit à la série grasse comme le glycocolle et la leucine, soit à la série aromatique comme la tyrosine, soit aux corps hétérocycliques dans lesquels l'azote fait partie du noyau cyclique, comme la proline (du noyau pyrrol), le tryptophane (du noyau indol), etc.

III. — Les êtres organisés supérieurs qui se nourrissent de matières protéiques opèrent systématiquement ces dislocations en groupes principaux et en produits plus simples. On conçoit de quel intérêt passionnant est pour le physiologiste la connaissance de cette molécule complexe, qui, au cours de ses dislocations, de ses dédoublements, de ses mutations, fournit aux animaux supérieurs, et à l'homme en particulier, la plus grosse part de l'énergie et des matériaux qu'ils utilisent dans leur activité fonctionnelle.

Malheureusement, si nous connaissons à peu près les principaux groupes simples de l'édifice protéique, groupes la plupart réalisables par synthèse artificielle, nous ne connaissons pas encore le plan de l'édifice total, pas plus qu'une foule de variantes desquelles dépendent certainement une série de caractères fonctionnels que la physiologie nous révèle.

Une étude sommaire de quelques tentatives de synthèse des matières protéiques complètera utilement ce aperçu.

18. — Essais de synthèse artificielle de la molécule albuminoïde.

Les essais de synthèse tendent naturellement à opérer l'accolement des divers acides aminés, et en particulier du glycocolle, en provoquant leur déshydratation : cet

accolement se fait par la fusion des groupes — CO.OH
et — AzH² qui forment le chaînon

$$O = C - Az - H$$
$$\quad\ \ |\quad\ \ |$$
$$\quad\ \ R\quad\ R'$$

accomplissant ainsi l'union entre les noyaux R et R'
d'acides aminés. Inversement la dissociation des albuminoïdes en albumoses et peptones, puis en acides
aminés, se fait par la rupture de ces chaînons grâce à
l'apport d'une molécule d'eau.

Schützenberger, au cours de ses recherches sur la
synthèse des albuminoïdes, avait déjà observé que
lorsqu'on décompose l'albumine par la baryte, une
molécule d'albumine, pour se dissocier, fixe à peu près
autant de molécules d'eau qu'elle renferme d'atomes
d'azote, mais il n'avait pas pu généraliser complètement
cette observation parce que, à ce moment, on ne savait
pas encore que tous les fragments fournis par une
molécule albuminoïde quelconque possèdent chacun au
moins une fonction acide — CO.OH et une fonction
amine —AzH², capables d'opérer la soudure. Les travaux
de E. Fischer et de ses élèves ont étendu le nombre
des acides aminés reconnus dans les produits de dissociation, en même temps qu'ils ont montré la généralité
du mode de liaison — CO —AzH — sur lequel nous
venons d'insister. On sait d'ailleurs aujourd'hui que
parmi les fragments de la molécule d'albumine, il en
est qui possèdent d'autres fonctions que la fonction
amino-acide, ou imino-acide, mais tous possèdent au
moins celle-là.

Quoi qu'il en soit, dès lors qu'on cherche à passer par synthèse de deux ou plusieurs sous-molécules constituantes à une molécule plus élevée, on doit avoir recours aux agents de déshydratation, et c'est dans ce sens qu'ont été dirigées les recherches de chimistes tels que *Henninger* et *Hofmeister* (1878) qui, à partir des peptones, ont obtenu des produits voisins des albuminoïdes plus complexes. C'est dans ce même sens qu'ont été poursuivis les travaux de *Grimaux* (1881-1884), qui, de l'urée et de l'anhydride aspartique, obtenus antérieurement par Schaal en déshydratant l'asparagine, tira une substance à réactions protéiques, ceux de *Schützenberger* (1891), qui, partant d'une série de produits auxquels l'avait conduit l'analyse, les *leucines*, les *leucéïnes*, synthétisées déjà par lui à partir des acides gras amidés, et *l'urée*, obtint une substance artificielle voisine des peptones; ceux de *Pickering*, de *Lilienfeld*, de *Schiff* (1) et de divers autres expérimentateurs qui sont arrivés à obtenir artificiellement des substances présentant de grandes analogies avec les matières protéiques, colloïdales comme elles, mais malheureusement de structure mal définie.

Ce n'est que durant les premières années de notre xxe siècle que la synthèse des albuminoïdes a fait un nouveau pas avec les recherches de *Emil Fischer* (1901-1905), de *Curtius* et de divers chimistes qui s'efforcèrent d'opérer systématiquement les synthèses des groupes plus simples à partir des amido-acides connus. Ces synthèses présentent des difficultés considérables, sur-

(1) Voir à ce sujet un article très documenté de Maillard, *Rev. gén. des sc.* 15 Fév. 1906.

tout parce qu'il est difficile d'arrêter les réactions là où
l'on veut, à cause de la présence des groupes — AzH^2
qui tendent toujours à pousser plus loin les associations
si on ne les fixe pas par des artifices spéciaux. Le
résultat de ces synthèses a été la création d'une série de
produits intermédiaires les *dipeptides, tripeptides...
polypeptides*, corps solides, cristallisés, de poids moléculaire croissant à mesure que croît leur complexité.
Doit-on considérer ces polypeptides comme identiques
aux albuminoïdes naturels ou à leurs dérivés? Il est
assez difficile de le dire, mais il semble tout au moins
qu'il y a là une voie naturelle qui nous achemine
peu à peu vers la solution du grand problème de leur
synthèse.

En effet, beaucoup de caractères communs rapprochent les polypeptides de synthèse des peptones
naturelles : quelques-uns d'entre eux sont dédoublés
par la trypsine en acides aminés; les plus complexes
donnent la réaction du biuret particulière aux substances protéiques; ils ont perdu la saveur sucrée des
acides aminés qui les composent, et ont acquis une certaine amertume comme les peptones. Les polypeptides
à 12 ou 14 molécules amino-acides présentent plus les
caractères des albumoses que ceux des peptones, et
ceux de 20 molécules environ, d'après Fischer, sont à
peu près analogues aux albumines supérieures. Si l'on
songe que nous n'en sommes qu'aux premières années
de ces essais rationnels et que ces premiers tâtonne-
ments sont forcément grossiers par rapport à la complexité structurale si variée des albuminoïdes naturels,
on à tout lieu d'espérer que la voie tracée conduira la

science à des résultats peut-être inattendus par beaucoup de biologistes.

19. — Quelques mots sur un groupe de substances protéiques particulièrement intéressantes dans l'étude des êtres vivants : les nucléo-protéides.

Parmi les substances protéiques les plus intéressantes à étudier, chez les organismes vivants, les nucléo-protéides occupent certainement l'une des premières places. Ce sont ces substances qui, dans la cellule vivante, constituent la presque totalité de la masse du noyau, aussi bien chez les animaux que chez les plantes, et nous verrons bientôt que le noyau joue un rôle capital dans l'évolution cellulaire.

Les nucléo-protéides sont caractérisés par la présence d'un acide phosphoré, ou acide nucléique, lié à un groupe protéique et formant avec lui une substance définie, la nucléine qui, associée à un autre fragment, protéique lui-même, constitue le nucléo-protéide.

Le groupe protéique auquel est lié l'acide phosphoré ou acide nucléique est d'ailleurs assez variable. Ce sont tantôt des protamines (albuminoïdes mal définis, ne possédant pas de soufre dans leur molécule, et probablement plus simples que les autres albuminoïdes de l'organisme), tantôt des *histones*, assez mal définies aussi, mais paraissant tenir le milieu entre les protamines et les albuminoïdes supérieurs, tantôt certaines variétés de ces albumines supérieures elles-mêmes.

L'acide nucléique, combiné avec ce groupe protéique, n'est pas lui non plus un acide simple et toujours le même comme les acides minéraux. Diverses réactions, et en particulier l'ébullition avec l'acide sulfurique étendu, permettent d'en tirer des composants nombreux, eux-mêmes plus ou moins complexes. Ainsi dans l'acide nucléique des cellules du thymus, on trouve :

des bases puriques, l'adénine. la guanine, desquelles dérivent, au cours des réactions, l'hypoxanthine, la xanthine, voisine de l'acide urique et renfermant comme lui le noyau purique (Fischer) ;

des bases pyrimidiques, la thymine, la cytosine;

des hydrates de carbone, dont la nature n'est pas encore parfaitement déterminée;

et *de l'acide phosphorique*.

La nucléine formée par la combinaison de cet acide nucléique phosphoré avec le groupe protéique qui lui est lié, se trouve, par cette constitution même, richement phosphorée : elle renferme jusqu'à 5 p. 100 de phosphore. D'ailleurs d'une cellule à l'autre, d'une espèce vivante à l'autre, sa composition varie; et il y a lieu quand on envisage l'ensemble des êtres qui peuplent la surface du globe, d'avoir toujours présentes à l'esprit ces différences chimiques si importantes qui caractérisent la substance des infiniment petits : les analogies des caractères macroscopiques risquent de faire perdre de vue ces particularités dans lesquelles on doit souvent chercher la raison d'être et le point de départ de variations dissemblables.

Remarquons encore avant de quitter ce sujet que ces composés sont acides, tandis que le cytoplasme cellulaire est alcalin. De là, l'affinité des noyaux pour les

matières colorantes et pour les métaux, tels que le fer,
l'arsenic. Remarquons aussi que les colloïdes nucléo-
protéiques portent des charges électriques négatives,
tandis que le cytoplasme est électropositif; c'est pour
cela que, dans les systèmes colloïdaux organiques, les
cellules où la substance nucléaire domine se portent
vers l'anode, tandis que celles où le cytoplasme est plus
abondant se portent vers la cathode.

Nous verrons l'importance de cette substance encore
si peu connue chimiquement, pour l'interprétation des
phénomènes de l'évolution cellulaire.

20. — Les substances ternaires.

Quand nous abordons l'étude des substances ternaires,
c'est-à-dire des substances ne renfermant que du carbone, de l'hydrogène et de l'oxygène, nous nous apercevons vite que les organismes terrestres en présentent
deux types principaux : les hydrates de carbone et les
graisses, et un certain nombre de types moins importants que l'on a réunis sous le nom de lipoïdes.

On donne ordinairement comme caractéristique chimique des *hydrates de carbone*, le fait que, dans leur
molécule, à côté de l'élément carbone, se trouvent de
l'hydrogène et de l'oxygène en proportion telle que le
nombre des atomes H y est double de celui des atomes O
comme dans l'eau H^2O, et qu'ils correspondent à la
formule générale $C^m (H^2O)^n$. C'est ainsi que les glycoses, $C^6H^{12}O^6$, les saccharoses $C^{12}H^{22}O^{11}$, les amyloses

$(C^6H^{10}O^5)^n + H^2O$ peuvent être représentés respectivement par les formules :

$$C^6(H^2O)^6, \quad C^{12}(H^2O)^{11}, \quad [C^6(H^2O)^5]^n + H^2O.$$

Ce qui caractérise chimiquement les *corps gras*, c'est qu'ils sont constitués par la combinaison d'un acide organique avec la glycérine, corps à trois atomes de carbone, à chaîne ouverte, et possédant trois fonctions alcool satisfaites, dans les graisses, par trois acides.

Quant aux *lipoïdes*, c'est une classe un peu hétérogène dans laquelle on a rangé divers produits ternaires, tels que les lécithines, qui ne sont pas sans quelque analogie avec les graisses et qui intéressent d'une façon particulière le fonctionnement de la cellule.

Avant de dire un mot de chacun de ces groupes, il n'est pas inutile d'attirer l'attention du lecteur sur la valeur de ces classifications. L'étude des substances protéiques a fait voir groupés dans une même famille des corps de formule profondément différente, de structure très variée, où des noyaux acycliques voisinent avec des noyaux cycliques et hétérocycliques, où des groupes fonctionnels divers, plus ou moins enchevêtrés dans les liaisons intramoléculaires, classent la molécule totale un peu dans toutes les catégories, et cela n'a pas été certainement sans causer quelques déceptions aux amateurs de classification rationnelle. Ceux-là ont pu garder de cette étude l'impression que la nature, en édifiant les molécules protéiques, a procédé un peu comme l'inventeur du complexe fameux de la vieille pharmacopée, la célèbre thériaque, où, à côté de plus de soixante substances d'une efficacité curative très variée, figuraient des ingrédients bien faits pour en étendre les vertus, des têtes, des foies et des cœurs de vipères desséchés.

Seulement il faut croire que les complexes protéiques ont mieux répondu aux besoins que la panacée universelle dont le nom ne sert plus qu'à orner quelques bocaux vides de nos officines contemporaines, car leur emploi s'est généralisé au point que toutes les unités vivantes des myriades d'êtres qui peuplent notre globe en ont fait leur élément essentiel. Les autres composés quaternaires, tels que ceux dont la chimie expérimentale opère la synthèse systématique, ont été remarquablement dédaignés. Si bien qu'en passant de la chimie des composés organiques à celle des composés organisés, nous n'avons presque plus à nous occuper, parmi les corps quaternaires, que de ce groupe protéique qui éclipse tous les autres.

Allons-nous encore pénétrer dans une région aussi peu ordonnée, aussi inextricable en abordant les composés ternaires des organismes vivants. Certes ici le terrain est moins difficile et les groupes de corps ternaires qui jouent un rôle dans l'évolution des organismes sont un peu mieux définis que celui des albuminoïdes, mais ce n'est pas à dire pour cela que les limites en soient toujours précises et les caractères parfaitement spécifiques.

Prenons par exemple le premier groupe, celui des hydrates de carbone. Le nom seul paraît les caractériser d'une façon absolue : quelques atomes de carbone, quelques molécules d'eau, une cuisine chimique appropriée pour les souder ensemble, voilà un hydrate de carbone. D'autre part, si nous faisons appel à nos souvenirs de classification des corps organiques, nous savons que les corps ternaires à chaînes ouvertes, portant autant de fonctions alcool que de groupes fonctionnels, sauf un, déshydrogéné et transformé en groupe aldéhydique, répondent précisément à cette formule ; ainsi l'aldéhyde d'alcool hexatomique

$$
\begin{array}{ccccccc}
H & H & H & H & H & & H \\
| & | & | & | & | & & \diagup \\
H-C- & C- & C- & C- & C- & C & \\
| & | & | & | & | & & \diagdown \\
OH & OH & OH & OH & OH & & O
\end{array}
$$

ou son acétone

$$
\begin{array}{ccccccc}
H & H & H & H & & H & \\
| & | & | & | & & | & \\
H-C- & C- & C- & C- & C- & C-H \\
| & | & | & | & \| & | & \\
OH & OH & OH & OH & O & OH &
\end{array}
$$

constituent précisément le premier, le glycose, le deuxième le lévulose, qui sont les types des sucres à 6 atomes de carbone.

Nous allons donc nous trouver en terrain familier. Cependant, il faut que nous sachions que c'est avant tout une valeur fonctionnelle commune qui a justifié la création de ce groupe, et il est remarquable que cette valeur fonctionnelle appartienne presque exclusivement aux molécules ternaires à *six atomes de carbone* comme celles dont nous venons de donner le schéma ou à leurs multiples. On a même cru un moment devoir faire de cette hexatomicité une caractéristique du groupe; mais on sait aujourd'hui qu'il y a des sucres à 5, 7, 8, 9 atomes de carbone.

Il faut savoir d'autre part que la définition même du groupe hydrates de carbone est mise en défaut parce que certains corps tels que l'acide acétique, pour ne citer que le plus simple, $CH^3 — CO.OH$, répondent à la formule générale $C^n(H^2O)^m$ que nous avions regardée comme caractéristique, sans pouvoir, en raison même de leur valeur fonctionnelle, être rapprochés des sucres.

Enfin, il faut savoir aussi que des analogies de valeur fonctionnelle ont fait classer dans ce même groupe des sucres qui ne répondent pas à la formule $C^n(H^2O)^m$, tel le rhamnose.

En fin de compte, le lecteur sera en droit de se demander : quelle est donc la définition de ce groupe annoncé comme si simple! Mais les définitions en biologie se font toutes de la même manière. Ici nous pouvons dire : le groupe des hydrates de carbone est celui qui comprend une série de corps *analogues* aux types glycoses, saccharoses, amyloses... et c'est tout; comme les albuminoïdes, tout à l'heure, étaient les corps *analogues* au blanc d'œuf.

Les sciences biologiques, quand elles classifient, choisissent dans chaque groupe les types dominants, que l'expérience ou le simple bon sens a indiqués. Elles décrivent les caractères de ces types et rapprochent d'eux une série d'individualités qui prennent place à leurs côtés. Les groupes ainsi formés n'ont pas de limites précises, pas de caractères génériques absolus, mais du moins leur rapprochement facilite leur étude. Il faut s'habituer, d'autant plus qu'on passe des sciences précises aux sciences biologiques, à considérer les classifications comme des divisions factices, utiles seulement pour l'esprit qui assimile. La nature, elle, s'inquiète peu des catégories dans son œuvre d'édification gigantesque. Son choix de matériaux n'est dicté que par les besoins d'une fonction en évolution ou d'un cycle qui s'accomplit, et c'est dans la réalisation de ces besoins que réside la finalité apparente des phénomènes de ce monde.

Ces réserves faites, il nous sera facile en quelques mots de donner au lecteur un aperçu rapide des différents groupes de substances ternaires qui prennent part à l'évolution des êtres vivants.

21. — Premier groupe ternaire. Les hydrates de carbone. Glycose. Saccharose. Amylose.

Les hydrates de carbone jouent un rôle capital dans les tissus végétaux. Chez les animaux ils sont accessoires; ils figurent surtout à titre de matériaux de nutrition.

On les répartit ordinairement en trois catégories : les glycoses, $C^6 (H^2O)^6$, les saccharoses $C^{12} (H^2O)^{11}$, les amyloses $[C^6 (H^2O)^5]^n$; les deux premières renferment les corps que nous appelons couramment les sucres.

I. Glycoses. — Les glycoses ont pour type le sucre de raisin qu'on appelle aussi le glycose ou glucose ou dextrose.

A côté du glycose se placent le lévulose ou sucre de fruit et le galactose isomère stéréochimique du glycose.

Tous ces corps représentent chimiquement soit des aldéhydes, comme le glycose ou le galactose,

$$CH^2 (OH) — CH (OH) — CH (OH) — CH (OH) — CH (OH) — HCO$$

soit des acétones comme le lévulose

$$CH^2 OH — CH OH — CH OH — CH OH — CO — CH^2OH$$

d'alcools hexatomiques.

Ils dévient le plan de polarisation les uns à droite, (glucose, galactose), les autres à gauche (lévulose), et cette propriété offre un moyen très simple de les doser dans leur solution quand il n'y a pas d'autres produits actifs à côté d'eux; en effet, sachant par exemple, qu'une solution de glycose de 1 gramme par centimètre cube fait tourner le plan de polarisation d'un rayon jaune de 52°6 quand on la prend sous une épaisseur de 10 centimètres, et se rappelant comme nous l'avons dit (T. II p. 203) que c'est là une propriété moléculaire qui dépend de la concentration, on conçoit que la mesure de l'angle de rotation puisse donner cette concentration ou la teneur en sucre par centimètre cube; ainsi une rotation de 5°26 indiquerait une solution de 0 gr. 1 par centimètre cube.

Ils ont des propriétés réductrices plus ou moins énergiques et précipitent à chaud les métaux de leurs solutions salines en présence des alcalis caustiques : ainsi une solution de tartrate cuivrique et de tartrate potassique additionnée de soude (liqueur de Fehling), chauffée avec une solution de glycose, devient rouge brique par réduction du sel cuivrique.

Enfin, sous l'action de la levure de bière, ils fermentent et se décomposent en alcool et en acide carbonique

$$C^6 H^{12} O^6 = 2 (C^2 H^6 O) + 2CO^2.$$

Nous aurons à revenir sur ce processus de fermentations si remarquable et si important dans les transformations de la matière organique ; qu'il ait lieu sous l'action d'un organisme vivant comme la levure de bière ou les ferments figurés en général, ou bien qu'il ait lieu sous l'action d'une substance chimique comme les diastases qu'on a appelées pour cette raison ferments solubles, il nous offrira ce caractère curieux de nous apparaître comme un effet tout à fait disproportionné avec sa cause: Nous ne faisons que le signaler ici comme une propriété commune aux glycoses.

Les glycoses s'unissent fréquemment avec les alcools, les phénols, pour former des substances très répandues chez les plantes et qu'on a groupées sous le nom de glycosides.

La synthèse artificielle des glycoses a fait récemment de grands progrès. D. Berthelot et H..Gaudechon (1) en particulier, ont à l'aide des rayons ultra-violets reproduit *in vitro* la synthèse chlorophyllienne des sucres sans intervention de matière vivante. Leurs résultats ont été confirmés par les travaux de J. Stoklasa et W. Zdobnicky (*Biochem. Zeitsch.* XXX, p. 433, 1910). Par contre, la transformation inverse des sucres *in vitro* a été réalisée par divers expérimentateurs et notamment par Lœb, Neubert, Bierry, Cl. Gautier et Nogier (2).

(1) *C. R.* 1910. T. CL, p. 1169, 1327, 1517, 1690.
(2) *Soc. Biol.*, 1910. L. XIX, 156.

II. Saccharoses C^{12} $(H^2O)^{11}$. — Deux molécules de glycose soudées avec perte d'une molécule d'eau constituent les disaccharides ou saccharoses, dont les principaux représentants sont le sucre de canne ou saccharose, le sucre de lait ou lactose, et le maltose.

Le saccharose, sucre dextrogyre, se dédouble par hydratation en des poids égaux de glycose et lévulose ; le premier de ces sucres a un pouvoir rotatoire droit plus faible que le pouvoir rotatoire gauche du second, et une fois le dédoublement opéré, la solution du mélange est lévogyre : on dit que le saccharose est interverti.

Le saccharose n'est pas réducteur, il est sans action sur la liqueur de Fehling, et il ne fermente pas sans être préalablement interverti.

Le sucre de lait ou lactose fait tourner à droite le plan de polarisation. Comme le glycose, il a des propriétés réductrices énergiques, mais il ne fermente pas sous l'action de la levure de bière, et cette levure n'opère aucun dédoublement préalable qui prépare la fermentation. Pour le dédoubler, il faut recourir à une diastase spéciale, la lactase : alors il donne du glycose et du galactose et la fermentation se produit consécutivement, donnant de l'alcool et de l'acide carbonique.

Le maltose se dédouble en deux molécules de glycose ; comme le glycose il est dextrogyre, réducteur et fermentescible.

III. Amyloses. — Tandis que les saccharoses ou disaccharides sont formés de la réunion de deux molécules de glycose avec perte d'une molécule d'eau, les amyloses ou polysaccharides sont formées par la réunion d'un nombre n de molécules de glycoses variés avec perte de $(n-1)$ molécules d'eau, et répondent à la formule générique

$$[C^6 (H^2O)^5]^n + H^2O$$

qui convient d'ailleurs aussi aux saccharoses qu'on peut écrire $[C^6 (H^2O)^5]^2 + H^2O$ ou $C^{12} (H^2O)^{11}$. Dans la pratique, on néglige cette molécule d'eau surajoutée à la formule $[C^6(H^2O)^5]^n$ à cause de la grandeur du nombre n.

Trois corps sont surtout intéressants dans cette famille : les amidons, le glycogène, les dextrines.

Ces corps forment avec l'eau des solutions colloïdales. Chauffés à l'ébullition, en solution acidulée par des acides minéraux tels que HCl à 5 p. 100, ils fixent de l'eau et donnent finalement un sucre monosaccharide (glycose).

Voilà deux faits qui méritent de frapper l'attention du lecteur : des corps colloïdaux non dialysables, tels que les amidons, les dextrines qui nous servent à faire les colles, sont tout simplement formés, par l'accouplement, avec perte de molécules d'eau, de corps essentiellement cristalloïdes et dialysables : les glycoses, les sucres.

Ainsi, à chaque instant, nous verrons apparaître des propriétés nouvelles, grâce à l'arrangement des formes évoluant de la simplicité vers la complexité structurale, sans que, pour les expliquer, il faille en appeler à des changements fondamentaux dans les éléments de construction. Nous savons déjà d'ailleurs que les mêmes éléments simples, suivant leur mode de préparation, de fractionnement, peuvent se présenter ou ne pas se présenter sous la forme colloïdale.

α) *L'amidon* se présente chez les végétaux sous la forme de grains à couches concentriques de forme et de dimension variables, suivant les espèces. Chaque grain d'amidon est vraisemblablement formé par un mélange de plusieurs substances que, d'après Maquenne et Roux, on peut rattacher à deux types : 1° les amyloses transformables en maltose et colorables en bleu par l'iode, et 2° l'amylopectine, substance mucilagineuse, non colorable par l'iode et transformable aussi en maltose, quoique plus difficilement. L'amidon est donc en somme réductible en molécules de maltose et finalement en glycose.

β) Le *glycogène* est une sorte d'amidon ou de dextrine animale; quoique réductible comme l'amidon à des glycoses associés, il n'en possède ni les propriétés réductrices, ni les propriétés fermentescibles. On le trouve surtout dans le foie, dans le placenta et dans les muscles, et il joue un rôle prépondérant dans l'organisme, comme nous le verrons bientôt. Sa quantité augmente quand l'alimentation est forte en sucres, dextrines, amyloses.

γ) Les *dextrines* se trouvent dans les deux règnes, (muscles, sang, foie, manne du frêne). Pas plus que les amidons et le glycogène, elles ne possèdent de pouvoir réducteur ni fermentescible sous l'action de la levure de bière : elles ne fermentent qu'après avoir été dédoublées, saccharifiées.

22. — Deuxième groupe ternaire : les graisses.

Il est très facile de comprendre chimiquement la composition des graisses, si abondantes dans les tissus vivants. Les graisses résultent de la combinaison de certains acides organiques avec certaines bases organiques : les bases organiques sont des alcools; les composés obtenus par la combinaison des alcools et des acides organiques sont des éthers. Les graisses sont donc des variétés d'éther.

Précisons ces notions pour que nous abordions la question des graisses avec la conception claire de la valeur de ces mots.

Un acide minéral, tel que SO_4H_2, est un corps qui jouit de cette propriété capitale de perdre facilement 1, 2, 3 atomes d'hydrogène et de les remplacer par un atome de métal, K, Na, étc. De même, un acide organique, tel que l'acide acétique $CH_3 — CO.OH$, est un corps qui jouit de la propriété d'abandonner un ou plusieurs atomes de H pour le remplacer par un atome de métal ou en général par un radical basique (base privée d'un oxhydrile). Exemple :

$$CH_3 — CO.O \ (Na) \qquad CH_3 — CO.O \ (C_2H_5)$$

Acétate de soude.　　　　Acétate d'éthyle ou éther acétique.

Dans ce dernier exemple, la base privée d'un oxhydrile est l'alcool éthylique C_2H_5OH, comme dans le premier, le métal Na est une base NaOH privée de son oxhydrile.

Dans les deux cas, la combinaison implique l'élimination d'une molécule d'eau dont un H est pris à l'acide et OH à la base ou à l'alcool,

Le corps composé ainsi formé est, on le sait, *un sel* en chimie minérale et un *éther* en chimie organique.

Or, parmi les éthers, il en est qui nous intéressent tout spécialement quand nous étudions les tissus vivants, et là encore nous voyons que la nature n'a pas employé à l'édification des tissus, tous les corps analogues dont elle pouvait disposer, mais elle a donné la préférence à certains d'entre eux, vraisemblablement parce qu'ils étaient plus aptes à remplir certaines fonctions de la vie. Ces éthers sont les composés formés par la combinaison d'un alcool tricarboné et triatomique (trivalent) servant de base, la *glycérine*, avec des acides organiques monovalents, c'est-à-dire possédant un seul oxhydrile, mais en général assez élevé dans la série des chaînes carbonées ouvertes, tels que l'acide palmitique $C^{16}H^{32}O^2$ ou

$$CH^2 - (CH^2)^{14} - CO.OH,$$

l'acide stéarique $C^{18}H^{36}O^2$ ou

$$CH^3 - (CH^2)^{16} - CO.OH,$$

tous deux de la même série que l'acide acétique $CH^3 - CO.OH$ avec plus ou moins de chaînons intermédiaires, et l'acide oléique $C^{18}H^{34}O^2$ dont la constitution pourrait dérouter à première vue, si l'on ne se rappelait qu'il est des hydrocarbures ne répondant pas à la formule générale

$$CH^3 - (CH^2)^n - CH^3 .$$

Ces hydrocarbures atypiques, dits aussi oléfines, ont pour chef de file, l'éthylène

$$H - C = C - H \qquad \text{ou} \qquad H - C - C - H$$

et l'on sait qu'on peut les regarder comme non saturés, ce qu'indique le deuxième mode de représentation, ou comme saturés avec un double lien carboné, d'ailleurs fragile, ce qu'indique le premier mode de représen tation. Ces hydrocarbures donnent, eux aussi, des alcools, tels que l'alcool allylique $C^3 H^5$. OH, le menthol $C^{10}H^{19}$.OH, et des acides tels que l'acide acrylique, C^3H^3.O.OH, et l'acide oléique qui nous intéresse ici $C^{18}H^{33}$O.OH.

Les graisses les plus répandues dans l'organisme sont donc des palmitates, des stéarates, ou des oléates de glycérine, et les trois atomicités de la glycérine y sont satisfaites : c'est-à-dire que ce sont des tripalmitates, des tristéarates ou des trioléates. Exemple :

$$CH^2 - O^2. C^{18}H^{35}$$
$$CH - O^2. C^{18}H^{35}$$
$$CH^2 - O^2. C^{18}H^{35}$$

Tristéarate de glycérine ou tristéarine.

A côté de ces graisses-types, on en rencontre de composition un peu différente, mais voisines de celles-ci par leurs caractères généraux.

Les trois acides constitutifs des graisses de l'organisme

peuvent d'ailleurs facilement être déplacés de leurs combinaisons et combinés avec des bases minérales telles
que la soude. Rappelons que ces combinaisons portent
le nom de savons.

23. — Troisième groupe ternaire : les lipoïdes. Lipoïdes phosphorés et non phosphorés. Les lécithines.

Le mot lipoïde peut prêter à confusion. Les lipoïdes
en effet ne sont pas tous analogues aux graisses. Chimiquement, il n'y a guère que les lécithines, groupe
important parmi les lipoïdes, qui puissent en être franchement rapprochées.

Mais il y a une propriété physique qui a fait grouper
ensemble les lécithines, les cholestérines, les cérébrines, le protagon, et qui leur a fait donner ce nom générique de lipoïdes, imaginé par Overton, parce qu'elle
leur est commune avec les graisses : c'est celle d'être
solvante pour certaines substances utiles à la nutrition
du plasma cellulaire. Cet auteur a établi en effet que la
couche la plus extérieure du plasma cellulaire est
presque totalement constituée par des lécithines, cérébrines, etc., et le plasma ne saurait assimiler une substance mise au contact de la cellule, si cette substance
n'est pas soluble dans la membrane d'enveloppe ou dans
les couches plasmiques périphériques qui en tiennent
lieu. Les lécithines, cholestérines, cérébrines, protagon
se comportent à peu près de même façon à ce point de
vue : leur rôle physiologique les rapproche. De là une
dénomination commune qui, en somme, n'a pas grand

inconvénient, même quand on étudie leur constitution chimique.

I. — *Les lécithines* sont des lipoïdes phosphorés qui existent dans toutes les cellules des deux règnes. Pour concevoir la constitution des lécithines on peut partir de l'acide phosphorique PO^4H^3 et de la glycérine $C^3H^5(OH)^3$, tous deux triatomiques. Quand une seule de leur atomicité est réciproquement satisfaite, on a un corps, la monophosphine ou acide phosphoglycérique, qui répond à la constitution

$$
\begin{array}{l}
H^2\!-\!C\!-\!OH \\
H\!-\!C\!-\!OH \\
H^2\!-\!C\!-\!O \diagdown \\
\qquad\qquad\quad P\!-\!O \\
\qquad OH \diagup\ \overset{|}{OH}
\end{array}
$$

Cette monophosphine présente, on le voit, encore deux fonctions alcool de la glycérine : les deux OH, qui les constituent, peuvent être remplacés comme dans les graisses par un acide gras, l'acide stéarique par exemple.

D'autre part, elle présente deux fonctions acides de l'acide phosphorique, et l'on conçoit que l'un des H caractéristiques de cette fonction puisse être remplacé par un reste monovalent quelconque, tel qu'un radical basique. Prenons comme reste monovalent, comme base monovalente, la choline.

$$
\begin{array}{l}
OH \diagdown \\
\qquad\quad > Az \diagup \!\!\! \diagdown \begin{array}{l} CH^3 \\ -CH^3 \\ CH^3 \end{array} \\
C^2H^4OH \diagup
\end{array}
$$

Nous aurons le corps

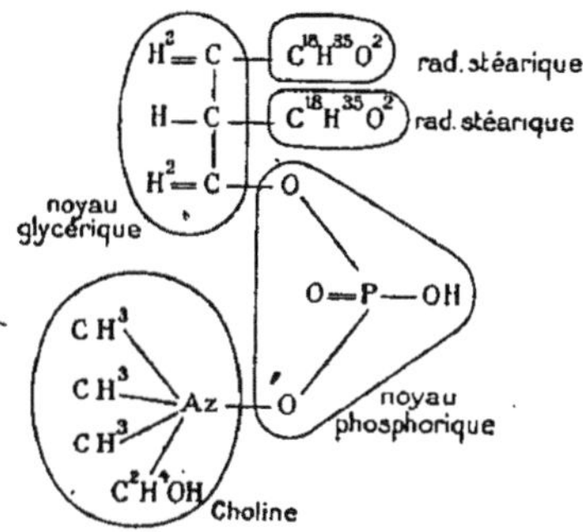

On ne nous en voudra pas d'avoir précisé la constitution chimique de ce corps qui est une lécithine, la lécithine distéarique, quand on verra le rôle prépondérant
tenu par lui dans les phénomènes cellulaires. Le schéma
chimique de cette molécule montre en outre clairement
la parenté des graisses et des lécithines, puisque la seule
différence qui les sépare est que chez celles-ci la troisième atomicité de la glycérine est satisfaite par l'acide
phosphorique combiné à la choline, tandis que chez
celles-là elle est satisfaite par un acide gras (acide stéarique dans l'exemple choisi).

Ceux qui ne sont pas familiarisés avec la multiplicité
des combinaisons atomiques possibles dans la formation
des corps organiques, y verront d'ailleurs un exemple
de plus de ce mode fécond d'édification moléculaire qui
apporte tant de variétés dans les composés ainsi cons-
truits : que l'on remplace l'acide stéarique par d'autres
acides gras, on aura autant de lécithines différentes.

Il paraît en outre établi aujourd'hui que les tissus

vivants renferment des lécithines ou des paralécithines dans lesquelles l'union du noyau choline et du noyau phosphoré ne comporte pas le rapport un pour un, ce qui multiplie encore les espèces de la même famille.

Du reste, toutes possèdent trois propriétés caractéristiques qui permettent de les reconnaître : elles sont solubles dans l'alcool et l'éther; précipitées de leurs solutions par évaporation, elles se déposent sous la forme de grains qui présentent, au microscope polarisant, le phénomène de la croix de polarisation; et enfin, carbonisées, elles donnent un résidu acide (acide phosphorique).

II. — La *cholestérine*, qu'on trouve à côté de la lécithine dans presque toutes les cellules de l'organisme et notamment dans les cellules des centres nerveux, dans les cellules de la reproduction, comme dans les cellules végétales, a les propriétés chimiques d'un alcool monovalent et répond à la formule $C^{27}H^{45}OH$. C'est donc un lipoïde non phosphoré. Elle constitue une grande partie de l'enduit gras qui recouvre la peau des mammifères, des oiseaux. La lanoline en est formée. Son rôle est important dans l'organisme; non seulement elle peut protéger physiquement l'animal qui en secrète extérieurement, mais il semble que chimiquement dans les organismes supérieurs, elle fixe certains agents toxiques tels que les agents hémolytiques, les toxines bactériennes.

III. — La *cérébrine* est un produit azoté abondant surtout dans la matière cérébrale et qui paraît être une variété de glycoside. Comme la cholestérine, elle a vraisemblablement une fonction antitoxique chez les animaux supérieurs; c'est une de ses variétés qui neutraliserait la toxine tétanique.

Nous aurons d'ailleurs l'occasion de revenir plus loin sur le rôle des lipoïdes dont nous ne faisons que signaler ici l'importance pour montrer au lecteur combien des substances en apparence peu importantes dans l'organisme peuvent être indispensables au fonctionnement de l'économie. C'est une des étapes qui le conduit à considérer sous son juste aspect la complexité des unités vivantes.

Section II. —**Sur une série de substances qui échappent à l'analyse chimique et qui jouent un rôle chimique dans l'évolution de la matière organisée.**

24. — L'étude des fermentations au point de vue chimique et la découverte des ferments solubles.

Quand nous observons les phénomènes chimiques qui se passent chez les êtres vivants, nous constatons, à un premier examen, que l'organisme en général proportionne à ses besoins la quantité de réactions chimiques qu'il provoque, la quantité de matériaux dont il opère la dissociation pour entretenir sa propre substance et subvenir à ses dépenses d'énergie.

Cependant la nature nous offre le spectacle de dérogations remarquables à cette loi. Certains petits organismes, tels que les cellules de la levure de bière, ne mesurent nullement les réactions qu'ils provoquent à leurs besoins; la quantité de substance décomposée et libératrice d'énergie est énorme, tout à fait disproportionnée à celle qui leur est nécessaire.

Précisons les faits. Mettons dans une solution de glycose, bien aérée, des cellules de levure de bière; nous voyons ces cellules assimiler les éléments du sucre utiles à la substance de leur plasma et puiser l'énergie dont elles tirent parti dans les réactions de combustion qu'elles provoquent simultanément; ces phénomènes s'opèrent conformément à l'idée que nous avons généralement de la proportionnalité de l'énergie libérée aux besoins de l'organisme.

Mais réduisons à un minimum l'aération de la solution; laissons la réaction se produire avec une insuffisance d'oxygène, nous assisterons alors à un spectacle nouveau : l'oxydation du glycose se fait incomplètement. Il se dédouble en alcool et en acide carbonique, et la quantité ainsi dédoublée est considérable et disproportionnée avec les besoins énergétiques des cellules. Autrement dit, les cellules de levure provoquent un dédoublement qui n'est suivi pour elles d'aucune réaction intrinsèque : elles donnent lieu à un cycle de phénomènes chimiques dont, les réactions de leur propre substance ne semblent pas constituer un chaînon.

Il était assez naturel que de prime abord on crût apercevoir là un phénomène propre à la vie, et échappant, par son caractère vital même, aux lois de la chimie. Tous les ferments figurés, le ferment lactique qui transforme le sucre de lait en acide lactique, le *mycoderma aceti*, qui transforme l'alcool en acide acétique;

tous les êtres monocellulaires analogues furent regardés comme les agents de ces dédoublements par l'intermédiaire d'une action vitale propre, différente des actions chimiques ordinaires, et la doctrine vitaliste eut ici encore son heure de gloire.

Elle ne tint pas devant les faits. Un seul suffirait pour l'infirmer. C'est le suivant :

Que l'on triture la levure de bière avec du sable et de la terre d'infusoires (poussière de carapaces siliceuses très dures) comme l'a fait E. Buchner, pour la détruire, et qu'on exprime le liquide de la trituration à la presse hydraulique, liquide ne contenant plus de cellules, plus d'éléments figurés, puis qu'on mette ce liquide en présence de la solution de glycose peu aérée qui nous a servi tout à l'heure à montrer les phénomènes de fermentation provoqués par les cellules, on voit le même travail de fermentation se produire.

Le dédoublement du sucre s'accomplit sans qu'il y ait là d'éléments vivants. Bien plus, il s'accomplit sans que la substance qui le provoque paraisse s'user, se consommer, car elle peut en principe servir indéfiniment à provoquer le dédoublement de quantités nouvelles de sucre.

Il en est de même de tous les ferments figurés. Les fermentations provoquées par chacun d'eux peuvent être produites par des substances solubles extraites d'eux, substances qui n'ont plus rien de figuré, plus rien qui rappelle les formes de la vie, plus rien qui évoque l'idée d'unités vivantes.

Bientôt nous pourrons aller plus loin encore, et en montrant l'analogie des diastases et des catalyseurs minéraux, nous ferons voir que ces phénomènes ne sont pas propres à la matière organique.

On nous pardonnera cette digression qui était nécessaire pour faire voir l'intérêt de ces substances singulières, provocatrices de fermentation; ces substances en effet sont les échantillons les plus simples d'une série de produits qui, sous le nom de *diastases* ou *enzymes*, d'*enzymoïdes*, de *toxines, antitoxines, agglutinines, précipitines, lysines* variées, etc., jouent dans les organismes vivants un rôle dont on ne peut encore que prévoir l'étendue.

Nous n'en dirons que quelques mots ici puisque, dans ce chapitre, nous voulons seulement décrire la structure moléculaire des matériaux de l'organisme, et puisque l'architecture de ces substances est à peu près inconnue, mais nous nous réservons d'y revenir bientôt (§ 45 à 57) quand nous étudierons les lois des réactions chimiques de la vie.

25. — Ferments solubles. Diastases ou enzymes. Enzymoïdes.

Les substances solubles extraites des ferments figurés et une foule de substances sécrétées par les cellules des organismes complexes et douées de propriétés analogues, ont donc reçu le nom de *diastases* ou *d'enzymes*. Le mot de enzymes est plus employé en Allemagne; celui de diastases l'est davantage en France et l'on tend, avec Duclaux, à désigner sous ce nom de diastases tous les produits solubles tirés soit des ferments figurés, soit des cellules vivantes, tissus ou organes quelconques, quand ces produits sont susceptibles de provoquer des processus chimiques analogues aux processus de fermentation. D'après la nomenclature proposée par Duclaux, la désinence *ase* devient la désinence générique, qui, ajoutée au nom du corps ordinairement transformé par le ferment soluble considéré, caractérise chaque espèce de diastase. Ainsi l'*amylase* est la diastase capable de saccharifier l'amidon; la *lactase* est celle qui dédouble le sucre de lait; l'*arginase* est celle qui dédouble l'arginine en ornithine et en urée; les *oxydases* sont les diastases d'oxydation, très répandues dans le règne végétal, etc.

Ce n'est que récemment que l'on a ainsi rapproché tous ces produits solubles de certaines diastases connues depuis plus d'un demi-siècle: la diastase tirée de la macération d'orge germé, capable de saccharifier l'amidon fut en effet préparée vers 1830 par Payen et Persoz. Ce n'est que récemment aussi que l'on a découvert le rôle considérable joué par les diastases dans le fonctionnement des organismes vivants.

On a été plus loin encore au cours de ces dernières années. Le fait, que les diastases donnent lieu à des actions chimiques disproportionnées avec la cause provocatrice, a fait établir un certain lien entre ces corps et des substances encore plus mal définies, et dont beaucoup sont seulement soupçonnées : les toxines microbiennes, les antitoxines, les venins, sont peut-être les moins mystérieuses. A côté d'elles, il faut placer les *agglutinines*, substances qui provoquent l'agglutination des microorganismes dans leur culture, et qui paraissent infiniment variées, puisque chaque espèce de microorganismes n'est agglutinée en général que par une agglutinine spéciale; les *précipitines*, substances qui donnent au sérum sanguin convenablement préparé la propriété de faire apparaître un précipité dans le sérum d'un animal d'espèce donnée; les *bactériolysines*, substances qui donnent au sérum d'animaux vaccinés la propriété de tuer certains bacilles; les *hémolysines*, etc., etc. Arthus, pour éviter toute confusion, voudrait que le nom d'enzymoïdes soit réservé à ces corps variés et si peu définis.

La chimie aborde aujourd'hui l'étude de toutes ces substances, et certes l'entreprise est difficile, beaucoup d'entre elles étant encore hypothétiques et le plus grand nombre insaisissables, mais n'est-on pas habitué dans toutes les branches de la science à raisonner sur des réalités intangibles? Les déductions de la physique et de la chimie nous ont fait admettre la molécule et l'atome que nous n'avons jamais vus, l'électron qui se révèle par des propriétés autres que celles de la matière, l'énergie dont nous ne percevons que des effets et que pourtant nous mesurons. Elles nous ont fait pénétrer la structure des molécules organiques, alors que nous n'avons jamais disséqué ces molécules, alors que les pierres de leur édifice, les atomes, sont plus inaccessibles encore, alors enfin que le plan de la construction n'est décelable directement ni par nos sens, ni par aucun appareil enregistreur, mais seulement par les inductions rationnelles abstraites des phénomènes de la nature.

Ces substances se sont tellement multipliées depuis

quelque temps, dans le vocabulaire des sciences biologiques, que leur nombre a pu faire sourire et que la critique burlesque a pu se demander avec quelque septicisme, si chaque fois qu'un biologiste allait se trouver en présence d'un phénomène inexpliqué, abaissement de température ici, amaigrissement d'un sujet là, amnésie ailleurs, il ne découvrirait pas une thermolysine, une lipolysine ou une mnémolysine rendant compte de tous les faits constatés. Il y a lieu certainement de se montrer très prudent avant d'affirmer l'existence d'un corps qui ne se révèle à nous que par des effets dont la genèse est complexe. Et l'on ne peut utilement discuter sur leur réalité que si, au préalable, on s'est fait une juste idée de ces effets constatés.

L'étude de ces effets rentre dans la discussion du problème d'ordre plus général dont nous avons donné plus haut l'énoncé : nous avons dit que les ferments solubles, les diastases et les corps analogues jouissaient de cette propriété singulière de provoquer des actions chimiques disproportionnées avec la cause provocatrice ; nous devons nous demander quelle est la nature de cette propriété.

Noŭs sommes ainsi conduits à aborder un nouveau sujet d'une importance considérable. Jusqu'ici nous avions étudié les espèces chimiques qui composent la substance des êtres vivants ; à présent, nous devons envisager les réactions de ces substances, les effets biologiques qui résultent de leurs mutations.

Connaître les matériaux des organismes vivants est beaucoup dans la science de la vie. Ce n'est rien si nous n'apercevons pas au moins les lois générales de leur jeu dans l'évolution de la matière vivante.

Nous allons nous occuper à présent de ce sujet nouveau. Nous allons voir d'abord si dans leur généralité les phénomènes biochimiques obéissent aux lois générales de l'énergétique ; nous verrons ensuite si les phénomènes si particuliers dont nous venons de parler font exception à ces lois générales, et si l'on doit admettre pour les processus vitaux une énergétique spéciale qui appelle, pour l'intelligence de la vie, l'intervention de forces mystérieuses inconnues dans l'évolution de la matière inerte. Alors seulement nous pourrons, en toute connaissance de cause, chercher à comprendre les diastases et les produits analogues dont nous n'avons pu dans ce chapitre qu'énoncer l'existence.

CHAPITRE IV

Les réactions chimiques et l'énergétique générale. Les réactions chimiques chez les êtres vivants.

26. — Les réactions chimiques en général et les lois de l'énergétique. Thermochimie.

La vie, nous le savons, est faite d'une série ininterrompue de transformations qui s'opèrent dans la matière. Elle ne résulte pas de la mise en présence de substances juxtaposées et figées dans le *statu quo*, elle ne procède pas de l'harmonie d'une mosaïque savante d'atomes, de molécules, de cellules, invariables dans le temps; la vie d'un organisme est incompatible avec l'équilibre statique de ses éléments constituants; elle est non pas une fonction de cet équilibre immobile, mais une fonction de mouvements, de changements, de mutations, d'opérations chimiques variées. Qu'on arrête les réactions chimiques de la matière vivante, on supprime du même coup la vie; et cette vérité est si réelle que l'on voit dans certains organismes, tels que les graines, les spores, l'intensité de la vie varier proportionnellement avec l'intensité des échanges chimiques, à partir d'une phase où cette intensité est si faible qu'on peut presque regarder ces organismes comme momentanément privés de vie, ou tout au moins comme placés en état de vie latente.

La vie étant une fonction du chimisme de la matière vivante, il faut reconnaître que parmi les lois de la vie, on doit inscrire en première ligne celles qui régissent les mutations chimiques des organismes. L'évolution individuelle des êtres, depuis leur formation jusqu'à leur mort, jusqu'à la dispersion de la matière qui les compose, ne peut s'opérer que grâce aux processus chimiques qui se déroulent dans leur substance; l'évolution phylogénique des organismes, des espèces, depuis les individus les plus simples jusqu'aux vertébrés supérieurs, jusqu'aux types les plus complexes des êtres actuels, n'a pu s'effectuer que par ces processus.

Les lois d'évolution chimique de la matière des êtres vivants sont-elles les mêmes que celles de la matière inerte? Les lois d'évolution chimique de la matière inerte procèdent-elles elles-mêmes des lois générales de l'énergétique que nous connaissons? Telles sont les questions que nous allons envisager.

A dessein nous avons évité, en étudiant la matière inerte d'aborder la discussion de la thermodynamique appliquée à la chimie et nous n'avons fait que mentionner le principe du travail maximum pour montrer son sens général, nonobstant les critiques qui lui sont adressées, parce que nous avons voulu que l'exposé des lois de l'énergétique, fait à la fin de notre deuxième volume, soit donné comme une conclusion générale de l'étude de la matière inerte. Nous ne pouvions, avant d'avoir formulé ces lois, discuter l'une de leurs applications particulières en parlant de l'affinité des atomes. Il était préférable que le lecteur possédât d'abord clairement la notion des deux principes fondamentaux de l'énergétique et que plus tard, à l'occasion de l'étude chimique de la matière vivante, il reprît dans leur ensemble les problèmes de l'énergétique chimique. Du reste, la thermochimie de la matière inerte et celle de la matière vivante gagnent à être rapprochées. Nous verrons bientôt qu'elles font une seule et même science, contrairement à certaines doctrines qui prétendent les dissocier.

Je vais donc dans ce chapitre tâcher de montrer les nouveaux horizons que dévoile à l'intelligence humaine l'application des deux principes fondamentaux de l'énergétique à l'évolution des phénomènes chimiques. Je dois avant tout rappeler ces deux principes :

1° Le premier, nous le savons, est le principe de Robert Mayer, ou loi de la conservation de l'énergie, qui nous dit que, au cours des phénomènes de la nature accessibles à nos mesures les plus précises, pas une parcelle d'énergie ne se perd ni ne se crée : la quantité d'énergie, sous ses formes variées, mesurée par une unité commune, reste constante.

2° Le deuxième, est le principe de Carnot-Clausius, ou loi de la dégradation de l'énergie qui nous dit que, au cours de ces mêmes phénomènes, l'énergie, tout en se conservant, perd du grade, subit des chutes de tension, tend à l'homogénéisation de ses formes. On peut encore l'exprimer en disant que dans un système isolé tout changement réel, naturel, correspond à un accroissement de l'entropie du système (V. T. II *in fine*).

Si de la contemplation des phénomènes généraux de la nature, nous passons à l'observation particulière et concrète *des faits chimiques*, nous constatons que des lois spéciales ont été dégagées de ces faits : le principe de Lavoisier qui nous dit que la matière se conserve au cours des réactions, et le principe de Thomsen et Berthelot, exposé sous le nom de principe du *travail maximum*, ont dans le domaine de la chimie un caractère de généralité qui, certes, est impressionnant.

Nous allons voir comment il se fait que les lois particulières de la thermochimie ont pu se trouver en apparente contradiction avec les principes de l'énergétique générale, et comment, en fin de compte, elles se concilient avec eux. Cette conciliation nous montrera une fois de plus la généralité de ces deux grands principes que nous avons développés à la fin de notre 2e volume : elle nous montrera en particulier que la vie elle-même en est tributaire.

Nous examinerons successivement à ce point de vue le principe de Mayer et le principe de Carnot-Clausius.

**27. — Le premier principe de l'énergétique et la chimie.
Conservation de l'énergie au cours des réactions
chimiques.**

Nous avons vu combien est encore imprécise dans la
science de nos jours la connaissance de l'énergie d'affinité chimique. La théorie électronique nous a amenés
à faire de l'électron l'agent actif de la valence chimique;
les travaux de Langevin sur le diamagnétisme et le
paramagnétisme, ceux de P. Weiss sur les moments
magnétiques atomiques et sur l'unité commune, le
magnéton, qui sert à les mesurer, nous ont donné tout
lieu de croire que c'est dans l'énergie rotationnelle des
électrons et dans le champ magnétique créé par leurs
mouvements qu'il faut chercher un commencement
d'explication au phénomène d'affinité. Mais nous ne
saurions encore, sans recourir à l'hypothèse, nous faire
une idée précise du mécanisme de l'accollement de
atomes dans la molécule.

D'autre part, la théorie cinétique de la chaleur nous a
révélé que toutes les particules matérielles sont en agitation thermique, et les électrons participent si bien à
ces mouvements que le courant électrique est expliqué
par la cinétique des électrons métalliques libres et que
les conductibilités thermique et électrique sont des
fonctions de leur régime de mouvement, c'est-à-dire de
la température absolue.

Par suite, et malgré que la nature intime de l'affinité nous échappe, nous concevons que les mouvements électroniques desquels dépend l'affinité, puissent se transmuter en mouvements d'oscillations thermiques et inversement, comme nous avons vu la force vive mécanique des projectiles d'armes à feu, arrêtés par un blindage, se transmuter en chaleur. La théorie cinétique nous fait saisir sur le vif le mécanisme de ces mutations énergétiques.

Ce que les théories cinétique et électronique nous font concevoir comme possible, je veux dire la mutation de l'énergie chimique en chaleur, l'expérience nous le révèle comme d'observation courante : deux corps qui réagissent l'un sur l'autre conservent rarement la température initiale au cours de la réaction; une molécule qui se dissocie, une molécule nouvelle qui se forme, tantôt libère de l'énergie sous forme thermique, tantôt fait appel à de l'énergie étrangère pour accomplir la mutation.

L'énergie d'affinité cachée dans les liens interatomiques d'une espèce chimique est donc l'une des modalités sous lesquelles existe cette énergie larvée, dissimulée dans un système, et que Clausius a appelée l'énergie interne.

La thermodynamique abstraite donne une définition précise de cette énergie interne et mesure numériquement, sinon sa valeur totale absolue, du moins les mutations qu'elle subit. Dans le langage de Clausius, si l'on appelle $W_1 - W_0$ l'accroissement de force vive d'un système mécanique dans un temps donné et T_e le travail extérieur fourni à ce système dans ce même temps, on sait que si le système parcourt un cycle complet, c'est-à-dire si après le changement accompli il revient à son état physique, thermique, chimique initial, la différence entre le travail fourni T_e et l'accroissement de force vive $(W_1 - W_0)$ se retrouve sous forme de chaleur émise; et nous savons aussi que la quantité de chaleur Q qui correspond à une même différence $T_e - (W_1 - W_0)$ est toujours la même, quel que soit le système considéré, quelle que soit la mutation envisagée. Dans toutes les mutations observées toujours un nombre N de grammètres mesurant l'énergie mécanique encaissée $T_e - (W_1 - W_0)$ correspond à un nombre N' de calories de chaleur émise Q qui est toujours le même, et cette relation reste vraie, quel que soit le signe des valeurs considérées : soit qu'il y ait mutation de travail en chaleur, soit qu'il y ait mutation de chaleur en travail. Ce fait prouve à la fois, nous le savons, que, au cours de ces mutations l'énergie se conserve et que la chaleur peut recevoir son équivalent énergétique : la petite calorie équivaut à 425 grammètres, et 425 est l'équivalent énergétique de la chaleur.

Il était indispensable de rappeler ces notions pour préciser le sens du mot *énergie interne* introduit par Clausius et qui s'applique en particulier à l'énergie d'affinité chimique. En effet, au lieu de considérer un cycle complet, considérons une mutation ouverte, c'est-à-dire une mutation dans laquelle le système étudié ne revient pas à son état initial. Supposons même, pour prendre un cas particulier, que ce système retrouve, après la modification, son même état physique, sa même température, mais non son même état chimique; alors on trouvera un écart e_q entre la différence $T_e - (W_1 - W_o)$ exprimée en unités de chaleur (1) et Q chaleur émise exprimé aussi en calories,

$$e_q = \frac{T_e - (W_1 - W_o)}{E} - Q$$

Cet écart e_q est la variation de *l'énergie interne* du système; ici, c'est la variation de l'énergie chimique.

D'ailleurs, cet écart peut s'exprimer en unités de travail. Si nous le désignons alors par e_w, au lieu de e_q, nous avons :

$$e_w = T_e - (W_1 - W_o) - EQ$$

En ce cas, l'énergie interne est figurée par une quantité qui se mesure en kilogrammètres et non en calories ; c'est *l'énergie potentielle.*

Ainsi, dans le langage de la thermodynamique abstraite, l'énergie chimique, mesurable en calories ou en kilogrammètres, est comprise dans l'énergie interne ou potentielle des systèmes considérés; et, au cours des mutations parcourues par ce système, les transformations qu'elle subit respectent le principe de la conservation de l'énergie. Toujours il est possible de ramener le système à son état initial en mettant en œuvre les énergies externes nécessaires. Quand le système est arrivé ainsi au terme d'un cycle complet, l'équation fondamentale $T_e - (W_1 - W_o) = Q$, est toujours satisfaite.

(1) C'est-à-dire divisée par l'équivalent énergétique de la chaleur E ou 425.

28. — Conservation de l'énergie et de la matière au cours des réactions chimiques : la question de la désagrégation atomique dans certaines réactions minérales ou organiques.

Si, en général, on accepta sans difficulté l'application du principe de R. Mayer aux réactions chimiques, si l'on admit sans peine que l'énergie chimique était capable dans la plupart des cas de se transmuter sans déperdition en d'autres modalités de l'énergie, cependant à diverses reprises on crut apercevoir des dérogations à ce principe fondamental. Chaque fois d'ailleurs il est sorti plus fort de ces confusions passagères.

Nous connaissons déjà l'une de ces controverses. Elle est relative à la production spontanée d'énergie par la matière en voie de réactions chimiques et se rattache à la question beaucoup plus générale de la production spontanée d'énergie au cours des phénomènes radioactifs.

De ce que l'on observe au cours de certaines réactions chimiques des émissions cathodiques et de l'ionisation de l'air ambiant (T. II, p, 307), on a cru pouvoir conclure que des atomes se désagrègent à la faveur de ces réactions et qu'il existe, par suite, une production « spontanée » d'énergie liée à la mutation chimique. On a même été plus loin; et l'on a cru observer que c'était surtout au cours des réactions de la matière organisée que se manifestaient ces phénomènes de radioactivité spontanée. Bien que les expériences précises de la physique nous aient appris que l'intensité des émissions radio-actives n'était modifiée dans les corps de la série du radium, du thorium, de l'actinium, ni par les conditions physiques, ni par les réactions chimiques auxquelles on les soumettait, bien que certains physiciens aient montré que dans les cas visés, les prétendus phénomènes révélateurs de la désagrégation atomique étaient attribuables à des causes parasites, on put se demander néanmoins si à travers le mystère de certaines réactions, des réactions de la vie en particulier, ne naissait pas quelque quantité d'énergie puisée ailleurs que dans l'énergie interne des systèmes réagissants.

Mais les lecteurs qui nous ont suivi savent que, même si de l'énergie naissait par désagrégation de l'atome matériel au cours des réactions chimiques, au cours des réactions biochimiques en particulier, il n'y aurait pas pour. cela création d'énergie *à nihilo*. Ils savent que l'atome est vraisemblablement un agglomérat d'électrons unis dans un équilibre cinétique stable, et que cette agglomération représente une somme colossale d'énergie employée initialement pour la produire. Ils savent aussi que l'électron lui-même est vraisemblablement réductible à de l'énergie. Ils savent en un mot que la matière est une phase de l'énergie, qu'elle est susceptible de recevoir son équivalent énergétique, et que par conséquent si, au cours de phénomènes naturels quelconques, de l'énergie semble naître de toutes pièces à partir de la matière, il ne s'agit là que d'une mutation énergétique qui ne met nullement en défaut le principe de Robert Mayer; l'énergie interne définie par Clausius s'accroît simplement d'un nouveau chapitre ouvert à son crédit; le chapitre de l'énergie intra-atomique.

Cette notion étant acquise, et le premier principe de l'énergétique n'étant plus en cause quand de la matière se réduit en énergie, on peut toutefois se demander si la phase matérielle de l'énergie se conserve rigoureusement au cours des réactions chimiques, des réactions de la matière organisée en particulier.

C'est simplement mettre en discussion un principe dont nous avons déjà contesté la généralité : le principe de Lavoisier. Hâtons-nous de rappeler d'ailleurs que si nous l'avons vu en défaut, c'est au cours de phénomènes qui ne sont pas des phénomènes chimiques; c'est au cours des mutations radio-actives que nous avons dû constater le fait que la matière ne se conserve pas éternellement, qu'elle se détruit et se transforme en énergie.

Mais si on limite le principe de Lavoisier comme l'a fait son auteur aux phénomènes de la chimie, il est bien moins certain qu'il puisse être battu en brèche.

Deux procédés permettent de le vérifier : le premier consiste à peser la matière réagissante, c'est ce qu'avait fait Lavoisier, c'est ce qu'a fait depuis H. Landolt, dans des conditions d'approximation remarquables : ce procédé n'a jamais révélé la disparition d'une seule parcelle de matière au cours des réactions les plus variées.

Le deuxième consiste à doser les quantités d'énergie absorbées et émises par un système en voie d'évolution chimique. C'est un procédé susceptible d'une grande précision et qui est particulièrement intéressant lorsqu'il s'agit d'étudier les phénomènes chimiques chez les êtres vivants. En établissant expérimentalement l'égalité des quantités d'énergie propres au système étudié au début et à la fin des expériences les plus prolongées, il nous permet à peu près d'affirmer que durant ces expériences pas une parcelle d'énergie n'a pris naissance par désagrégation atomique.

Il nous fait présumer en même temps que pas une parcelle des énergies mises en jeu dans les réactions de la vie n'est absorbée pour l'entretien de quelque principe vital surajouté à la matière des êtres vivants. Comme cette énergie serait forcément empruntée aux modalités physico-chimiques mesurées par la thermodynamique et comme sa consommation la ferait sortir des quantités mesurables, puisque les énergies propres à ce principe vital seraient inaccessibles à la science, la loi de Robert Mayer se trouverait de ce fait mise en défaut.

Avant de voir si les résultats apportés par ce procédé sont suffisamment précis pour nous imposer la conviction, il me paraît nécessaire de discuter la logique des deux déductions que nous venons de tirer et que nous n'avons présentées que comme des présomptions.

29. — Conservation de l'énergie au cours des réactions organiques et manifestations vitales.

Si l'on pouvait faire parcourir à un organisme vivant un cycle complet, c'est-à-dire lui faire accomplir une série d'actes physico-chimiques après lesquels il se retrouve rigoureusement à son état initial, et si l'on dosait au cours de ce cycle les apports et les départs énergétiques, on constaterait que les quantités d'énergie absorbées et les quantités émises ne se présentent pas sous les mêmes formes. En vertu de la deuxième loi de l'énergétique que nous appliquerons plus loin, on trouverait en général que la forme thermique est plus répandue à la sortie qu'à l'entrée. Mais si l'on se servait d'une commune unité pour mesurer toutes les modalités énergétiques mises en jeu, on pourrait établir la balance des apports et des départs. Supposons que dans ces conditions on constate leur égalité; serait-on de ce fait en droit de conclure à la conservation de l'énergie au cours de ce cycle, et par suite d'en tirer les déductions de haute portée que nous énoncions plus haut, à savoir: 1° l'affirmation que la matière se conserve intégralement au cours des mutations; 2° la négation d'une consommation d'énergie pour l'entretien d'une entité échappant à la science?

Ces déductions peuvent paraître discutables à certains esprits qui, sans suspecter les résultats expérimentaux, mettent en doute la logique même du raisonnement.

Or, je ne vois guère qu'un fait qui pourrait introduire une erreur dans les conclusions : ce fait d'ailleurs a été déjà regardé comme possible et proposé comme une hypothèse vraisemblable : certains atomes se désagrégeraient au cours des phénomènes vitaux, mais cette désagrégation serait inaccessible à la pesée, et l'énergie ainsi libérée serait totalement et exclusivement consacrée à l'entretien de ce mystérieux principe vital dont certaines conceptions philosophiques ne peuvent se passer. Les manifestations vitales seraient par cela même regardées comme une fonction de la désintégration atomique, et un lien serait établi entre deux choses d'aspect quasi merveilleux toutes les deux : la fin de la matière et la vie des êtres.

Mais il faudrait au moins pour donner corps à une supposition aussi hypothétique que quelque fait décelable lui apportât un commencement de preuve. Ces faits ne sauraient se trouver que dans les phénomènes concomittants liés à la radioactivité : émission de radiations caractéristiques, ionisation des gaz, etc. Or, nous avons dit que les phénomènes de cette nature qu'on avait cru saisir autour des êtres vivants étaient plus que problématiques : aucun fait précis, d'interprétation indiscutable, n'est en mesure de fournir le commencement de preuve désiré ; et, pour ceux qui veulent ne baser leurs convictions que sur la vérité scientifique, la croyance à une mutation directe de l'énergie intra-atomique en « énergie vitale » reste une hypothèse gratuite, qui, de plus, a contre elle les déductions tirées de l'évolution même de la matière et des formes de la vie.

Cette réserve étant écartée, nous pouvons demander aux résultats expérimentaux la solution du problème posé plus haut. Un organisme qui parcourt un cycle fermé égalise-t-il, comme les systèmes physico-chimiques non vivants, les apports et les départs énergétiques? Ou si l'on veut l'équivalent mécanique de la chaleur de source animale ou végétale est-il bien celui que nous connaissons déjà?

Dès 1879, Berthelot n'avait pas craint de formuler comme positive une proposition confirmée depuis par des expériences remarquables. D'après lui, la chaleur émise au cours d'un cycle fermé par un être vivant qui ne reçoit d'autres apports énergétiques que ceux fournis

par ses aliments est égale à la différence entre la chaleur
de formation de ses aliments et celle de ses excrétions,
s'il n'effectue aucun travail extérieur. S'il produit du
travail, cette chaleur émise est diminuée d'une quantité
égale au travail accompli ; la somme du travail accompli
et de la chaleur émise est alors égale à la différence entre
les chaleurs de formation exprimées ci-dessus.

Il est à peu près impossible de faire parcourir à un
organisme un cycle rigoureusement complet. Il est à
peu près impossible de ramener cet organisme, après
un certain nombre de mutations, exactement à son état
initial. Cependant, pour difficile qu'elle soit, la solution
du problème n'est pas impossible et parmi les travaux
les plus importants qui ont permis à la science contemporaine de répondre affirmativement à cette question
d'un si haut intérêt philosophique, il nous suffira de
citer ceux de Atwater sur le chimisme général des animaux et ceux de Chauveau sur la mécanique musculaire.

30. — Les expériences de Atwater et de Chauveau à l'appui de la première loi de l'énergétique. Conclusions.

Atwater enferma des sujets dans une chambre calo-
rimétrique et les fit vivre plusieurs jours, plusieurs
semaines, dans des conditions déterminées telles qu'ils
conservent leur poids initial, qu'ils se maintiennent
dans leur *état d'entretien*. S'il est à peu près impossible
de faire passer périodiquement un être par un état
rigoureusement semblable à l'état initial, il est du

moins possible de réaliser des séries de cycles imparfaitement complets et de compenser les écarts de chacun d'eux par des moyennes statistiques : c'est ce qu'a fait Atwater en déterminant, au cours de longues périodes, les différences Q entre la chaleur de combustion des aliments et celle des excrétions et les quantités Q′ de chaleur recueillies par le calorimètre. Voici quelques moyennes :

Moyenne de 24 heures... $Q = 2.304$ cal. $Q' = 2.279$ cal.
     —   —   2.118   —   2.136 —
     —   —   2.288   —   2.278 —

Il est difficile de concevoir une concordance plus parfaite dans des expériences aussi délicates.

En faisant produire à leurs sujets un travail mécanique dans le calorimètre, Atwater et ses élèves constatèrent, sur des moyennes de 93 jours d'observation, que la différence entre la chaleur de combustion des aliments et celle des excrétions était supérieure à la chaleur émise mesurée par le calorimètre, et l'écart constaté, mesuré en calories, multiplié par l'équivalent mécanique de la chaleur 425, donna précisément en kilogrammètres le travail accompli, à 3 calories près sur 2.719 !

D'autre part, les expériences de Chauveau sur le travail musculaire conduisent par un procédé différent à des conclusions analogues. Le travail du muscle exige pour se produire une suractivation des combustions chimiques : une partie de l'énergie fournie se retrouve sous forme de chaleur, une autre partie sous forme de travail; pour une même suractivation dans la

fourniture d'énergie, la quantité de chaleur produite
est d'autant plus grande qu'il y a moins de travail
mécanique fourni; c'est pourquoi le muscle en contraction statique ou se contractant sans travail s'échauffe
plus que quand il exécute un travail extérieur. Chauveau
a étudié, chez le cheval, le releveur de la lèvre supérieure, dont le tendon, opérant d'abord son travail physiologique, a été ensuite sectionné, pour que les contrac-
tions se fassent à vide, puis fixé à un lien de caoutchouc,
pour que son travail soit dosable; il a établi un rapport
entre la suractivation des apports énergétiques (évaluée
par l'analyse, à l'entrée et à la sortie, du sang qui ali-
mente ce muscle) et la chaleur et le travail produits; il
a vu en particulier que si dans un temps donné le
muscle, se contractant à vide, émet 7 cal. 28, ce
même muscle, fournissant sur son lien de caoutchouc
un travail de 0,30 kilogrammètres n'émet plus que
6 cal. 50, la différence 0 cal. 78 est due à ce que de
l'énergie s'est transformée en un travail mécanique de
0,30 kilogrammètres. Or l'équivalent mécanique de la
chaleur étant 425 grammètres, 0 cal. 78 équivalent à
0,331 kilogrammètres, c'est-à-dire approximativement
au travail mesuré; c'est donc que la chaleur animale,
la chaleur produite par les réactions de la matière vivante
a le même équivalent énergétique que la chaleur du
monde inorganique.

Concluons :

Le principe de la conservation de l'énergie s'applique
sans réserve à toutes les réactions chimiques, aussi
bien chez les êtres vivants que dans le monde inorganique. Aucune parcelle d'énergie ne disparaît pendant

que l'animal vit et l'examen des phénomènes consécutifs à la mort, montre de même que pas une parcelle n'est rendue, au cours des décompositions finales, qui n'ait sa source dans les mutations chimiques accessibles à la science expérimentale. Rien n'autorise à croire que l'énergie intra-atomique se dépense au cours de la vie. Rien n'autorise à admettre qu'un principe vital propre à l'être vivant absorbe pour son entretien la moindre quantité d'énergie. En un mot, la première loi de l'énergétique s'applique aux phénomènes de la vie comme aux phénomènes physico-chimiques, et pas un fait jusqu'à présent ne nous fait prévoir même qu'il faille admettre dans le cycle de l'évolution énergétique propre aux êtres vivants une phase mystérieuse de l'énergie inaccessible à l'observation humaine, et particulière aux fonctions de la vie.

Nous allons voir à présent si le deuxième principe de l'énergétique lui aussi s'applique à la chimie, et si les organismes vivants eux-mêmes en sont tributaires.

Section II. — Le deuxième principe
de l'énergétique et la chimie.

31. — Le deuxième principe de l'énergétique et la chimie. Dégradation de l'énergie au cours des réactions chimiques.

Lorsque nous avons étudié (T. I, chapitre III) la nature des liens interatomiques, nous nous sommes demandés s'il existe une loi générale qui régit les réactions chimiques, une loi qui nous fait prévoir par exemple, que 88 grammes de sulfure de fer mis en présence de 73 grammes d'acide chlorhydrique ne restent pas indifférents et entrent en réaction pour donner 127 grammes de chlorure ferreux et 34 grammes d'acide sulfhydrique.

Nous avons dit que, dans la plupart des cas étudiés par la chimie minérale, on constate que, quand plusieurs corps simples sont mis en présence, ils tendent à se combiner de manière à donner le composé dont la formation dégage le plus de chaleur. Quand ces corps simples, soufre, fer, chlore, hydrogène, sont déjà combinés d'une façon quelconque, quand par exemple ils sont à l'état de sulfure de fer et d'acide chlorydrique, les composés mis en présence se dissocient et de nouveaux composés prennent naissance, si ces nouveaux corps émettent en se formant plus de chaleur que les premiers. Nous avons ajouté que, si l'on envisage le fond de réserve des systèmes chimiques non isolés, fond de réserve auquel ils puisent la chaleur émise à chaque opération, on constate que ce fond tend à diminuer le plus possible au cours des réactions, et les systèmes chimiques peuvent être regardés comme des administrateurs prodigues qui tendent sans cesse à dépenser le maximum du capital disponible. Nous avons dit en outre que si cette loi dite du travail maximum était généralisée à notre monde, la matière dissiperait sans cesse sa chaleur au cours de ses opérations chimiques, et arriverait rapidement à l'épuisement de ses réserves si rien ne les régénérait. Enfin, nous avons fait remarquer (p. 73) que, si ces propositions énoncées par

Berthelot sont applicables dans beaucoup de cas, elles paraissent dans certains autres être démenties par les faits.

Nous en sommes restés là dans cette discussion, car nous n'avions dans notre premier volume d'autre but que de faire voir la nature des liens atomiques dans la molécule.

Plus tard, T. II, page 423, nous avons été amenés à envisager les lois générales de l'énergétique qui régissent les phénomènes de la nature ; nous avons vu que le principe énoncé par Carnot, à l'occasion de ses calculs relatifs aux machines à feu, a été généralisé par Clausius à toutes les mutations des énergies thermique et mécanique, et même universalisé par lui au point de devenir la loi directrice de toutes les transformations de l'énergie. Nous avons étudié cette loi sous le nom de principe de Carnot-Clausius, de loi d'augmentation de l'entropie au cours des phénomènes naturels, ou de loi de la dégradation de l'énergie. C'est la deuxième grande loi de la thermodynamique.

Cette loi nous a appris dans quel sens se déroulent les phénomènes naturels. Elle nous a dit que quand une machine tourne avec une certaine vitesse, et que nous l'abandonnons à elle-même sans dépenser d'énergie pour entretenir son mouvement, elle s'arrête peu à peu ; elle nous a dit que, si deux récipients d'air à des pressions différentes sont mis en communication, les pressions s'égalisent ; que si deux gaz différents, deux liquides miscibles différents sont mis en présence, ils diffusent l'un dans l'autre, ils se mélangent ; que si deux cubes de cuivre chargés électriquement à des potentiels différents, ou chauffés à des degrés différents, sont mis au contact, les potentiels électriques, les degrés thermiques s'égalisent; et une fois que tous ces phénomènes naturels se sont produits, on ne peut revenir à l'état initial, sans mettre en jeu de l'énergie extérieure.

En un mot, cette loi nous a révélé dans la nature une tendance à l'égalisation des tensions énergétiques, une tendance à l'homogénéité et enfin une tendance à la transformation en chaleur des autres formes de l'énergie.

Elle nous a fait voir qu'une fois cette transformation des différentes formes de l'énergie en chaleur opérée, la transformation inverse n'était plus intégralement possible, ce qui nous a fait regarder la chaleur comme une forme inférieure, une forme dégradée de l'énergie, tandis que les forces vives mécaniques, l'électricité, etc., en sont les formes supérieures.

D'ailleurs, la théorie cinétique de la chaleur nous a rendu compte de la nécessité de cette loi, T. II p. 75, et la théorie électronique a étendu cette explication à d'autres mutations énergétiques, T. II, p. 78 ssq.

Ainsi avons-nous acquis, au cours de notre étude, la notion de cette loi générale qui peu à peu s'est imposée à notre esprit.

Si, réfléchissant à toutes ces choses, le lecteur a tenté un rapprochement entre le principe de Berthelot qui régit un grand nombre de phénomènes chimiques et le principe de Carnot-Clausius qui paraît régir tous les phénomènes de notre monde, il n'a sans doute rencontré à première vue aucune difficulté. Le principe du travail maximum, qu'il serait plus correct d'appeler le principe de *l'émission maxima de chaleur* au cours des réactions chimiques, paraît en effet s'accorder avec la loi de dégradation de l'énergie : un phénomène a d'autant plus tendance à se produire qu'il correspond à une plus grande dégradation de l'énergie mise en jeu et, en particulier, à une plus grande dégradation des énergies supérieures en énergie thermique.

Classons parmi les énergies supérieures l'énergie chimique, l'énergie d'affinité, liée d'ailleurs comme nous le savons à la cinétique électronique dans l'atome (V. T. II, p. 105, le magnéton de P. Weiss), et nous trouverons tout naturel que le principe de Berthelot soit l'expression chimique de la loi de Carnot-Clausius.

Si nous faisons cela, nous risquons de courir à une désillusion troublante, et cette désillusion sera d'autant plus désagréable que ce sont les réactions de la matière vivante qui contribueront le plus à apporter le désarroi dans les déductions en apparence si logiques auxquelles nous avions été conduits. Nous allons voir quelles relations existent entre la deuxième loi de l'énergétique et le principe du travail maximum.

32. — Le principe du travail maximum est-il un aspect particulier de la loi de dégradation de l'énergie. La deuxième loi de l'énergétique est-elle mise en défaut quand ce principe n'est pas applicable.

Il est peu de savants qui aient eu à subir des attaques aussi violentes que celles qui furent dirigées contre l'éminent chimiste français qu'on peut regarder comme le fondateur de la thermochimie. A peine Berthelot avait-il, à la suite d'innombrables mesures calorimétriques, formulé le fameux principe du travail maximum, déjà énoncé par le chimiste danois J. Thomsen au milieu du siècle dernier, que de toutes parts surgirent des critiques.

Une première objection que Berthelot se fit d'ailleurs à lui-même, dès le début, et à laquelle il apporta tout de suite une solution, se trouve dans l'existence de réactions endothermiques qui s'opèrent spontanément dans la nature.

Dès lors qu'une réaction chimique qui absorbe de la chaleur a tendance à se produire naturellement, il semble à première vue que le principe de l'émission maxima de chaleur soit mis en défaut et en même temps le principe de la dégradation de l'énergie, si, comme nous le supposions tout à l'heure, ces deux principes étaient connexes.

Arrêtons-nous un moment à cette première objection.

Il est une remarque préalable sur laquelle je voudrais attirer l'attention du lecteur. Prenons un exemple de réaction qui, si elle se produisait, serait endothermique. Mettons de l'iode et de l'eau en présence, la réaction

$$2I + H^2O = O + 2HI \text{ (en solution)}$$

serait une réaction endothermique, absorbant pour se produire 29 calories. Elle ne se produit jamais spontanément.

Cependant elle s'effectuera naturellement à la condition qu'on la rende solidaire d'une réaction connexe

très exothermique, qui, elle, a besoin pour s'accomplir
d'un des produits O ou HI résultant de cette réaction
endothermique. Ainsi ajoutons à nos deux molécules-
grammes d'iode et à l'eau (à discrétion) de l'exemple
ci-dessus une molécule-gramme d'acide sulfureux SO^2 ;
il est un composé très exothermique qui tendra à se
former, c'est l'acide sulfurique SO^4H^2. Mais pour qu'il
se produise à partir de SO^2, il lui faudra non seulement
une molécule d'eau, mais en plus un atome d'oxygène

$$SO^2 + H^2O + O = SO^4H^2$$

et cette opération dégagera 64 calories. Or, pour que cet
atome d'oxygène soit disponible, il faut que la réaction
préalable $2I + H^2O = O + 2HI$ s'opère. Elle consom-
mera, il est vrai pour s'accomplir 29 calories, mais la
réaction totale

$$2I + 2(H^2O) + SO^2 = SO^4H^2 + 2HI$$

correspondra encore à un dégagement de 35 calories, et,
de fait, elle s'accomplit naturellement.

Ainsi de ce qu'une réaction endothermique est liée à
une réaction exothermique qui libère plus de chaleur
qu'elle-même n'en exige, cette réaction endothermique
se produit naturellement.

Or il se peut que cette même réaction endothermique
soit connexe non plus d'une réaction exothermique,
mais d'un phénomène physique correspondant à une
dégradation de l'énergie, et par conséquent ayant tendance naturelle à se produire. Deux forces antagonistes
sont alors en présence, et suivant leur rapport, la réac-

tion chimique s'opérera ou ne s'opérera pas. Citons quelques exemples.

Les réactions connexes d'un phénomène d'hydratation, les dissociations aux hautes températures, la formation de composés endothermiques aux dépens de composés exothermiques dans les réactions d'équilibre sous l'action d'une variation de pression ou de température, etc., montrent qu'il y a des réactions endothermiques naturelles qui, considérées isolément, limiteraient l'application du principe du travail maximum. D'autre part, une réaction exothermique qui se produit avec violence peut entraîner secondairement un phénomène connexe, un changement d'état physique par exemple qui provoque un abaissement de température, si bien que le système total aura, après la réaction, absorbé de la chaleur (mélange réfrigérant).

C'est pourquoi Berthelot modifia ainsi son énoncé : tout changement chimique, *accompli sans l'intervention d'une énergie étrangère*, tend vers la production du corps ou du système de corps qui dégage le plus de chaleur.

Seulement en énumérant les énergies étrangères qui pouvaient intervenir, il souleva une difficulté : à côté de l'électricité, de la lumière, etc., il plaça, comme nous venons de le faire, la chaleur. Est-ce donc que la chaleur, peut régénérer l'énergie chimique; est-ce que ce sont-là deux formes homogènes de l'énergie? Si cela est, quel est alors le sens du principe du travail maximum? N'est-il plus un cas particulier de la loi de la dégradation naturelle de l'énergie supérieure en chaleur, l'énergie chimique cessant d'être une forme supérieure de l'énergie. C'est soulever le problème de la *valeur*, de la *qualité* de l'énergie chimique.

Il faut que l'on se rende bien compte de l'importance de ce problème et j'insiste sur ses données. Au cours des mutations énergétiques, nous avons dit que la somme d'énergie mise en jeu se conservait intégralement en vertu du premier principe de la thermodynamique, mais que, en vertu du second principe, la mutation ne se produisait naturellement que si quelque part l'énergie subissait une perte de grade, si quelque part l'entropie du système augmentait. Sans cela, on ne pourrait concevoir comme possibles que des modifications réversibles, indifférentes, n'ayant aucune tendance à se produire. Nous avons dit d'autre part que la transformation de l'énergie mécanique en chaleur constitue l'un des processus de dégradation de l'énergie; c'est dire que la chaleur est une forme de l'énergie inférieure en qualité, tandis que l'énergie mécanique, l'énergie électrique sont des formes supérieures. La mutation des énergies supérieures en énergies inférieures se fait donc suivant un mode naturel et irréversible, tandis que les mutations des formes supérieures entre elles, ou des quantités de chaleur entre elles ne sauraient se produire sans qu'une perte de grade résulte d'un autre processus : une chute de tension, une homogénéisation, par exemple une dégradation par conductibilité thermique.

Ces notions étant bien présentes à l'esprit, nous devons nous demander si l'énergie chimique est une énergie supérieure, ou une énergie homologue à la chaleur.

Supposons un moment que l'énergie chimique soit une énergie supérieure, supposons en second lieu que nous soustrayons un système chimique à toute action étrangère, le deuxième principe de l'énergétique nous conduirait, à une restriction près sur les conditions de l'expérience, à la formule de Berthelot : la quantité maxima de chaleur produite correspondrait au maximum d'augmentation d'entropie du système isolé ou au maximum de dégradation de son énergie.

Mais alors ne doit-on pas s'étonner de voir la chaleur figurer parmi les formes d'énergie étrangère capable de régénérer l'énergie chimique.

Nous allons pouvoir préciser ce point litigieux en étudiant de près les réactions d'équilibre si importantes en chimie biologique.

Ces réactions paraissent contredire le principe du travail maximum; c'est sur leur simple notion qu'a été fondée la deuxième des grandes objections opposées à Berthelot. Le célèbre chimiste ne répondit à ces objections qu'en excluant purement et simplement les réactions d'équilibre du domaine de la chimie tributaire du deuxième principe. Les réactions d'équilibre sont-elles donc contraires au principe du travail maximum? Si elles le sont, mettent-elles en défaut le principe de la dégradation de l'énergie? Tel est l'énoncé sous lequel peut se poser le problème que nous envisagions. C'est sous cet aspect que nous allons tâcher de le résoudre.

33. — Les réactions d'équilibre et la deuxième loi de l'énergétique. Notion des réactions d'équilibre.

Les réactions étudiées par la chimie inorganique, telles que les réactions des acides forts et des bases fortes, sont ordinairement des réactions qui se poursuivent jusqu'à épuisement des corps réagissants. Ainsi la réaction

$$Az\,O^3H + KOH = Az\,O^3K + H^2O$$

acide   potasse   azotate de   eau
azotique   potasse

est une réaction complète.

Si, au contraire, on prend, comme l'ont fait Berthelot et Péan de Saint-Gilles, un mélange d'acide benzoïque et d'alcool et qu'on le chauffe à 200° en tube scellé, il se forme de l'éther benzoïque et de l'eau aux dépens d'une fraction des corps en présence et l'autre fraction ne réagit pas.

L'éthérification est limitée. Inversement, si l'on met dans un tube scellé et chauffé de l'éther et de l'eau une partie seulement de ces deux corps est décomposée, pour former de l'acide benzoïque et de l'alcool. Que l'on parte de l'acide benzoïque et de l'alcool, ou bien de l'éther et de l'eau, on arrive toujours finalement, pour de mêmes quantités initiales (une molécule-gramme par exemple), à la même proportion des quatre corps en présence. Cette proportion constitue un état d'équilibre qui limite deux réactions inverses, ce que l'on symbolise par la formule :

$$C^6H^5CO^2C^2H^5 + H^2O \rightleftarrows C^6HCO.OH + C^2H^5OH$$

Éther benzoïque.   Acide benzoïque.   Alcool.

De même si l'on met en présence une molécule-gramme d'acétate de strontium et 2 molécules-grammes de nitrate de potassium, il y a substitution partielle des acides et des bases et l'on trouve finalement 2/3 de molécules-grammes d'acétate de strontium, 4/3 de molécules-grammes d'azotate de potassium, 2/3 de molécules-grammes d'acétate de potassium et 4/3 d'azotate de strontium.

Lorsqu'on change les conditions extérieures de température ou de pression, l'équilibre se déplace progressivement dans un sens ou dans l'autre par une variation des proportions relatives des composés en présence, de sorte que la réaction peut être considérée comme s'opérant suivant le mode réversible. Si la température varie, la pression restant constante, l'équilibre se déplace de telle façon que les composés endothermiques tendent à augmenter et les exothermiques à diminuer quand la température s'abaisse, et que les premiers tendent à diminuer et les seconds à augmenter quand la température s'élève (*Loi de Van t'Hoff*). Si la pression varie, la température restant constante, l'équilibre se déplace de telle façon que l'augmentation de pression tend à produire une modification qui, si elle était effectuée à température et pression constantes, aurait pour effet une diminution de volume; et la diminution de pression tend à produire l'effet inverse (*Loi de Le Chatelier*).

Autrefois, on considérait ces réactions comme l'exception et les réactions illimitées comme la règle. Aujourd'hui, c'est l'inverse. La plupart des réactions organiques amènent à des états d'équilibre. Les réactions illimitées elles-mêmes sont volontiers considérées comme imparfaitement complètes, et il est vraisemblable que, quand elles sont complètement terminées, il y a encore des proportions infinitésimales de composants non combinés.

Ces réactions d'équilibre présentent une grande analogie avec les changements d'état physique : la dissolution d'un soluble dans un liquide solvant s'arrête à un certain degré de concentration, à un équilibre de deux phases qui est la limite de deux phénomènes inverses, précipitation et dissolution; l'équilibre d'un corps avec sa vapeur est aussi la limite de deux phénomènes inverses : condensation et évaporation.

Or il faut bien se rendre compte de la difficulté que nous apportent les réactions d'équilibre. Si, dans une telle réaction, l'équilibre se déplaçant provoque une augmentation de la quantité de composé exothermique, on doit forcément admettre que le déplacement en sens contraire provoque une augmentation du composé endothermique. Si le système est maintenu à la même température au cours de ces déplacements d'équilibre, il y aura donc absorption ou émission de chaleur et ainsi se pose le problème très général de la possibilité d'une modification réelle isothermique qui absorbe de la chaleur au lieu d'en émettre, et celui de la compatibilité de ce phénomène avec le deuxième principe de -l'énergétique.

**34. — Sur la possibilité de modifications réelles iso-
thermiques absorbant de la chaleur. Les réactions
d'équilibre et la chaleur émise.**

Horstmann en 1873 et Gibbs en 1875 ont cru pouvoir
affirmer que l'équilibre chimique est réalisé, quand de
toutes les modifications supposées possibles pour le
système, pas une n'est capable d'augmenter son
entropie. Autrement dit, l'équilibre chimique est stable
si le système considéré ne peut subir aucune modification capable de dégrader son énergie.

Voyons comment cette affirmation se trouve justifiée
et comment par suite tout déplacement de l'équilibre
accompagné soit de dégagement, soit d'absorption de
chaleur, correspond à une dégradation de l'énergie du
système.

Tout d'abord, il faut observer que si l'on veut appliquer la loi de la dégradation de l'énergie à un système
chimique maintenu à une température constante et
siège de mutations d'énergie chimique et d'énergie
thermique, il faut le supposer connexe d'un système
d'autres corps capables de lui fournir ou de lui prendre
de l'énergie ou de la chaleur. A l'ensemble de ces deux
systèmes supposés alors isolés dans l'espace, on pourra
appliquer la loi de dégradation de l'énergie ou d'augmentation de l'entropie.

Dans ces conditions, on conçoit sans peine qu'une
modification aura tendance à se produire toutes les
fois que l'entropie du système total augmentera au
cours de cette modification, et quels que soient d'ail-

leurs les échanges énergétiques qui puissent se produire entre ses parties. Il se pourra que tel échange, accompli dans telle partie du système glóbal, soit en apparence contraire à l'évolution qui d'ordinaire produit la dégradation de l'énergie; il se pourra en particulier que cette partie du 'système, conservant sa même température, absorbe de la chaleur au profit de son fond de réserve, de son énergie interne, ou pour préciser, de son énergie d'affinité chimique, si dans telle autre partie du système global une transformation inverse a lieu qui compense et au-delà ce premier phénomène : l'ensemble des mutations considérées correspondant à une augmentation de l'entropie globale, ces mutations s'accomplissent naturellement.

Nous allons préciser ces données en employant un moment le langage de la thermodynamique, tant il est important de savoir si, oui ou non, les réactions chimiques d'équilibre, les réactions ordinaires de la matière vivante, qui dérogent apparemment au principe du travail maximum, sont tributaires de la deuxième loi de l'énergétique.

35. — Préliminaires pour arriver à la notion de transformations compensées et non compensées, utile à la thermodynamique des réactions d'équilibre. Dégradation de l'énergie mise en jeu et valeur de transformation au cours d'un cycle réel.

De ce que dans le raisonnement précédent on est forcé de tenir compte de la modification d'entropie non seulement du système chimique considéré, mais des systèmes connexes, résulte une complication que Duhem propose d'éviter en introduisant la notion de quantité de travail compensé et non compensé.

Le lecteur qui préférerait ne pas suivre ce raisonnement pourrait s'en tenir à la conclusion du paragraphe précédent qui lui fait apercevoir le trait d'union entre les réactions d'équilibre et les réactions qui s'opèrent d'après la loi de Berthelot et passer tout de suite à la lecture du § 39. Le développement que je vais donner ici n'est en somme que la justification de cette conclusion : il peut paraître superflu au biologiste et n'est nullement indispensable pour la suite de cette lecture. Il intéressera seulement ceux qui veulent se rendre un compte exact de la manière suivant laquelle la thermodynamique abstraite envisage la statique chimique, l'équilibre chimique et les réactions qui s'opèrent suivant un mode réversible.

Nous devons tout d'abord rappeler quelques notions fondamentales sur la deuxième loi de l'énergétique (V. T. II, p. 436 ssq). Pour bien nous pénétrer de la valeur des termes que nous allons employer, nous énoncerons les propositions de la thermodynamique, autant que nous le pourrons, de deux façons différentes : d'une part, en employant le langage de Clausius et la théorie de l'entropie; d'autre part en employant le langage des thermodynamistes anglais et la théorie de la dégradation de l'énergie.

Considérons un système A de corps *isolé* dans l'espace, ne pouvant recevoir d'énergie d'aucun système voisin, ne pouvant émettre au dehors aucune énergie, ne pouvant rayonner ni chaleur, ni lumière, etc. D'autre part dans ce système, considérons un groupe de corps formant un système particulier B, *non isolé* des corps voisins C, qui composent avec lui le système total A, et avec lesquels il peut échanger de l'énergie.

Nous pouvons imaginer que nous fassions parcourir au système A, *isolé* dans l'espace, un cycle complet de phénomènes qui ramène ce système à l'état initial.

L'énergie interne finale de A est la même que l'énergie interne initiale; l'entropie reprend aussi sa valeur initiale, le grade de l'énergie est le même après et avant le cycle.

Que l'on réfléchisse à l'opération que nous venons d'effectuer : le système A isolé pourra-t-il parcourir un cycle de phénomènes quelconques qui le ramène à son état initial? Si les phénomènes du cycle sont imaginés réversibles (1), oui, il le pourra; mais s'il s'agissait de phénomènes réels, non; il suffirait même qu'un seul de ces phénomènes fût réel pour que l'entropie du système global augmentât, et aucun phénomène réel ni réversible ne pourrait ensuite ramener le système A à son entropie initiale, puisqu'il ne pourrait faire appel à aucune énergie étrangère.

C'est dire qu'à tous moments du cycle, l'entropie du système isolé A doit être constante. Si elle augmente, jamais elle ne pourra être ramenée à son état initial, jamais le cycle ne pourra être fermé : un système isolé tel que A ne peut donc parcourir qu'une chaîne de

____

(1) Nous savons que les mutations réversibles sont les mutations idéales qui sont censées se produire indifféremment dans un sens ou dans l'autre sans nécessiter de chute de tension énergétique, sans entraîner de dégradation de l'énergie.

mutations ouvertes, si ces modifications sont réelles, ce qu'on traduit en disant que le mouvement perpétuel est impossible réellement dans les systèmes isolés obéissant à la loi de Carnot, ou encore, comme l'ont fait Perrin et Langevin, en disant qu'un système isolé ne passe jamais deux fois par le même état.

Au contraire, si nous imaginons que nous fassions parcourir au système non isolé B un cycle réversible, nous pouvons admettre que, des échanges énergétiques se produisant suivant le mode réversible entre B et C, l'entropie de B varie d'instants en instants au cours du cycle. Il va de soi que pendant ce temps, l'entropie de C varierait en sens contraire de sorte que l'entropie totale du système A resterait constante.

La variation d'entropie du système B, à un moment donné M du cycle réversible, se mesure, nous l'avons vu, par la valeur de transformation ε des mutations qu'il a subies de 0 à M, ou si l'on veut (en admettant pour simplifier qu'il s'agit de mutations isothermiques) par la valeur de la fraction $\frac{Q}{T}$ relative à ces mutations, Q étant la chaleur émise par le système B et encaissée par les corps C, T étant la température absolue à laquelle se fait cet échange.

Si nous désignons par $\varepsilon = S_0 - S_1$ la valeur de transformation relative à la première partie du cycle de 0 à M et par $\varepsilon' = S_1 - S_0$ la valeur de transformation relative à la 2e partie, on voit que $\varepsilon + \varepsilon' = 0$.

Les schémas suivants résument ces résultats :

Cas 1.— Cycle de mutations parcouru par un système *isolé* A. Ne peut être que réversible.

Cas 2. — Cycle de mutations parcouru par un système *non isolé* B. Peut être réel ou réversible. Cycle réversible.

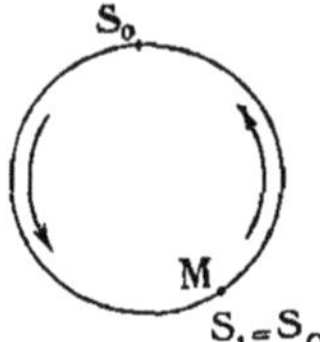

Fig. 4.

Valeur de transformation nulle. Entropie constante.

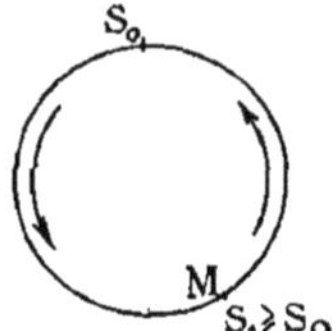

Fig. 5.

L'entropie S_1 au moment M est généralement différente de l'entropie initiale S_o

$S_o - S_1 = \varepsilon$ (valeur de transformation de la première partie du cycle).

$S_1 - S_o = \varepsilon'$ (valeur de transformation de la deuxième partie du cycle)

$$\varepsilon + \varepsilon' = 0$$

Avant d'aller plus loin, il est indispensable de faire bien comprendre, en présence de ces deux schémas, le parallélisme de langage de ceux qui parlent du grade de l'énergie et de ceux qui parlent de l'entropie des systèmes énergétiques.

Notre schéma 1 (fig. 4), relatif à un cycle réversible parcouru par un système *isolé* nous fait voir que l'on peut dire aussi bien : l'entropie d'un système isolé qui parcourt un cycle réversible reste constante au cours de ce cycle (ce qu'on tire du raisonnement de Clausius puisque le $\frac{Q}{T}$ émis à tout moment par le système est nul), ou bien : le grade de l'énergie reste constant (puisque par définition une modification reversible est celle où l'énergie *mise en jeu* pour la produire ou pour produire son inverse ne subit aucune dégradation.

Notre schéma 2 relatif à un cycle réversible parcouru par un système non isolé B nous montre que la grandeur définie par Clausius sous le nom d'entropie peut varier au cours des phénomènes réversibles, mais cela implique que, dans un système connexe C, elle varie en sens contraire, de telle façon que la variation d'entropie totale du système global supposé isolé, reste nulle. Aussi bien pouvons-nous dire : le système B peut subir une dégradation énergétique, les mutations n'en sont pas moins réversibles, si, dans un système connexe C, l'énergie prend du grade, de telle façon que le grade énergétique du système global A isolé dans l'espace reste constant.

Ainsi même en ne considérant que les phénomènes réversibles, on peut parler de dégradation d'énergie et c'est là ce qui nous permettra d'établir un rapport entre la valeur de transformation de Clausius et la dégradation énergétique correspondant à une modification réversible.

Observons en comparant ces deux langues différentes que si au cours des modifications réversibles subies par le système B, depuis 0 jusqu'à M, la valeur de transformation $\frac{Q}{T}$ (1) est positive, cela indique que l'entropie de B a diminué, ou que le grade énergétique de B a augmenté.

---

(1) En désignant la valeur de transformation par $\frac{Q}{T}$, nous supposons la modification isothermique. On sait que si elle n'est pas isothermique la valeur de ε est : $\frac{Q}{T} + \frac{Q'}{T'} + \frac{Q''}{T''}$ .... ou $\int \frac{dQ}{T}$.

Tout système non isolé B qui serait le siège de mutations énergétiques réversibles et qui au cours de ces mutatations émettrait un $\frac{Q}{T}$ (à supposer l'isothermie) positif, en un mot qui dégagerait de la chaleur tout en gardant constante sa somme d'énergie et sa température verrait le grade de son énergie augmenter en vertu du principe de Carnot. Que l'on ne s'étonne pas de ce résultat : en effet, les phénomènes étant supposés réversibles, il ne saurait y avoir au total dégradation d'énergie supérieure en chaleur. Si cependant quelque part le phénomène se produit, si de l'énergie fournie par les systèmes connexes C se dégrade en chaleur au cours des mutations subies par le système B, c'est que cette dégradation est compensée par une prise de grade de l'énergie de notre système B, de telle façon que le système global B + C ou A, ne subisse aucune dégradation ni prise de grade. Aussi bien peut-on dire que B a encaissé de l'énergie supérieure et émis une quantité égale d'énergie inférieure.

Allons plus loin à présent.

Considérons non plus les cycles réversibles, mais les cycles réels.

Le système isolé A ne peut, nous le savons, réaliser ce cycle, le principe de Carnot-Clausius établissant que l'entropie finale d'un système isolé qui a subi une modification réelle quelconque est forcément supérieure à son entropie initiale..

Au contraire, le système non isolé B peut parcourir un cycle réel, mais dans ce cas le principe de Carnot-Clausius nous dit que la valeur de transformation du cycle est positive. Si le cycle est isothermique, la fraction $\frac{Q}{T}$ qui représente la valeur de transformation est positive, il y a eu une certaine quantité Q de chaleur émise.

Autrement dit, le système qui a parcouru ce cycle, qui a récupéré son état initial, sa même énergie interne, sa même entropie, son même grade énergétique, a été le siège d'une mutation d'énergie supérieure, venue d'ailleurs, en chaleur Q émise.

Il a été le siège d'une dégradation d'énergie dont le $\frac{Q}{T}$ émis est la mesure.

Ainsi, quand on s'en tient à la considération des systèmes réels parcourant un cycle complet de mutations naturelles, il faut bien se rendre compte que si, par définition, à la fin du cycle, le grade de l'énergie et l'entropie du système sont les mêmes qu'au début, le système a été le siège d'une dégradation d'énergie venue d'ailleurs (du système C) en chaleur, ou ce qui revient au même il a émis un $\frac{Q}{T}$ positif.

La chute de grade de l'énergie mise en jeu et la valeur de transformation du cycle sont dans ces cas des grandeurs homologues.

Nous touchons là à la conception des transformations compensées et des transformations non compensées qui va nous être si utile.

36. — Les transformations compensées et non compensées et la thermodynamique des réactions chimiques d'équilibre.

Si un système non·isolé B parcourt un cycle de modifications qui le ramène à son état initial, à son grade énergétique initial, à son entropie initiale, on peut supposer qu'une partie des modifications qu'il parcourt sont réelles et les autres réversibles. Cela revient à dire que quand un système quelconque subit des modifications réelles, des réactions chimiques par exemple qui le font passer de l'état O à l'état 1 par voie réelle, irréversible, nous pouvons toujours imaginer une série complémentaire de modifications réversibles qui achèvent le cycle en le ramenant de l'état 1 à l'état O, (fig. 6).

Cas 3. — Cycle de mutations parcouru par un système non isolé B.
Cycle en partie réel, en partie réversible.

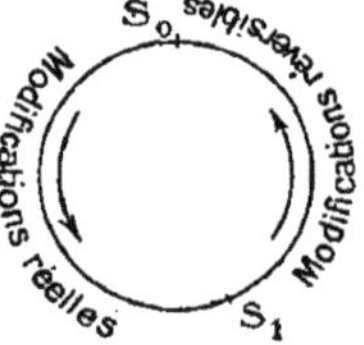

Fig. 6.

De ce que le cycle renferme au moins une modification réelle, il résulte que la valeur de transformation totale est positive, que l'énergie mise en jeu a subi une dégradation, que de l'énergie venue d'ailleurs a été transformée en chaleur, ou encore si l'on veut qu'un système C, connexe du premier, et supposé avec lui isolé dans l'espace a subi une augmentation d'entropie.

Or durant la partie du cycle que nous avons imaginée réversible, la valeur de transformation est égale à la modification de l'entropie $S_1 - S_0$. Cela signifie que la valeur de transformation relative à la première partie du cycle est plus grande que la variation d'entropie du système B au cours de cette transformation. Elle représente d'une part cette variation d'entropie qui peut être positive ou négative et d'autre part cet excédent x qui est toujours positif. De ces deux parts qui composent la valeur de transformation de la mutation réelle, la première $S_0 - S_1$ sera compensée par la valeur de transformation de la deuxième partie du cycle $S_1 - S_0$, mais la seconde x ne le sera pas. C'est elle qui représentera la valeur de transformation du cycle total, si nous arrivons à fermer ce cycle. C'est à cette part x que Clausius a donné le nom de *modification non compensée*.

Ces considérations un peu abstraites demandent un certain travail d'assimilation, c'est certain, mais en les envisageant sous différentes faces, on arrive mieux à en saisir la portée. Il me paraît utile pour faciliter ce travail de reprendre le raisonnement en complétant par la pensée, comme ci-dessus, le système envisagé B par un système connexe C formant avec lui un système isolé tel que celui (A) sur lequel nous avons d'abord raisonné. La signification de l'expression *modification compensée* et *non compensée* devient plus nette ainsi :

En effet, considérons nos deux systèmes B et C. Une chaîne de modifications réelles O à M a lieu. On peut toujours se représenter que dans ces phénomènes une part est réversible. Si l'on ne considère que cette part, on sait que l'entropie totale des deux systèmes conjoints reste la même, de sorte que toute modification de l'entropie de notre système B produite de O à M est *compensée* par une modification inverse, complémentaire du système connexe C, et nous savons que si l'on ferme le cycle parcouru par B en ramenant ce système de l'état M à l'état O par une suite de modifications réversibles, ces modifications *compensent* aussi exactement la part réversible des modifications subies par B de O à M.

Si maintenant on considère la deuxième part, la part irréversible de la mutation O à M, on sait qu'elle correspond à une augmentation de l'entropie du système global, par conséquent à une augmentation de l'entropie du système C, surajoutée aux échanges entropiques complémentaires ci-dessus. Si à partir de l'état M, nous ramenons notre système B à l'état initial, par des modifications réversibles, par des échanges entropiques complémentaires entre B et C inverses des premiers, il restera finalement au système C une augmentation d'entropie, reliquat de la mutation réelle accomplie par notre système.

En langage ordinaire nous pouvons donc dire :

Quand un système non isolé, tel que ceux que nous avons à considérer en chimie, et tel que notre système B de la démonstration ci-dessus, a subi une série de modifications réelles, nous pouvons certes le ramener à son état initial; mais si nous le faisons par voie réversible de manière à ne pas faire varier l'entropie globale de ce système et des systèmes conjoints, de manière à conserver à l'ensemble le grade énergétique tel qu'il était à la fin de la série étudiée, nous nous apercevons en fin de compte qu'il y a eu dans une partie du système global au cours de cette série réelle, une augmentation d'entropie qui n'a pu être compensée dans le retour à l'état primitif, il y a eu une dégradation d'énergie subie par les systèmes connexes pour produire le phénomène réel. En un mot, notre système B pourra bien être ramené à son état initial, il pourra parcourir autant de cycles que nous voudrons, être le siège du mutations aussi variées que nous le désirerons, et toujours se retrouver pareil à lui-même, mais à une condition : c'est que des systèmes connexes fassent les frais de la dégradation d'énergie nécessaire à l'accomplissement des phénomènes réels : cette dégradation d'énergie se mesure par la transformation non compensée particulière à chaque cycle, par la valeur de transformation $\int \frac{dq}{T}$ de ces cycles.

Ainsi si le langage de la thermodynamique anglaise est à première vue plus accessible à l'esprit; aussitôt qu'on va au fond des choses, on est forcé de compléter la notion de dégradation de l'énergie par celle de transformation non compensée, qui implique tout l'appareil analytique de la notion de l'entropie.

Retenons de ce raisonnement que quand un système quelconque non isolé, un système chimique par exemple, subit une modification O à M au cours de laquelle des échanges entropiques se font avec les systèmes voisins, une part de ces échanges peut être regardée comme équitable en ce qu'elle n'abaisse pas le grade énergétique global de ce système et des systèmes connexes, tandis que l'autre part ne l'est pas, parce qu'elle est une perte sèche du grade énergétique pour l'ensemble, parce qu'aucun échange équitable ultérieur capable de ramener le système chimique à son état initial ne pourra la compenser.

Cela posé, la loi de Horstmann et Gibbs, que nous avons énoncée tout à l'heure et d'après laquelle un système chimique est en équilibre stable quand toutes les modifications capables de l'affecter laissent invariable l'entropie totale de ce système et des systèmes connexes, se ramène à cette proposition : un système chimique est en équilibre quand toute modification propre à le faire passer de l'état actuel O à l'état M ne peut être qu'une modification compensée. Prise sous cette forme la deuxième loi de l'énergétique appliquée à la chimie reste, il est vrai, à peu près aussi abstraite que sous la forme donnée par Horstmann et Gibbs, mais nous nous acheminerons vers une expression plus frappante, si nous dégageons des notions de modifications compensées et non compensées celles de travail compensé et non compensé, comme l'a proposé Duhem.

37. — Le travail compensé et non compensé et la thermodynamique des réactions chimiques d'équilibre.

Que l'on ne s'étonne pas du développement forcé que j'accorde à cette partie un peu ardue de notre étude de la chimie organique, car c'est grâce à cette notion que nous allons pouvoir comprendre que les réactions qui se produisent dans le voisinage de l'état d'équilibre sont aussi bien endothermiques qu'exothermiques ; c'est grâce à elles que nous allons voir la conjonction s'opérer entre le principe de Carnot-Clausius et celui de Berthelot.

Voici comment très simplement, en partant des notions que nous venons d'acquérir, on peut arriver à celle de travail compensé et non compensé, employée par Duhem pour faire concevoir l'équilibre chimique.

Comme précédemment pour simplifier la démonstration et pour pouvoir représenter la valeur de transformation d'une modification réelle O à M par la fraction $\frac{Q}{T}$ plutôt que par $\int \frac{dq}{T}$, nous supposerons que nous n'avons à faire qu'à des mutations isothermiques.

Dès lors le $\frac{Q}{T}$ d'une chaîne de mutations quelconques qui amènent un système de l'état O à l'état M se compose d'une modification compensée $S_o - S_1$ et d'une modification non compensée x. On peut écrire :

$$\frac{Q}{T} = (S_o - S_1) + x$$

<table>
<tr><td>Valeur de
transformation
O à M</td><td>Variation
d'entropie
compensée</td><td>Modification
non
compensée</td></tr>
</table>

ou
$$Q = T (S_o - S_1) + xT$$

Q est la quantité de chaleur émise au cours de la modification. T $(S_o - S_1)$ produit de la température absolue par la différence d'entropie, homogène à une quantité de chaleur, est la *chaleur compensée*, celle qu'on devrait rendre ou reprendre au système pour le ramener à son état initial, à son entropie initiale. x T est la quantité de chaleur *non compensée*, celle qui aurait été émise durant le cycle complet, celle qui proviendrait de la dégradation d'énergie supérieure fournie par le système connexe au cours du cycle.

La chaleur compensée T $(S_o - S_1)$ peut être positive ou négative. Au contraire, nous savons que xT la chaleur non compensée est toujours positive.

Au lieu d'exprimer la chaleur compensée et la chaleur non compensée en calories, nous pouvons aussi bien l'exprimer en unités du travail, en kilogrammètres en vertu du premier principe de la thermodynamique. Il suffit pour cela de multiplier ces quantités par E équivalent mécanique de la chaleur.

On peut dire alors avec Duhem que le *travail compensé* ET $(S_o - S_1)$ est le travail qu'on devra fournir ou demander au système pour le ramener, par voie réversible, à son état initial. *Le travail non compensé* ETx, toujours positif, est celui qui aura été mis en jeu durant le cycle ainsi complété.

La modification non compensée exprimée en unités de chaleur (chaleur non compensée) au cours d'une modification isothermique, ou en unités de travail (travail non compensé), représente donc, sous des aspects différents, l'augmentation d'entropie ou la chute de grade de l'ensemble du système considéré et des systèmes connexes. Ce sont ces quantités qui mesurent la tendance naturelle que les phénomènes O à M ont à se produire.

Que la chaleur compensée soit positive ou négative, ou si l'on veut que le travail compensé soit positif ou négatif, peu importe, cette chaleur, ce travail ne règle nullement le sens des phénomènes.

Mais il suffit au contraire que la chaleur non compensée, que le travail non compensé, soit supérieur à zéro pour que le phénomène tende à se produire.

Or, quand une chaîne de mutations ouverte et isothermique fait passer un système chimique de l'état O à l'état M et quand la chaleur compensée relative à cette mutation est négative, il se peut que la chaleur non compensée émise soit inférieure à la chaleur compensée absorbée : la modification sera endothermique et la loi du travail maximum sera mise en défaut bien qu'il n'y ait aucune dérogation à la deuxième loi de l'énergétique. Insistons un moment sur cette conséquence.

38. — Pourquoi dans le voisinage des états d'équilibre, les réactions peuvent être aussi bien endothermiques qu'exothermiques sans déroger au principe de Carnot-Clausius.

L'équilibre d'un système chimique ou autre est assuré, quand parmi toutes les mutations imaginables capables de troubler cet équilibre, pas une n'implique une modification non compensée.

L'équilibre est au contraire d'autant plus instable qu'une mutation capable de troubler cet équilibre implique une modification compensée plus énergique. C'est dire qu'un équilibre est d'autant plus instable que la mutation capable de le troubler donnera lieu à une production plus grande de chaleur non compensée (à supposer la mutation isothermique pour simplifier.)

La mutation, la réaction chimique en particulier, capable de troubler cet équilibre sera violente si cette chaleur non compensée est considérable.

Au contraire, quand cette chaleur non compensée est faible, la réaction est peu vive, elle est lente à se produire, et l'équilibre n'a que peu de tendance à se déplacer.

On peut traduire ce fait en disant que dans le voisinage des états d'équilibre chimique, la chaleur *non compensée* des réactions qui déplacent cet équilibre est faible.

Une conséquence d'une portée énorme s'impose aussitôt à l'esprit.

La chaleur *compensée* relative à cette réaction, elle, peut-être plus ou moins considérable, puisqu'elle n'a aucun effet sur le sens du phénomène. Elle peut être positive ou négative comme nous l'avons dit plus haut.

Si elle est négative, la mutation nous apparaîtra comme endothermique dès que la quantité de chaleur compensée absorbée sera supérieure à la quantité de chaleur non compensée émise.

Quelque grande que soit de ce fait l'endothermie de la réaction, cette réaction n'en tendra pas moins à se produire puisque seule la chaleur non compensée règlera le sens du phénomène.

39. — Conjonction entre le principe du travail maximum de Thomsen-Berthelot et le deuxième principe de l'énergétique de Carnot-Clausius.

Au contraire, quand les réactions sont très vives, c'est-à-dire quand elles s'opèrent très loin de l'état d'équilibre que nous venons de considérer, cela signifie (en supposant toujours, pour simplifier, qu'il s'agit de phénomènes isothermiques), que la modification non compensée, exprimée en unités de chaleur (chaleur non compensée) ou en unités de travail (travail non compensé) est très grande.

Alors il est presque constant que la modification compensée simultanée est moins importante, de telle façon que, même si elle est négative, elle ne suffit pas à éclipser la première : l'exothermie est le phénomène qui domine.

Mais on conçoit que dans ces conditions l'exothermie ne saurait être la mesure rigoureuse de la tendance qu'ont les réactions à se produire ; elle ne serait cela que si la réaction compensée simultanée était toujours la même dans toutes les réactions.

De ce qu'elle n'est pas toujours la même dans toutes les réactions, il résulte d'une part que l'exothermie n'est qu'une mesure infidèle de la dégradation énergétique qui règle le sens et l'intensité des phénomènes, et d'autre part qu'un phénomène peut avoir tendance à se produire, même loin des états d'équilibre, bien qu'il corresponde à une absorption de chaleur : il suffit pour cela que la chaleur non compensée, quoique très élevée, soit cependant inférieure à la chaleur compensée négative encore plus élevée.

Seulement il faut se hâter d'ajouter que, dans la pratique, loin des états d'équilibre, 'la chaleur compensée s'efface devant la chaleur non compensée, et cela explique que le principe de Thomsen-Berthelot réponde à la généralité des cas.

Ce principe est donc, rigoureusement parlant, une déformation incorrecte de la deuxième loi de la thermodynamique; mais un fait d'observation prouve que le plus souvent, loin des états d'équilibre, les termes en sont concordants.

Nous ne pourrions sans sortir du cadre de cet ouvrage nous étendre davantage sur ces questions. Retenons de ce coup d'œil rapide jeté sur les notions élémentaires de la thermodynamique que toutes les réactions chimiques, aussi bien celles qui s'accomplissent dans le voisinage des états d'équilibre que celles qui s'opèrent violemment loin de cet état, sont tributaires de la deuxième loi de l'énergétique.

Qu'elles soient endothermiques ou exothermiques, violentes ou lentes, toujours, pour se produire naturellement, elles exigent une chute de grade de l'ensemble des diverses énergies mises en jeu.

Nous allons à présent descendre des hauteurs abstraites d'où nous les avons contemplées et voir comment se passent dans l'évolution de la matière vivante ces phénomènes que nous savons dès à présent soumis aux grandes] lois générales de la nature.

CHAPITRE V

Les faux équilibres et les actions lytiques dans l'évolution de la matière vivante. Théorie cinétique en chimie.

40. — Particularités relatives aux réactions de la matière vivante. Equilibre, faux équilibre, frottement et actions lytiques.

Nous avons vu comment de l'étude des fermentations et des actions diastasiques (§ 24 et 25) est sortie cette idée que certaines substances chimiques, dont la plupart sont d'origine organique, jouissent de la propriété de provoquer des réactions chimiques sans se combiner elles-mêmes, sans avoir d'autre rôle qu'un rôle de présence et sont capables par suite de provoquer des mutations chimiques dont la grandeur n'est pas proportionnelle à leur propre masse.

Ces substances sont les ferments solubles, les diastases ou enzimes, puis les toxines, les antitoxines, les venins, les agglutinines, les précipitines, les lysines variées, en un mot toutes les substances qu'avec Arthus on peut avec avantage classer sous le nom d'enzymoïdes. Nous

avons gardé de cette étude le souvenir un peu troublant
que des actions chimiques pourraient être dues à des
causes infimes, et ce n'est pas sans quelque malaise que
nous nous remémorons ces faits quand nous venons de
nous convaincre de l'universalité de la deuxième loi de
l'énergétique.

Nous avons vu d'autre part § 33 que dans le monde
organique les réactions chimiques se font bien plus souvent dans le voisinage des états d'équilibre que suivant
le mode brutal habituel des mutations très exothermiques.

Par suite, nous pouvons regarder comme assez particuliers à l'évolution de la matière organisée ces deux
faits : 1° que les réactions y sont ordinairement des
réactions d'équilibre; 2° que souvent elles sont provoquées par la présence d'agents diastasiques ou enzymoïdes.

Nous savons que les réactions d'équilibre sont tributaires du deuxième principe de l'énergétique, et
par conséquent à ce point de vue l'évolution de la
matière vivante nous apparaît comme tributaire des
lois universelles; mais nous pouvons nous demander avec
quelque anxiété ce que signifie l'intervention de ces
agents lytiques qui apportent une nouvelle complication
à la conception des phénomènes de la vie?

Avant d'en aborder l'étude si intéressante, je crois
utile de les caractériser grossièrement en quelques
mots.

Si nous possédons clairement la notion de l'équilibre
chimique et de son déplacement sous des actions variées,
il nous est facile de concevoir que parfois l'équilibre ne

se déplace pas, quoique les actions capables de provoquer ce déplacement se soient produites. Nous avons en mécanique de nombreux exemples de faits analogues. Ainsi parfois nous remontons une montre sans que d'elle-même elle se mette en marche, quoique nous ayons tendu le ressort de manière à réaliser la condition nécessaire au mouvement du régulateur. De même, souvent, sur les pentes abruptes, nous voyons des pierres prêtes à rouler vers la vallée et pourtant demeurant immobiles, et à chaque instant il nous arrive de poser quelque objet pesant sur une surface inclinée, sans craindre son glissement vers les parties déclives.

Dans tous ces cas, et dans un grand nombre d'autres analogues, l'équilibre que nous constatons paraît contraire aux lois de l'énergétique : c'est qu'un obstacle momentané, une inertie spéciale, un *frottement* empêche sa rupture.

En chimie, il y a aussi un frottement qui fait persister des états d'équilibre hors de leur condition normale ; il y a aussi des équilibres irrationnels.

Mais donnons un choc léger à la montre, poussons du pied la pierre sur sa pente, supposons que notre surface inclinée devienne de glace ou qu'une goutte d'huile vienne lubrifier sa surface polie, le régulateur se mettra à osciller, la pierre suivra les lois de la pesanteur, les objets glisseront sur la pente.

En chimie, il y a aussi les chocs initiaux, les impulsions initiales, qui déclenchent les mutations et rompent les équilibres irrationnels, telle l'étincelle qui provoque la combinaison des explosifs ; il y a aussi la goutte d'huile qui diminue les frottements, tel le catalyseur dont bientôt nous comprendrons mieux le rôle.

Cet aperçu grossier des phénomènes de faux équilibre
et des actions catalytiques appelle en effet une explication plus précise, mais il n'était pas inutile de montrer
dès le début vers quelles conclusions nous allons nous
acheminer. Il faut d'abord que nous sachions en quoi
consiste le faux équilibre chimique, en dépit de l'obscurité qui règne encore sur sa vraie nature. Pour cela, nous
devons commencer par analyser la théorie cinétique
proposée pour expliquer l'équilibre chimique rationnel.
Nous verrons ensuite comment le faux équilibre peut
être détruit, et quel est le rôle des agents lytiques.

41. — La théorie cinétique dans l'interprétation de l'équilibre chimique. Hypothèse de Guldberg et Waage.

Nous avons dit, en étudiant les théories physiques de
la loi des tensions de vapeurs que l'équilibre des phases
solide ou liquide et gazeuse était non pas un équilibre
statique, mais un équilibre statistique et un équilibre
de mouvement. Cet équilibre est obtenu quand le
nombre des molécules qui s'échappent à l'état gazeux
du solide ou du liquide est égal au nombre des molécules gazeuses qui, se rencontrant à la faveur des oscillations de nature thermique, tendent à se condenser,
sortant ainsi de la phase gazeuse.

Williamson, en 1851, puis surtout Guldberg et Waage
ont formulé une explication analogue pour les équilibres chimiques.

Lorsque 46 grammes d'alcool éthylique et 60 grammes d'acide acétique sont mis en présence, lorsque en général deux molécules-grammes de deux corps capables de réagir A_1 et A_2 sont mises en présence et donnent au cours d'une réaction d'équilibre de l'acétate d'éthyle et de l'eau ou en général deux nouveaux corps A'_1 et A'_2, nous savons que la caractéristique de ces réactions est qu'elles sont incomplètes. Autrement dit, une fois l'équilibre obtenu, on a en présence quatre phases différentes, quatre composés différents A_1 A_2 A'_1 A'_2.

La théorie cinétique consiste à admettre que cet équilibre des quatre phases n'est pas un équilibre de repos, mais un équilibre *statistique* : continuellement des molécules A_1 rencontrant des molécules A_2 se disloquent et se recombinent de manière à donner des molécules A'_1 et A'_2. Continuellement aussi des molécules A'_1 rencontrant des molécules A'_2 se disloquent et donnent des molécules A_1 et A_2.

La quantité des phases en présence ne varie plus, lorsque le nombre des dislocations élémentaires des phases initiales est le même que celui des phases finales dans l'unité de temps.

42. — La théorie cinétique chimique se trouve remarquablement justifiée par la loi d'action des masses.

A peine arrivons-nous à cette conception cinétique de l'état d'équilibre que nous sommes en droit de nous poser une question d'un haut intérêt : voici les considérations qui nous y conduisent.

Quand, au § 33, nous avons montré ce que sont les réactions d'équilibre, quand, au cours de notre dernier paragraphe, nous avons interprété l'équilibre final comme un équilibre statistique, nous nous sommes placés dans cette hypothèse très simple que nous mettions en présence un nombre déterminé de molécules-grammes de deux substances réagissantes qui nous auraient donné, si la réaction avait été complète, un nombre déterminé de molécules-grammes de nouveaux composés sans résidu.

Dans ces conditions, l'équilibre qui caractérise la réaction incomplète dépend seulement, nous le savons, de la température et de la pression, et il se déplace avec ces deux variables suivant les lois de Van t'Hoff et de Le Chatelier.

Mais si nous ne nous astreignons plus à nous placer dans cette hypothèse très simple, si nous mettons en présence des quantités quelconques de chaque corps réagissant, et si en outre nous nous proposons de faire varier ces quantités, la question qui se pose alors est la suivante :

L'équilibre étant une fonction du nombre des rencontres moléculaires de chaque phase réagissante, et le nombre de ces rencontres dans l'unité de temps dépendant du nombre de molécules par unité de volume, n'est-il pas logique d'induire que l'équilibre doit forcément varier avec la concentration de chaque composant?

Si nous désignons par C_1 et C_2 le nombre de molécules des deux phases initiales par unité de volume, c'est-à-dire les concentrations moléculaires, le nombre des rencontres sera proportionnel à C_1 et à C_2. Autrement dit, la vitesse de transformation des phases initiales en phases finales sera :

$$v = KC_1C_2$$

K étant un coefficient de vitesse indépendant des concentrations (Nernst).

Inversement C'_1 et C'_2 étant les concentrations des composés finaux et K' un coefficient de vitesse, la vitesse de transformation des phases finales en phases initiales sera :

$$v' = K'C'_1C'_2$$

Puisque l'équilibre chimique est obtenu quand on a $v = v'$, cela signifie que cet équilibre est caractérisé par l'égalité $KC_1C_2 = K'C'_1C'_2$

Il suffit par suite que l'on change la concentration de l'un des quatre composés en présence pour perturber l'équilibre.

En d'autres termes, si la théorie cinétique est vraie, l'équilibre doit se déplacer quand varie la masse de l'une des phases en présence.

Nous sommes peu habitués en chimie inorganique, surtout dans les cas où le principe du travail maximum s'applique sans restriction, à prendre en considération les masses relatives des corps mis en présence. Nous sommes de même peu habitués dans les systèmes hété - rogènes, tel que celui que forment l'eau solide et l'eau liquide en équilibre à une température et à une pression données, ou bien celui que forme le carbonate de calcium solide en équilibre avec ses produits de décomposition, l'oxyde de calcium solide et l'acide carbonique gazeux, à faire intervenir la masse des phases en présence. Aussi sommes-nous peu préparés à cette idée qu'ici chaque masse des composés en présence va entrer en ligne de compte comme une variable indépendante.

Ces quatre phases étant en présence, l'équilibre chimique se déplace-t-il donc réellement lorsque varie la quantité d'une de ces phases, et cet équilibre est-il ainsi fonction de six variables, y compris la température et la pression ?

Les faits nous répondent affirmativement et une loi importante tirée de la chimie expérimentale et confirmant ces prévisions apporte un appoint solide à la théorie cinétique.

Berthelot, tout au commencement du xixe siècle, à la suite de ses recherches sur les réactions d'équilibre, a formulé la première ébauche de cette loi : *L'état d'équilibre*, dit-il, *dépend du rapport quantitatif des substances réagissantes*.

Mais ce n'est qu'en 1867 que Guldberg et Waage furent conduits à énoncer la loi de proportionnalité des concentrations dans les termes même auxquels nous sommes arrivés par déduction de la théorie cinétique. C'est cette loi de proportionnalité que l'on connaît sous le nom de *Loi d'action des Masses*.

43. — Faux équilibre chimique. Vitesse des réactions inverses dans un système en voie de réactions d'équilibre.

La théorie cinétique chimique que nous venons d'exposer nous a fait voir qu'un système chimique en équilibre $A_1 + A_2 \rightleftarrows A'_1 + A'_2$ est le siège de transformations continuelles des premières phases en secondes phases et de transformations inverses qui s'équivalent. L'égalité de ces mutations opposées donne lieu à un équilibre statistique.

Il ne faudrait pas croire d'ailleurs que ces mutations sont très considérables. Si, comme l'a fait Nernst, on détermine les coefficients de vitesse K et K' des deux réactions inverses, on peut induire que dans un système en équilibre constitué par exemple par

$\frac{1}{3}$ mol. alcool $+ \frac{1}{3}$ mol. ac. acétique $+ \frac{2}{3}$ mol. éther $+ \frac{2}{3}$ mol. eau

il s'unit seulement en un jour et à la température ordinaire 0,00064 molécule-gramme d'alcool et d'acide acétique, la même quantité se reformant pendant le même temps (1).

Si l'on se rappelle qu'une molécule-gramme de tous les corps renferme 65 à 70.10^{22} (ou 650 à 700 millions de quatrillions) de molécules, il est facile de voir que c'est environ cinq quatrillions de molécules par molécule-gramme qui subissent la mutation à chaque seconde ou une molécule sur 130 millions.

(1) Voir Nernst. *Tr. de chimie générale.* Traduct. de M. A. Corvisy, 1912, p. 168 (Edit. Hermann).

C'est peu si l'on songe à cette proportion de 1 à 130.000.000. C'est beaucoup pour notre appréciation, si nous nous représentons que dans le petit volume occupé par ces quelques molécules-grammes, c'est par quatrillions ou millions de milliards qu'il faut compter les mutations atomiques par seconde.

Cette notion étant acquise sur la nature de l'équilibre chimique, nous allons nous placer en présence d'un phénomène extrêmement intéressant. C'est celui que nous avons annoncé plus haut sous le nom de faux équilibre et que nous avons fait pressentir comme analogue au faux équilibre qui maintient immobile sur une surface en pente un objet pesant.

Si j'ai cru indispensable de présenter la théorie cinétique chimique comme un préliminaire à l'étude des faux équilibres, ce n'est certes pas pour en rendre l'explication plus facile. A première vue, elle paraît en effet en obscurcir bien plutôt l'interprétation; car si par la pensée on considère un mélange $A_1 + A_2 \rightleftarrows A'_1 + A'_2$ de phases en équilibre cinétique échangeant continuellement leurs atomes, on ne voit guère comment lorsqu'on change l'une des variables desquelles dépend l'équilibre statistique, cet équilibre puisse ne pas immédiatement se déplacer. On imagine facilement qu'un équilibre de repos puisse, à cause de l'inertie, des frottements, etc., ne pas se détruire sous l'influence de causes perturbatrices minimes, mais on conçoit mal qu'il en soit de même d'un équilibre de mouvement.

Ce serait donc apparemment un singulier préambule à un exposé de vulgarisation que d'insister à plaisir sur une théorie qui complique les faits exposés.

Mais le lecteur qui m'a suivi jusqu'ici a pu se rendre compte que mon but n'a jamais été de présenter les découvertes de la science en les arrangeant autour d'une doctrine spécieuse, en les façonnant suivant une idée directrice. Je n'ai jamais cherché à passer sous silence des difficultés, dussent-elles momentanément laisser dans l'esprit le malaise du doute.

La théorie cinétique chimique nous est apparue comme une théorie rationnelle, solidaire des théories générales de la matière et dûment étayée par les faits. D'autre part, la notion de faux équilibre nous semble, tout au moins à première vue, impliquer une inertie de repos. Mettons donc délibérément ces deux notions face à face, précisément parce qu'elles paraissent se contredire, et parce que nous devons toujours être prêts à répudier une théorie, si un seul fait vient la mettre en défaut.

L'effondrement de la théorie cinétique serait assurément pénible, mais ce ne serait pas un désastre scientifique, parce que tous les faits qui lui ont donné naissance n'en resteraient pas moins vrais et serviraient, joints aux faits nouveaux, à édifier une nouvelle hypothèse. La science a le devoir impérieux dans sa course rapide à la conquête du monde de jeter par dessus bord toute doctrine erronée aussitôt qu'est reconnue l'erreur ; et dès qu'un phénomène paraît battre en brèche cette doctrine, le savant ne doit pas se détourner de lui dans la crainte de voir ses convictions ébranlées ; il doit aller à l'obstacle, se complaire dans son étude, s'attarder dans ses méandres. C'est en cela que la méthode scientifique diffère des enseignements dogmatiques d'où la discussion est bannie, et où la contradiction est considérée comme un crime.

Nous allons voir ce qu'il faut penser de cette opposition possible entre la notion de la cinétique chimique dans l'état d'équilibre et la possibilité du faux équilibre?

44. — Théorie cinétique et faux équilibre.

Tout d'abord, il faut avouer que ne connaissant pas le phénomène intime de l'affinité ni le mécanisme de l'accolement des atomes dans la molécule, toutes les comparaisons que nous employons pour les faire comprendre risquent d'être erronées et dangereuses. Ce qui nous pousse le plus à imaginer le faux équilibre comme dû à un frottement qui maintiendrait, contrairement aux lois de la thermodynamique, un système dans le *statu quo*, est la comparaison que nous faisons de lui avec les faux équilibres de la mécanique. Il se pourrait à la rigueur qu'il existât une résistance à la variation du régime de mouvement dans des cas particuliers, et ainsi pourrait-on se dérober devant l'écueil. Mais ce procédé de défense de la théorie cinétique serait bien imprécis et bien difficile à justifier.

Heureusement nous avons d'autres données plus concrètes et plus accessibles pour résoudre le problème.

En effet, ce n'est pas ordinairement quand dans un système en équilibre $A_1 + A_2 \ldots \rightleftarrows A'_1 + A'_2 \ldots$, on cherche à provoquer un changement par variation de la température, ou par variation des masses $A_1\,A_2\ldots$ que se pro-duit le faux équilibre chimique. Le faux équilibre se

produit quand il n'y avait pas de régime d'équilibre
antérieur ou encore quand, en même temps qu'on per-
turbe les variables desquelles dépend l'équilibre, on
détruit les conditions grâce auxquelles l'équilibre cinétique s'effectuait. Je vais prendre une comparaison pour
me faire comprendre.

Que l'on suppose un cube de verre au fond d'une
bassine hémisphérique polie et lubrifiée. Le cube des-
cend à la position la plus déclive, surtout si nous mul-
tiplions les facteurs s'opposant à l'inertie de frottement,
si par exemple, nous établissons un percuteur rapide
qui communique continuellement de fortes trépidations
à la bassine. Inclinons la bassine; le cube glisse sur sa
surface concave vers les nouvelles régions déclives.

Supposons à présent que, le cube de verre étant au
fond de la bassine, nous fassions disparaître la substance lubrifiante et nous arrêtions le percuteur; si alors
nous inclinons la bassine, le cube, retenu par le frottement, pourra rester à sa place, bien que ce ne soit plus
la zone la plus déclive. Il y restera peut-être indéfiniment.

Mais si à ce moment nous faisons réapparaître la
substance lubrifiante et si nous remettons en marche le
percuteur, immédiatement il glissera vers les nouvelles
régions les plus basses.

Sa deuxième position était un faux équilibre. Le percuteur et la substance lubrifiante sont des agents
lytiques.

Ne peut-on concevoir de même, quand il s'agit d'expliquer le faux équilibre chimique tout en partant de la
théorie cinétique, que toutes les fois que les mouve-

ments moléculaires s'effectuent librement, *toutes les fois que la cinétique chimique n'est pas limitée, le faux équilibre est impossible?*

Par contre, il devient possible toutes les fois qu'une cause quelconque limite la liberté des mouvements. Si les changements des variables indépendantes vont plus vite que les échanges cinétiques moléculaires, si ces échanges cinétiques sont trop lents pour suivre les modifications extérieures, il y a retard de l'équilibre, qui court après la cause perturbatrice, se laissant de plus en plus devancer par elle.

Allons plus loin. Sans partir d'un état d'équilibre, nous pouvons supposer que des constituants soient mis en présence, qui devraient, d'après les lois de la thermodynamique, réaliser un certain équilibre. Nous pouvons imaginer que le régime cinétique nécessaire pour effectuer cet équilibre ne s'établisse pas d'emblée; alors un faux équilibre sera réalisé et demeurera jusqu'à ce que quelque agent lytique permette aux échanges cinétiques de faire leur œuvre.

Par le même raisonnement se trouvent éclairées quelques questions accessoires.

C'est d'abord celle de savoir si, dans les faux équilibres, il y a stabilité absolue des phases en présence ou bien réactions extrêmement lentes. Cette question a été très discutée, et la discussion se prolonge jusque dans la chimie biologique où l'on se demande si les éléments en période de vie latente, les graines, les spores sont seulement dans un état de nutrition *ralentie*. La réponse est simple si l'on adopte l'explication que nous venons de donner des faux équilibres : c'est avant tout une question d'espèces. On conçoit que les échanges cinétiques puissent être réduits à zéro ou seulement diminués à des degrés divers. L'observation et l'expérience seules peuvent, dans l'état actuel de la science, dire si la mise en présence de deux corps capables de réagir dans le voisinage de l'état d'équilibre provoquera une réaction rapide, une réaction très ralentie ou une réaction nulle.

C'est ensuite la question du mode d'action des catalyseurs et en général de tous les agents lytiques. Celle-là est loin d'être élucidée, mais du moins entrevoit-on dans quel sens doivent être orientées les recherches.

Nons allons nous y arrêter plus longuement.

45. — Les agents lytiques. La catalyse.

Ce que nous avons dit jusqu'ici des réactions lentes et du rôle de certains agents accélérateurs nous dispense à peu près de définir la catalyse.

Avant même d'avoir fait une étude spéciale des catalyseurs, nous savons qu'ils n'agissent pas à l'encontre des lois de la thermodynamique parce que, nous l'avons montré, ils ne font que faciliter les réactions d'équilibre, qui s'accomplissent conformément au deuxième principe de l'énergétique; nous savons aussi que leur rôle se conçoit aussi bien si l'on adopte la théorie cinétique chimique que si l'on regarde l'équilibre des réactifs comme un équilibre de repos.

Cependant je crois utile d'envisager la catalyse dans un paragraphe spécial, parce que les notions générales que chacun en possède sont assez différentes suivant l'époque et suivant le degré de son éducation chimique, et parce que beaucoup de faits nouveaux sont venus jeter sur elle un jour remarquable. On ne m'en voudra donc pas, je l'espère, de préciser ici l'étude de ce phénomène au risque de faire des redites.

Voici comment aujourd'hui on peut exposer la question :

I. — Il y a des réactions qui selon les lois de la thermodynamique pourraient s'opérer et ne s'opèrent pas. Nous avons qualifié cette situation des corps en présence, du nom de faux équilibre. Exemple : L'hydrogène et l'oxygène bien secs mis en présence ne se combinent pas, même si on chauffe le mélange, même si on y fait éclater l'étincelle électrique.

» De même dans les conditions ordinaires :

l'hydrogène H et le chlore Cl ;

l'oxyde de carbone CO et l'oxygène O ;

l'ammoniaque AzH^3 et l'acide chlorhydrique HCl... etc.,

quand ils sont bien desséchés, ne réagissent pas.

L'hydrogène et l'éthylène C^2H^4 pourraient donner d'après les lois de la thermodynamique, de l'éthane C^2H^6, même aux températures ordinaires. Ils ne se combinent pas.

Une molécule de saccharose et une molécule d'eau pourraient donner une molécule de glucose et une de lévulose. Cette réaction est extrêmement lente, presque nulle dans les conditions ordinaires.

Tous ces corps sont dans un état de faux équilibre.

II. — Il existe par contre dans la nature des corps qui, ajoutés aux mélanges précédents, même en quanlité excessivement faible, provoquent l'accomplissement de ces réactions prévues par la thermochimie et non réalisées sans eux.

Ainsi la présence de molécules d'eau suffit pour que les combinaisons $H + Cl$, $CO + O$, $AzH^3 + HCl$ se produisent.

La présence de parcelles de nickel suffit pour provoquer la combinaison

$$C^2H^4 + H^2 = C^2H^6 \text{ (éthane)};$$

et celle de la mousse de platine la combinaison $H^2 + O$ à la température de 60°.

De minimes quantités d'acides ou de bases étendues suffisent pour intervertir le saccharose, etc.

Ces corps qui provoquent les réactions sont des catalyseurs.

Ils ne se consomment pas dans la réaction, ils se retrouvent intégralement quand la réaction est accomplie.

III. — Dans la plupart des traités élémentaires de chimie, on essaie d'une part de faire comprendre l'action des catalyseurs en rappelant l'heureuse comparaison de Bredig, que nous avons déjà employée, et qui consiste à assimiler les agents lytiques à des substances lubrifiantes qui facilitent le glissement; et d'autre part, de faire concevoir leur mécanisme en admettant que dans beaucoup de cas ils prennent part à une réaction intermédiaire, après laquelle ils se retrouvent intégralement en état de liberté.

IV. — Enfin on insiste sur ce fait que les catalyseurs

ne font en réalité *qu'activer* une réaction qui pourrait se produire néanmoins sans eux d'après les lois de la thermochimie, ou que *permettre* à cette réaction de s'effectuer à la *température ordinaire*, alors que normalement elle nécessiterait une température très élevée.

Cette remarque est d'une importance énorme pour la conception des phénomènes de la vie et explique en partie que nous ne puissions pas reproduire *in vitro* toutes les réactions de la matière organisée, faute de connaître tous les catalyseurs qui les provoquent dans l'organisme. Si l'azote et l'oxygène paraissent indifférents l'un vis-à-vis de l'autre, on sait qu'ils se combinent à 2.000°; si l'on introduit du nickel, la réaction se produit à 1.000°; et peut-être, si certaines expériences récentes se confirment, l'introduction du noir de platine permettrait la formation de l'acide nitrique à partir de l'azote et de l'oxygène à la température ordinaire. N'est-ce pas toucher du doigt l'assimilation de l'azote libre par la plante, ou par certains êtres monocellulaires?

V. — Une réaction se produit d'autant plus facilement sous l'influence d'agents catalytiques très divers qu'elle a naturellement par elle-même tendance à se produire. Ainsi la combinaison de l'azote et de l'oxygène n'a aucune tendance à se produire naturellement : on a beaucoup de peine à trouver pour la provoquer un catalyseur approprié. Au contraire, l'eau oxygénée H^2O^2 a tendance à se décomposer, et se conserve très difficilement : la plupart des agents lytiques, la mousse de platine, le bioxyde de manganèse, des sels, des substances très diverses provoquent sa décomposition.

Mais ce qu'il y a de remarquable, c'est que le pouvoir catalytique d'une substance n'est nullement en rapport avec ses propriétés chimiques. Des catalyseurs très divers, qui n'ont entre eux aucun lien dans les classifications chimiques, peuvent provoquer une même réaction, à l'exclusion d'autres substances, voisines de chacun d'eux, et capables de devenir elles-mêmes des catalyseurs vis-à-vis d'autres réactions très dissemblables.

Ce fait prouve à la fois que l'action catalytique est différente de l'action chimique et que pourtant il existe un certain degré de spécificité pour chaque catalyse.

Il ne faut donc pas être surpris que des catalyses produites par des ferments très complexes tels que l'amylase, la maltase, puissent être provoquées par des acides ou par le noir de platine. La pepsine peut de même être remplacée par des acides pour dissocier les albuminoïdes, et la laccase par des sels de manganèse pour oxyder certains corps de la série aromatique.

Cette substitution d'un catalyseur inorganique relativement simple à une diastase jette un jour sur les agents lytiques si complexes des êtres vivants et avant de discuter la nature de la catalyse, il est indispensable que nous précisions le rôle de ces dernières.

46. — Les agents lytiques de la matière organisée. Les diastases considérées comme catalyseurs.

Nous avons défini plus haut les diastases, §§ 24 et 25. Nous avons donné, comme exemple de diastases, l'amylase qui saccharifie l'amidon le transformant par hydrolyse en dextrine, la lactase qui dédouble le sucre de lait, l'arginase qui dédouble l'arginine... On connaît d'autres diastases, on soupçonne l'existence d'un bien plus grand nombre encore.

Beaucoup d'entre elles existent dans les tissus animaux ou végétaux : ainsi l'amylase existe dans les graisses, les feuilles, les jeunes bourgeons des plantes et dans les sécrétions digestives des animaux; son action est vraisemblablement toujours complétée par deux diastases conjointes, la dextrinase qui transforme les dextrines en maltose et la maltase qui dédouble le maltose en glucose. Ce sont ces trois diastases qui sont les agents actifs de la digestion des produits hydrocarbonés chez les animaux, chez l'homme en particulier.

De même la digestion des graisses s'opère grâce à des lipases, celle des albuminoïdes grâce à la pepsine, à la trypsine, etc.

A côté de ces diastases qui, pour la plupart, dédoublent des molécules généralement complexes, il y a des diastases capables de provoquer à la température ordinaire des oxydations qui, sans elles, ne s'accompliraient pas.

Beaucoup de raisons tendent à faire regarder les combustions respiratoires comme le résultat d'actions diastasiques. En effet, les combinaisons du carbone, de l'hydrogène, de l'azote (à partir des molécules complexes des produits alimentaires) avec l'oxygène ne se font pas à la température ordinaire; et l'on ne peut produire *in vitro* dans ces conditions l'acide carbonique;

l'eau, l'urée, l'acide urique ou hippurique. résultant de l'oxydation des substances ternaires ou quaternaires de l'organisme.

Seulement ces diastases supposées ne sont pas connues.

Il est vrai que l'on connaît quelques diastases oxydantes, et cette notion donne une grande valeur à la supposition que nous venons de faire. Ces diastases oxydantes connues sont en particulier la laccase et la tyrosinase.

La laccase est tirée surtout du suc de l'arbre à laque de l'Indo-Chine. Ce suc est un liquide crémeux blanc jaunâtre. Exposé à l'air libre, il se dessèche et il devient noir d'ébène. On sait aujourd'hui qu'il renferme une matière organique assez analogue au phénol, le laccol, et une diastase oxydante, la laccase. Cette dernière fixe sur le laccol l'oxygène de l'air. D'ailleurs, elle est capable de produire l'oxydation chez d'autres corps, tels que l'hydroquinone $C^6H^4(OH)^2$ qu'elle transforme en quinone $C^6H^4O^2$ avec élimination, après oxydation, d'une molécule d'eau.

La tyrosinase oxyde une foule de substances sur lesquelles la laccase ne paraît avoir aucune action. C'est elle qui provoque la formation de substances colorées chez un grand nombre d'espèces de champignons, chez certains animaux et certaines plantes.

Mais ces deux diastases ne provoquent que des oxydations incomplètes. Si des oxydases sont vraiment seules en cause dans les combustions respiratoires des organismes vivants, ces oxydases sont d'une efficacité bien supérieure, puisqu'elles conduisent jusqu'aux pro-

duits CO^2, H^2O, et à la molécule d'urée comme terme
final des produits azotés.

Il est probable qu'il existe aussi dans l'organisme des
diastases qui recombinent les fragments de molécules
alimentaires dissociées par les amylases, les albuminoï-
dases, les lipases et l'on ne conçoit guère comment se
reconstitueraient les molécules complexes propres à
chaque tissu, à partir des fragments moléculaires dissociés par la digestion, si l'on ne faisait intervenir des
substances synthétisantes.

Après avoir cité quelques exemples de diastases,
nous avons rapproché d'elles toute une série de substances groupées sous le nom d'enzymoïdes, telles que les
agglutinines, les précipitines, les bactériolysines, etc.,
et ainsi nous avons ouvert un champ nouveau à l'explication des phénomènes pathologiques.

Toutes ces substances, diastases et enzymoïdes, jouissent, avons-nous dit, de la propriété singulière de provoquer des actions chimiques disproportionnées avec la
cause provocatrice; bien plus, elles les provoquent sans
s'épuiser, sans user leur propre matière.

En les décrivant ainsi sommairement aux §§ 24 et
25, nous n'avions d'autre intention que de compléter
la liste des substances qui entrent en jeu dans la vie,
et nous avons renvoyé l'étude de leur rôle et l'explication de leurs propriétés si étonnantes à un autre chapitre.

A présent que nous avons étudié l'énergétique chimique, les réactions d'équilibre et le rôle des catalyseurs
dans l'accomplissement de ces réactions, nous sommes
en mesure de comprendre l'action des diastases et

enzymoïdes, et ainsi va se trouver dévoilé l'un des côtés les plus mystérieux de la vie.

Les diastases et enzymoïdes se comportent comme des catalyseurs, nous l'avons déjà fait entrevoir. Les actions diastasiques et lytiques sont analogues à la catalyse. Nous allons voir dans quelles limites nous pouvons adopter cette assimilation.

47. — Analogies des diastases et enzymoïdes et des catalyseurs minéraux. Les prétendus caractères vitaux des diastases.

Il est facile de trouver dans les diastases des caractères qui nous impressionnent en ce qu'ils rappellent les propriétés vitales des éléments figurés qui leur ont donné naissance. Envisagés sous cette face, ces produits de l'activité cellulaire conservent à nos yeux la marque d'origine, l'empreinte de l'inaccessible.

En effet, alors que les réactions chimiques ordinaires sont d'autant plus énergiques que la température est plus élevée, les réactions diastasiques ont une température optima variable pour chaque diastase, mais voisine en général de 40 à 50°. Elles sont inactives si on abaisse la température au-dessous de zéro, ou si on l'élève au-dessus de 70, 75 ou 80°.

Si, après les avoir chauffées à la température de l'inactivité, on les refroidit, elles reprennent leur pouvoir, mais cependant si on les a chauffées quelque temps à une température encore un peu plus élevée, elles ne récupèrent pas leurs propriétés diastasiques, elles sont *tuées*.

Comme les organismes vivants, elles peuvent supporter quelques instants une température nocive, elles la supportent d'autant moins longtemps qu'elle est plus haute. Leur mort est plus ou moins rapide.

De même les anesthésiques et les toxiques leur sont souvent nuisibles; on les tue par le poison comme par la chaleur.

Il est non moins facile de dire que le jour où Büchner, ayant trituré et pressé les éléments figurés de la levure de bière, a extrait une diastase soluble des cellules vivantes, il n'a fait que priver le plasma vivant de sa charpente insoluble, il n'a fait que lui enlever son architecture et sa forme, il n'a fait en un mot « qu'embouteiller de la substance vivante » rendue amorphe. Poursuivant le raisonnement sur ce terrain, il est logique d'ajouter que nous n'avons jamais pu fabriquer de toutes pièces une diastase, pas plus que le plasma vivant.

Ainsi les ferments solubles nous apparaissent comme de la matière vivante amorphe ayant conservé de son origine vitale les caractères cardinaux que nous venons d'énumérer, mais n'ayant plus la faculté de se reproduire et de se nourrir comme les éléments figurés. Entre les catalyseurs minéraux et les diastases se dresserait donc la barrière que la doctrine vitaliste croit devoir ériger entre la matière inerte et celle des êtres vivants.

Pourtant si l'on fait voir que beaucoup d'actions diastasiques peuvent être obtenues par des catalyseurs minéraux ; si l'on montre que les diastases doivent souvent leur activité à des agents minéraux détermi·

nés, qu'on peut les leur soustraire ce qui les rend stériles, qu'on peut les leur rendre ce qui leur fait recouvrer leur activité; si l'on met en lumière des analogies indiscutables entre les diastases et les catalyseurs minéraux, si, par exemple, l'optimum thermique, l'inhibition des anesthésiques et du froid, la destruction par la chaleur se présentent comme des caractères communs à certaines catalyses minérales et aux fermentations, on pourra se demander ce qu'il reste des arguments vitalistes.

Voyons donc quelles sont les données de la science expérimentale à ce sujet.

I. — Tout d'abord, si nous étudions les actions catalytiques produites par certaines diastases, nous nous apercevons qu'elles peuvent aussi être provoquées par des catalyseurs minéraux.

La transformation de l'amidon en dextrine par l'amylase peut être obtenue par l'acide sulfurique dilué à chaud. L'hydrolyse des autres hydrates de carbone par la maltase, la lactase, etc., peut être provoquée de même par des acides minéraux dilués. La transformation des albumines en albumose et peptone peut se produire de la même manière ou par l'action de l'eau sous pression, aussi bien que par l'action diastasique de la pepsine. D'ailleurs qu'il s'agisse d'actions catalytiques inorganiques, ou d'actions diastasiques, toujours le phénomène lytique produit n'est que l'accélération d'un phénomène qui devrait ou pourrait se produire naturellement par simple application des lois de la thermochimie.

Les acides et les bases ont un rôle catalytique dans beaucoup de réactions minérales ou organiques qui s'opèrent avec absorption ou avec élimination d'eau, et il est important de remarquer que cette action catalytique paraît être uniquement fonction du nombre des ions H ou OH de ces catalyseurs.

II. — En second lieu, si nous étudions un groupe très intéressant de catalyseurs minéraux, groupe que nous avons appelé les colloïdes métalliques, nous sommes surpris de constater des propriétés qui ne sont pas celles de la matière inerte.

On sait que les métaux, même sans être pulvérisés, et à plus forte raison s'ils sont pulvérisés, ont une action catalytique assez générale. Sabatier et Senderens ont montré que le nickel, le platine, le cuivre, le fer, très divisés, provoquent par catalyse la fixation de 2H, puis de 4H par l'acétylène C^2H^2, donnant ainsi naissance à l'éthane C^2H^6. De même sous leur action le benzène C^6H^6 fixe 6H et devient le cyclohexane C^6H^{12}.

Cette action des métaux divisés devient encore plus remarquable si on leur donne la forme colloïdale, c'est-à-dire si on les divise, en milieu liquide, en particules ultra-microscopiques. Les pseudo-solutions colloïdales jouissent de propriétés lytiques très actives dans un grand nombre de réactions : elles dédoublent l'eau oxygénée, transforment l'alcool en acide acétique, peuvent se substituer dans beaucoup de cas aux diastases variées. Cette propriété explique l'action des métaux colloïdaux, du cuivre en particulier (Porchet), sur l'évolution de certains organismes monocellulaires, ou de certains éléments vivants : il active l'évolution des œufs de grenouille, la fermentation du moût due au *saccharomyces ellipsoïdus*, etc.

Eh bien ces colloïdes métalliques, agissant comme catalyseurs, présentent cette particularité étonnante d'agir au maximum à une température optima, au-dessus et au-dessous de laquelle leur activité diminue. La grande chaleur et le froid excessif les paralysent. L'ébullition les tue définitivement.

Bien plus, on peut les intoxiquer par des poisons : l'acide cyanhydrique, le sublimé, le phénol, l'hydrogène sulfuré les empoisonnent comme des êtres vivants ; l'addition de un milliardième d'acide cyanhydrique à une quantité déterminée d'eau oxygénée, pendant sa décomposition catalytique par le platine, suffit pour réduire à moitié la vitesse de la décomposition.

III. — Enfin, en troisième lieu, nous allons montrer que le mode d'action des diastases est peut être réductible à l'intervention d'infiniment petits inorganiques placés dans des conditions spéciales : c'est là un des points les plus intéressants de l'étude des diastases; je ne veux ici que faire entrevoir ce fait par un exemple, afin de compléter la triade des raisons qui ébranlent l'édifice des théories vitalistes; puis au paragraphe suivant, nous en reprendrons l'étude, parce que grâce à lui nous pourrons commencer à pénétrer le mécanisme intime des actions lytiques.

L'exemple sur lequel je veux m'appuyer est emprunté aux travaux de G. Bertrand sur la laccase, agent diastasique qu'on rencontre dans la plupart des plantes et chez beaucoup d'animaux, et qui est abondant, comme nous venons de le voir, dans le suc laiteux de l'arbre à laque utilisé en Indo-Chine. La laccase provoque. nous le savons, comme la tyrosinase, la formation par catalyse d'une foule de produits colorés, elle transforme le suc de l'arbre à laque en vernis noir d'ébène, elle donne à la chair d'une pomme coupée exposée à l'air sa coloration rouge et elle provoque chez différents végétaux, des réactions faciles à observer grâce à la couleur des composés formés.

M. G. Bertrand a constaté dans la laccase la présence constante de manganèse; il a constaté que l'activité diastasique de la laccase est fonction de la teneur en manganèse, que l'oxydation de l'hydroquinone en particulier varie comme la quantité de manganèse en jeu dans cette substance. et que cette oxydation est réduite à zéro quand on supprime toute trace de manganèse.

Le sel manganique est capable d'ailleurs de provoquer aussi la catalyse de l'hydroquinone en dehors de la laccase; mais il est remarquablement plus actif quand il agit sous cette forme diastasique.

En un mot, le manganèse agit seul comme agent catalytique, mais la substance organique à laquelle il est joint renforce son action; les deux substances se complètent l'une l'autre; la première, le manganèse est la *complémentaire active*, la deuxième la substance organique qui lui sert de support est la *complémentaire activante* (Bertrand).

Il est d'ailleurs remarquable d'observer qu'une solution de laccase ne renfermant que 1/1.000.000.000 (1 gramme par mille mètres cubes) suffit pour produire des réactions diastasiques : la résine de gaiac donne une légère coloration bleue sous son influence (Bertrand).

Il en est de même de beaucoup de diastases, et vraisemblablement de *toutes les diastases*.

Nous allons nous arrêter à cette interprétation si intéressante de leur action. Mais dès à présent il nous est permis de conclure que les prétendues propriétés des diastases sont réductibles à des propriétés de la matière inorganique et qu'ici encore il faut délibérément faire tomber ce voile mystérieux qui paraissait nous rendre inaccessible l'étude des propriétés de la vie.

48. — Complexité des diastases. Complémentaire active et complémentaire activante.

Nous avons vu au paragraphe précédent que la substance complexe, souvent albuminoïdique, des diastases ne joue, tout au moins dans certains cas, que le rôle de complémentaire activante vis-à-vis d'une particule métallique qui est l'élément vraiment actif de la catalyse.

Tâchons de préciser le phénomène et de délimiter le rôle de chacune de ces complémentaires.

Pour cela, nous allons tout d'abord nous rémémorer les données déjà acquises, puis nous les complèterons en étudiant quelques actions diastasiques dans l'organisme vivant.

Nous savons que :

1° Dans beaucoup de cas, la réaction diastasique s'opère par le concours d'un élément minéral acide, en particulier et d'une diastase;

2º Ordinairement l'acide ou l'élément minéral seul suffit à provoquer la catalyse, mais la diastase la facilite et l'accélère.

3º La fonction active (acide, base, métal) peut appartenir à la molécule organique de la diastase elle-même. qui renferme ainsi la complémentaire active et la complémentaire activante.

4º Quand le catalyseur est à l'état colloïdal sa spécificité chimique s'efface devant les propriétés physiques communes à tous les colloïdes.

Ainsi, dès à présent, nous entrevoyons que l'agent lytique proprement dit, la complémentaire active, agit d'une façon quelque peu différente de celle de l'élément chimique tel que nous étions habitués à le considérer. Jusqu'ici nous étions accoutumés à voir la spécificité atomique dominer la scène et tel atome, tel radical, se comporter toujours de même façon, quel que soit son entourage.

Pourtant déjà nous avons pu observer qu'un atome tel que H, qu'un radical tel que OH, suivant qu'il est greffé sur tel ou tel noyau, crée une fonction qui n'est pas toujours identique à elle-même : ne sait-on pas par exemple, que malgré leur analogie, les fonctions base minérale, alcool, phénol, toutes trois dues au groupe OH soudé soit à un noyau métal, soit à un noyau carboné acyclique, soit à un noyau cyclique, sont assez différentes : l'oxhydrile ne conserve qu'une autonomie très relative suivant la nature des liens qui l'unissent à d'autres atomes.

Ne sait-on pas aussi que les actions chimiques d'un atome, d'un radical à l'état naissant, c'est-à-dire de l'atome, du radical, qui, détaché d'une combinaison antérieure, devient momentanément libre, sont bien plus énergiques que celles de l'état stable?

Ne sait-on pas enfin que ces mêmes atomes, que ces mêmes radicaux se comportent comme à l'état naissant quand ils sont dissociés de leur combinaison par un phénomène physique, tel que le phénomène de la dissolution? Les ions électrisés en solution électrolytique agissent comme les infiniment petits chimiques à l'état naissant.

Nous avons pu apercevoir autre chose encore. Nous avons pu apercevoir que l'infiniment petit chimique placé dans certaines conditions manifeste des propriétés qui ne se révèleraient pas à nous dans des conditions différentes : ainsi des molécules, des atomes, des ions en solution liquide manifestent une pression analogue à la pression gazeuze, et parfois en solution solide, sous certains excitants, des mouvements électroniques, sources de phénomènes luminescents (cf. T. II : trav. d'Urbain et Bruninghaus).

Si nous nous rappelons tous ces faits, nous concevons assez facilement qu'un infiniment petit chimique, atome, ion, radical, puisse, suivant ses liens chimiques, suivant ses rapports physiques, suivant l'ambiance dans laquelle il opère, agir de telle ou telle façon particulière dans chaque cas.

Ainsi comprend-on qu'un élément ou un radical pouvant jouer le rôle de catalyseur ait une activité très variable suivant ses liens, suivant l'ambiance.

Seulement tout ce que nous disons là n'aurait d'autre valeur que celle d'une hypothèse abstraite et d'une explication vague si nous ne pénétrions plus profondément dans l'analyse des faits.

49. — L'infiniment petit chimique dans la catalyse : les conditions de milieu. Co-diastases.

Dans l'oxydation de l'hydroquinone, du pyrogallol, etc., par la laccase, l'agent vraiment efficace, nous le savons, est le manganèse, *complémentaire active*, dont l'action est renforcée par une substance organique, *la complémentaire activante*. De même dans le dédoublement du glycose par le suc frais de levure de bière, on obtient une activation considérable du phénomène, en ajoutant un peu de ce même suc ébullitionné : l'ébullition rend la diastase inactive, mais ne détruit pas cependant une substance de cette diastase qui, ajoutée au suc frais, joue le rôle de substance activante.

On peut par filtration sur filtre de gélatine, dissocier la diastase de la levure en deux parties : la partie colloïdale qui reste sur le filtre est inactive; la partie filtrée est inactive aussi. Les deux substances réunies reprennent leur activité. La matière filtrée est appelée *co-diastase*, parce que par définition même la diastase est de nature colloïdale.

Le mot de co-diastase pourrait entraîner dans l'esprit du lecteur l'idée d'une chose accessoire, et on pourrait être tenté de se représenter la co-diastase comme la complémentaire activante, la diastase étant la complémentaire active. Ce serait une erreur complète. Il se peut très bien que, dans certains cas, ce soit la co-dias-

tase non colloïdale qui renferme la complémentaire
active; mais elle est parfois si peu active, cette complémentaire, quand elle n'est pas activée par la diastase colloïdale, qu'elle n'a plus aucun pouvoir lytique.

La distinction entre la partie colloïdale et la partie
rigoureusement soluble d'une diastase, entre la diastase
proprement dite et la co-diastase, pas plus que la distinction entre la partie thermostabile résistant aux températures élevées et la partie thermolabile détruite par
elle, ne peut donc pas nous éclairer rigoureusement sur
la complémentaire vraiment active et la complémentaire activante au sens que l'on a attribué à ces expres-
sions.

Ce qu'il importe de retenir de ces considérations, c'est
qu'un infiniment petit chimique peut être agent lytique
puissant quand il est placé dans certaines conditions et
l'être beaucoup moins quand ces conditions n'existent
plus : tel l'atome manganeux qui, uni à la laccase, a un
pouvoir lytique considérable, et qui, isolé, ne présente
plus cette même propriété qu'à un degré beaucoup plus
faible. Il peut même cesser tout à fait de l'être : tel
l'infiniment petit actif de la diastase de la levure qui
perd tout pouvoir lytique quand on dissocie cette
diastase en un filtrat inactif et en un colloïde inactif
aussi.

C'est une confirmation pour ce que nous disions plus
haut : l'infiniment petit chimique suivant ses conditions
de relation est susceptible de manifester des propriétés
nouvelles..

Mais ici, plus que partout ailleurs peut-être, nous
constatons la fragilité de ces propriétés, sans doute à

cause de la délicatesse de ces relations et nous assistons à la variation de l'activité lytique, à son exaltation étonnante ou à sa cessation, sous l'influence de causes qui nous semblent infimes.

Nous allons trouver une preuve de ce que nous avançons ici dans l'étude de l'empoisonnement des diastases et de l'influence favorable que peut exercer sur certaines actions lytiques un très petit excès d'acide ou de base.

50. — Sensibilité des actions diastasiques. Les poisons des diastases. Les acides et les bases co-diastases.

Une diastase, un catalyseur, tel qu'un métal colloïdal en particulier, peuvent être intoxiqués : c'est-à-dire que la présence d'un poison, de l'acide cyanhydrique par exemple, même à dose très faible, les paralyse ou les tue.

Le platine colloïdal en pseudo-solution à $\frac{1}{500.000}$ est paralysé à moitié par un milliardième d'acide cyanhydrique.

L'intoxication nous apparaît en général comme une chose essentiellement vitale à cause de la petitesse des quantités agissantes, de l'action élective qu'elles possèdent sur certains éléments vivants, et de l'action fonctionnelle plutôt que de l'action chimique qu'elles paraissent avoir.

Cependant il est assez facile de montrer que dans l'exemple ci-dessus malgré l'écart apparent des doses du toxique agissant et de la matière intoxiquée, il n'y a aucune impossibilité à voir là une action d'ordre chimique. Comme l'a fait remarquer J. Duclaux, le poids atomique du platine étant 200 et le poids moléculaire de l'acide cyanhydrique 27, on voit que 0 gr. 000.000.001 d'acide cyanhydrique et 0 gr. 000.002 de platine renferment respectivement un nombre de molécules cyanhydriques et d'atomes de platine dont le rapport est comme celui des fractions $\dfrac{0,000.000.001}{27}$ et $\dfrac{0,000.002}{200}$ c'est-à-dire de 1 à 250 environ. Il y a une molécule d'acide cyanhydrique pour 250 atomes de platine.

C'est beaucoup encore évidemment pour concevoir une réaction chimique décelable et pour interpréter une chute d'activité de moitié dans le pouvoir diastasique. Mais si l'on tient compte de ce fait que le platine est à l'état colloïdal, et que seuls les atomes qui sont à la surface de chaque grain colloïdal prennent part aux effets chimiques, on peut évaluer (la grosseur des grains étant de 0 μ 05 de diamètre environ) que 5 p. 100 au maximum des atomes ont un rôle actif. C'est donc 10 à 12 atomes de platine en présence d'une molécule de poison. Le catalyseur ne perdant que la moitié de son activité du fait de l'intoxication, on voit qu'en somme le mystère du phénomène de l'intoxication des substances vivantes peut très bien se ramener à un phénomène d'ordre chimique ordinaire.

J. Duclaux qui a particulièrement insisté sur cette interprétation, montre que dans ces conditions, il n'y a pas lieu de s'étonner qu'un cheval de 500 kilogrammes puisse être tué par six milligrammes de toxine tétanique, quand on songe que cette toxine paraît n'être fixée que

par le tissu nerveux, et que parmi les molécules propres
aux cellules nerveuses, il en est sans doute une très
petite fraction seulement qui soit le siège des échanges
chimiques entre la toxine et l'organisme.

. Il est du reste assez difficile de dire comment l'atome
toxique agit sur la molécule sensible. Il est vraisemblable d'admettre comme le fait remarquer J. Duclaux
que tantôt il se fixe par un lien durable et met la molécule ainsi transformée définitivement hors de ses fonctions normales, tantôt par un lien fragile « à la façon
d'une mauvaise teinture qui ne supporte pas le lavage »,
tel le chloroforme qui n'agit que durant un temps assez
court.

La petite digression que nous venons de faire au sujet
des poisons capables d'intoxiquer les diastases nous fait
voir combien la « complémentaire active » ou mieux *la
fonction active* du phénomène lytique est fragile et tributaire des conditions de milieu. Il se peut qu'une masse
infime de matière étrangère, diffusant dans le liquide
siège de la catalyse, reste indifférente pour tous les éléments chimiques moins un, ce dernier étant précisément
le groupe fonctionnel moléculaire qui était le véritable
et unique agent lytique, et que, se fixant sur lui, ou
modifiant ses liens élémentaires, elle lui fasse perdre tout
pouvoir diastasique.

Ainsi se rend-on facilement compte de l'influence de
l'acidité ou de l'alcalinité du milieu et du rôle de co-
diastase que peut prendre une goutte d'acide ou de base
ajoutée à une préparation diastasique languissante : dès
que la préparation devient ou un peu acide dans certains cas, ou un peu alcaline dans d'autres cas, l'acti-

vité catalytique se trouve immédiatement augmentée dans des proportions considérables. On peut considérer dans ce cas que la complémentaire active ou que le groupe fonctionnel lytique est paralysé par les radicaux, soit acides, soit alcalins, présents dans le milieu, et que l'addition soit d'une base, soit d'un acide, neutralisant ces radicaux nocifs, rend à la diastase son maximum d'activité. Ainsi cette base ou cet acide surajouté à un milieu impropice joue le rôle de co-diastase et non de complémentaire active.

51. — Mécanisme intime des actions lytiques et nature des diastases.

Nous voici donc arrivés à ce point de notre étude où nous voyons un agent lytique (qui peut être soit un atome, soit un radical, soit un groupe fonctionnel dépendant d'une grosse molécule) provoquer l'accomplissement d'une réaction chimique entre des corps placés les uns vis-à-vis des autres dans un état de faux équilibre. Nous nous représentons cet agent lytique comme exigeant certaines conditions pour produire son action, et nous voyons qu'il perd ses propriétés avec une remarquable facilité sous l'influence d'agents physiques ou chimiques variés ; nous voyons d'autre part qu'il les exalte quand la température se modifie dans la direction d'un optimum.

D'ailleurs, comme toutes ces conditions relèvent en somme de la cinétique chimique et physique, il est facile de concevoir que l'infiniment petit que nous considérons, atome, molécule, radical, groupe fonctionnel, puisse suivant leur mode d'intervention être agent lytique, ou cesser de l'être.

Cette conception peut-elle nous éclairer sur le mécanisme intime du phénomène lytique? Elle jette évidemment une certaine lueur sur ce phénomène en ce sens qu'elle nous évite de nous égarer vers de fausses interprétations, mais elle ne nous conduit encore qu'à des hypothèses sur sa vraie nature.

Elle nous met en garde en tout cas contre une discussion qui a divisé les biologistes, et qui après ce que nous venons de dire nous apparaîtra assez oiseuse : je veux parler de la controverse entre ceux qui admettent autant de substances chimiquement différentes qu'il y a d'actions diastasiques différentes, et ceux qui ne voient dans les actions lytiques spécifiques que des propriétés variables de substances banales.

Il est certain que si l'on regarde les diastases comme des substances définies, accompagnées par leurs propriétés dans toutes leurs vicissitudes chimiques et physiques, et spéciales à chaque action diastasique, on arrive à une théorie que les faits contredisent immédiatement. Si d'autre part on nie l'existence de substances diastasiques, mais qu'on admette une propriété, non pas particulière à une substance spéciale, mais pouvant être surajoutée, communiquée à une matière chimiquement définie, on tombe dans l'hypothèse gratuite et compliquée : il est assez difficile d'imaginer une vertu, *différente des propriétés chimiques*, surajoutée à des édifices moléculaires, et variant d'une façon indépendante de la structure chimique de la molécule qui en est le support.

Mais que, au contraire, on se représente les actions diastasiques comme le fait d'agents lytiques matériels : atomes, ions, radicaux, groupes fonctionnels, qui agissent de façon variable suivant leurs liens chimiques avec un noyau complexe, ou suivant leurs liens physiques avec le milieu ou les éléments voisins, les deux théories opposées trouvent leur satisfaction, mais se dépouillent de leurs faiblesses. La première, celle de la *diastase-substance* perd le caractère qui l'a quelque peu ridiculisée : on n'a plus à craindre que l'imagination féconde des biologistes crée des substances nouvelles pour chaque phénomène inexpliqué ; il suffit qu'un groupe fonctionnel simple, à fonction diastasique, soit connecté à un édifice moléculaire organique propre à le faire entrer en relation chimique avec un réactif organique, pour que la catalyse se manifeste. La deuxième, celle de la *diastase-propriété* cesse d'être aussi vague puisque cette propriété devient une fonction d'éléments matériels bien définis qui la manifestent quand les conditions le permettent.

Envisagée sous cet aspect, la nature des diastases se précise en se matérialisant et le mécanisme de la catalyse peut être abordé plus facilement par l'étude de l'infiniment petit chimique.

En effet, si nous considérons cet infiniment petit (je veux parler de l'atome, de l'ion, du radical, du groupe fonctionnel), à travers ses vicissitudes physico-chimiques, il se peut que nous voyions ses propriétés se révéler sous des aspects spéciaux à certaines phases de son évolution, et les observations faites durant ces périodes pourront nous éclairer sur les manifestations propres aux autres phases. Or, parmi ces vicissitudes, il en est une particulièrement intéressante pour nous en ce moment, c'est le passage par l'état naissant, vu les propriétés qui caractérisent cet état.

Nous allons nous y arrêter un instant.

52. — Le mécanisme de la catalyse est éclairé par les propriétés des infiniment petits chimiques à l'état naissant.

Un corps à l'état naissant se présente à nous comme dépourvu d'inertie chimique, et comme si ses valences libres demandaient impérieusement à être satisfaites.

Nous avons dit que l'un des cas les plus intéressants d'infiniment petits chimiques à l'état naissant est celui de l'ion en solution qui, perdant sa charge électrique, entre en combinaison. Les acides, les bases, les sels que l'on dissout dans l'eau subissent l'ionisation d'une certaine fraction de leurs molécules. Cette fraction ionisée est variable suivant les corps. Ainsi les acides minéraux subissent plus énergiquement la dissociation que les acides organiques; c'est pourquoi leurs solutions sont plus conductrices de l'électricité.

Ce qui fait la force d'un acide, c'est son degré de dissociation, c'est la proportion d'ions H dissous. C'est pour cela que les acides organiques sont moins forts que les acides minéraux. De même les bases fortes sont celles pour lesquelles la dissociation moléculaire, avec mise en liberté d'ions OH libres, est poussée très loin.

Quand on met un acide et une base en présence, les

ions $\overset{+}{H}$ de l'acide et $\overline{OH}$ de la base agissant, l'un sur l'autre comme infiniment petits chimiques à l'état naissant se combinent pour former la molécule H^2O, et cette combinaison a tellement tendance à se produire, l'affinité de ces particules chimiques est tellement considérable, qu'il n'existe qu'une proportion infime d'ions H et d'ions OH non combinés ; il est facile de s'en rendre compte en mesurant la conductibilité électrolytique de l'eau pure : H et OH n'existent pratiquement pas à l'état libre et la conductibilité est à peu près égale à zéro (1).

Si donc, on met un acide fort et une base forte *très dilués* en présence, et si l'on admet que le degré de dilution est suffisant pour que toutes les molécules soient dissociées, les ions $\overset{+}{H}$ de l'acide et les ions $\overline{OH}$ de la base se combinent immédiatement, tandis que les autres ions $\overline{A}$ de l'acide et $\overset{+}{B}$ de la base peuvent rester totalement dissociés.

Ainsi, du fait que la tendance à la dissociation est en général beaucoup plus grande pour tous les ions que pour les ions H et OH, résulte ce fait que le phénomène le plus immédiat, lorsqu'on met en présence un acide et une base, est la combinaison $H + OH$, et cette combinaison est la seule pour les grandes dilutions.

De là ce résultat prévu par Arrhénius :

Quand on mélange une solution étendue d'acide fort et une solution étendue de base forte, il se produit toujours un même effet thermique, quel que soit l'acide,

____

(1) La concentration des ions dans l'eau pure est, d'après les mesures les plus précises, exprimée en ions grammes par litre, de environ $0{,}8 . 10^{-7}$ à 18°.

quelle que soit la base, pour une même, proportion d'ions H et OH en présence.

Ces considérations paraissent nous éloigner un peu de notre sujet actuel. Voici où nous allons en voir l'intérêt énorme. Ostwald a sérié les acides d'une part d'après la force avec laquelle ils agissent vis-à-vis d'une même base, et d'autre part d'après la vitesse avec laquelle ils catalysent la décomposition de l'acétate de méthyle en alcool et acide acétique, ou avec laquelle ils intervertissent le sucre de canne : ces séries sont superposables.

On pourrait en dire autant des bases.

Ainsi dans les actions catalytiques comme dans les actions chimiques, les ions H et OH, prennent une valeur prépondérante. Les acides et les basent perdent leur spécificité en solution étendue et les ions H et OH occupent seuls la scène, donnant à eux seuls la mesure du phénomène produit.

53. — Le rôle des ions H et OH dans l'action catalytique des acides et des bases.

Prenons du sucre de canne en solution; ajoutons un acide; le sucre est décomposé en dextrose et lévulose.

$$C^{12}H^{22}O^{11} + H^2O = 2C^6H^{12}O^6$$

Comme la fraction non intervertie est dextrogyre, et que le mélange de la dextrose et de la lévulose est lévogyre, il est facile de suivre la marche du phénomène à l'aide du polarimètre.

L'expérience a montré que plus l'acide est concentré,

plus l'inversion est rapide, sans qu'il y ait proportionnalité absolue. Les acides minéraux ont tous à peu près la même puissance catalytique, très supérieure d'ailleurs à celle des acides organiques.

D'après les tables d'Ostwald si l'on représente par 1, le pouvoir catalytique de l'acide chlorhydrique en concentration semi-normale et à 25°, celui de l'acide azotique est égal aussi à l'unité tandis que celui de l'acide formique n'est que de 0,015 et celui de l'acide acétique de 0,004.

A première vue, on peut donc conclure que l'activité catalytique d'un acide est liée à la concentration des ions H, et ces ions H seraient les agents lytiques essentiels de tous les acides.

Toutefois il serait dangereux d'établir une proportionnalité absolue entre l'activité catalytique et le nombre des ions H. En effet on peut constater que le pouvoir lytique (vitesse d'inversion) croît dans le cas des acides forts plus vite que la concentration, alors que nous le savons, le nombre des ions dissociés croît moins vite que la concentration.

La solution $\frac{1}{2}$ normale d'HCl intervertit le sucre 6,07 fois plus vite que la solution $\frac{1}{10}$ normale. La première renferme 4,64 fois plus d'ions H libres que la seconde (1). Si le pouvoir lytique dépendait uniquement du nombre des ions H, on ne pourrait concevoir l'écart de ces coefficients.

(1) Cf. Nernst. *Tr. de chim. gén.* 2e partie, p. 130. Trad. Corvisy, 1912.

Arrhénius explique cette contradiction en invoquant l'influence des autres ions présents sur l'activité catalytique de l'ion H. La présence des ions négatifs et du sel neutre augmenterait ainsi cette activité catalytique quand augmente la concentration.

L'action activante des autres ions sur l'ion H est assez difficile à expliquer, mais tous les faits concourant à faire admettre comme vraisemblable l'idée d'Arrhénius, nous pouvons tout au moins regarder son hypothèse comme une probabilité.

Quoi qu'il en soit, il est certain que l'ion H des acides et l'ion OH des bases exercent une action catalytique dans toutes les réactions qui se produisent avec absorption ou avec élimination d'eau et que l'activation est d'une façon générale fonction du nombre de ces ions.

Dans les réactions qui se font sans absorption ni élimination d'eau, d'autres ions peuvent jouer le rôle de catalyseurs. Ainsi la décomposition de l'eau oxygénée est accélérée par la présence de l'ion I (Bredig), et la formation de la benzoïne, à partir du benzaldéhyde, par la présence de l'ion CAz.

Retenons de toutes ces observations que les ions, que les éléments chimiques à l'état naissant, paraissent jouer un rôle très particulier dans la catalyse, même dans les catalyses les plus compliquées que l'on connaisse, c'est-à-dire dans les réactions diastasiques.

Il est permis dès lors d'accepter comme assez logique la théorie qui explique les accélérations chimiques dues aux actions de présence par l'existence de réactions transitoires auxquelles participeraient les ions lytiques; ceux-ci formeraient une combinaison éphémère, reprenant leur liberté presque immédiatement après leur union.

Toutes les fois que la vitesse de formation et de dislocation des composés intermédiaires est supérieure à la vitesse de la réaction qui n'emprunte pas cette voie intermédiaire, il y aurait activation catalytique.

Il serait peut-être difficile de se représenter ce phénomène en faisant seulement appel aux lois de la thermochimie.

Ces lois nous rendent bien compte que si l'intervention d'un agent intermédiaire n'apporte aucune modification à l'augmentation d'entropie du système ou à la dégradation d'énergie qui correspond à la mutation chimique depuis l'état initial jusqu'à l'état final, il est indifférent que cet agent intermédiaire agisse ou n'agisse pas, mais elles ne nous disent pas pourquoi il agit.

Par contre, la théorie cinétique chimique nous fait pénétrer le mécanisme de cette intervention en ce sens que l'on peut concevoir assez facilement que la fréquence des rencontres *efficaces* entre éléments capables de réagir peut être beaucoup plus considérable entre l'ion lytique et tels ou tels éléments des phases initiales du système, qu'entre ces éléments eux-mêmes; et non moins facilement peut-on concevoir que ces associations très instables laissent presque instantanément, toujours grâce à la cinétique chimique, les ions enlevés aux phases initiales à l'état de liberté, c'est-à-dire à l'état naissant, d'où l'accélération de la réaction donnant lieu aux phases finales.

54. — Les principales réactions diastasiques chez les êtres vivants.

Nous allons terminer cette étude sommaire des faux équilibres et des actions lytiques en passant en revue les principales diastases et substances enzymoïdes qui jouent un rôle important dans la vie et dont nous avons seulement fait prévoir l'existence, quand nous avons énuméré les principaux matériaux propres aux êtres vivants, § 25.

On peut les répartir en quatre groupes correspondant aux quatre sortes d'opérations physiologiques activées par elles.

1° *Diastases d'hydratation et de déshydratation.* — Nous savons déjà que les molécules protéiques et les molécules ternaires introduites à titre d'aliments dans les organismes vivants doivent, pour être assimilées, subir une dissociation qui s'opère par hydratation. Les fragments moléculaires se réunissent ultérieurement par déshydratation pour constituer les molécules propres à la substance de chaque tissu et de chaque être. A chacune de ces deux opérations correspondent des diastases sans lesquelles les réactions d'hydratation et de déshydratation seraient pratiquement nulles.

La pepsine, la trypsine, la papaïne, etc., hydrolysent les substances protéiques. Il semble d'ailleurs qu'à chaque degré de dégradation des polypeptides correspond une diastase spéciale; et finalement, quand on arrive aux composants les plus simples, aux acides aminés, on trouve encore des **diastases désaminantes** qui les dissocient.

L'invertine, la maltase, la lactase, les cellulases, les amylases, etc., dédoublent les polysaccharides en les hydratant.

Les lipases, la stéapsine, etc., dédoublent les graisses par le même processus.

Quant aux phénomènes inverses de déshydratation et de reconstruction qui se passent dans l'intimité des tissus, ils sont dus au moins en partie aux mêmes diastases qui produisent le phénomène contraire. Il va de soi en effet, si l'on adopte la théorie cinétique pour les réactions chimiques et la théorie des combinaisons intermédiaires pour les actions catalytiques, que les ions capables d'activer l'établissement d'un équilibre à partir des phases initiales doivent également l'activer à partir des phases finales, ces mutations étant d'ailleurs d'ordre réversible. La déshydratation doit être sans doute due aussi à d'autres diastases, mais nous sommes jusqu'ici très peu renseignés sur ces diastases de synthèse.

2°.*Diastases de coagulation et de décoagulation.* — La plupart de ces diastases agissent vraisemblablement, comme les précédentes, par hydratation et déshydratation, mais le phénomène qu'elles déterminent est tellement particulier que la plupart des biologistes en font une classe à part.

A titre d'exemples, citons la thrombine qui coagule le fibrinogène du sang, la chymosine qui coagule la caséine du lait, etc., et comme diastase décoagulante, la diastase secrétée par les microorganismes qui se développent dans le fromage et le liquéfient.

3° *Diastases d'oxydation et de désoxydation (oxydases).* — Le type en est la laccase que nous connaissons déjà et qui provoque l'oxydation du laccol, substance phénolique contenue dans le suc de l'arbre à laque. La tyrosinase est une diastase oxydante très répandue chez les champignons.

Dans l'économie de l'organisme animal, la plupart des oxydations sont dues à des diastases. Pour ne citer qu'un exemple : la transformation des bases puriques en acide urique présente une phase bien connue, la transformation de l'hypoxanthine en xanthine et de la xanthine en acide urique; cette transformation implique l'intervention d'une diastase oxydante.

On connaît aussi quelques diastases désoxydantes. Abelous et Gérard ont montré l'existence d'une désoxydase transformant dans l'organisme les nitrates alcalins en nitrites.

4° *Diastases de décomposition et de recomposition.* — Le type de ces diastases est la zymase alcoolique que nous connaissons déjà.

Chez les animaux supérieurs, on a longtemps regardé le travail des diastases comme un travail préparatoire se passant dans le tube digestif, c'est-à-dire hors de la substance vivante et destiné à mettre les aliments sous une forme telle que l'organisme puisse les recevoir. Ce travail accompli, on croyait volontiers que des actes vitaux, cellulaires faisaient le reste, et que l'assimilation, c'est-à-dire la reconstruction des molécules élevées, était un travail propre à la matière vivante. Cette forme du vitalisme n'était du reste que l'extension des idées de Pasteur sur la nutrition des ferments figurés : l'illustre savant admettait que, quand les cellules de levure dédoublent le sucre en alcool et en acide organique, et quand elles emploient pour leurs besoins l'énergie libérée, ces besoins de nature vitale commandaient l'acte chimique et étaient sa véritable raison d'être. Berthelot, au contraire, regardait l'acte chimique comme indépendant de toute cause vitale; une fois cet acte produit, et à la faveur de cet acte, s'opérait l'accroissement cellulaire.

Nous savons que les expériences de Büchner et les nouvelles théories sur les fermentations et les diastases ont donné raison à la théorie de Berthelot.

De même est-on conduit à admettre aujourd'hui, comme nous venons de le voir, que les actes de reconstruction qui s'opèrent dans l'intimité des tissus chez les animaux supérieurs sont des actes purement chimiques; ils ne sont pas provoqués par un principe vital qui serait leur raison d'être, mais ils se produisent suivant les lois de la chimie, et c'est seulement secondairement, à la faveur de ces actes, que s'opère l'évolution des tissus.

55. — Les principales réactions enzymoïdiques chez les êtres vivants. Réaction des toxines, des antitoxines, des venins.

Nous avons vu qu'un certain nombre de substances solubles produites soit dans l'organisme des animaux ou des plantes, soit dans les cultures microbiennnes, présentent quelque analogie avec les diastases et que sous leur influence paraissent s'accomplir, par voie catalytique, des réactions tantôt utiles, tantôt nuisibles à l'organisme qui en est le siège.

Telles sont d'abord les toxines, produits solubles sécrétés par les microbes. Comme les diastases, elles sont détruites par la chaleur et précipitées par l'alcool; et, comme toutes les préparations colloïdales, elles sont peu dialysables. Mais par contre nous ne sommes nullement renseignés sur les substances de l'organisme qui subissent une mutation chimique sous leur influence. Nous ne savons même pas s'il y a une action chimique produite; et, si de petites doses de toxines occasionnent de gros effets physiologiques, nous ne sommes pas sûrs que ce sont bien là des actions catalytiques.

Ce n'est donc qu'avec une certaine réserve qu'il faut rapprocher les toxines des diastases, et l'un des faits les plus importants qui doivent nous rendre prudents dans ce rapprochement, c'est que les toxines ne manifestent leur action nocive que 24 heures ou plus longtemps après leur introduction dans l'organisme. Il ne faudrait toutefois pas voir là une différence irréductible; les venins, en effet, qui eux aussi peuvent être classés parmi les substances enzymoïdes, provoquent des effets de plus en plus immédiats à mesure que leur dose est plus considérable, et ce fait pourrait faire conclure qu'il y a là des phénomènes lytiques qui s'accumulent et qui provoquent la formation lente de substances nocives dont l'effet sur l'organisme ne se manifeste que quand la quantité produite est suffisante.

La science expérimentale a appris que lorsqu'on injecte des toxines et des venins à petites doses à des animaux supérieurs, ceux-ci ont un procédé de défense remarquable. Ils fabriquent des antitoxines et des antivenins capables de les immuniser contre des doses jusqu'à mille fois supérieures à la dose mortelle, et les animaux immunisés fournissent un sérum sanguin antitoxique capable de neutraliser toxines et venins et de les rendre inoffensifs. Les antitoxines et les antivenins présentent des caractères assez semblables à ceux des diastases; ils sont détruits par la chaleur, précipités par l'alcool et peu dialysables.

56. — Autres réactions enzymoïdiques chez les animaux supérieurs. Agglutinines. Précipitines. Bactériolysines. Hémolysines.

A côté des actions nocives produites sur l'organisme des animaux supérieurs par les toxines et les venins et des actions défensives produites par les antitoxines et les antivenins, nous pouvons placer des actions très remarquables dues vraisemblablement à des substances existant accidentellement ou normalement dans le sérum sanguin; ce sont les actions des précipitines, agglutinines, bactériolysines, etc.

Les agglutinines sont des substances qui présentent les caractères généraux des diastases, comme les toxines et les antitoxines, et qui existent dans le sérum des animaux fortement immunisés contre un bacille.

Voici comment elles se révèlent. Lorsqu'on prend une culture de ce bacille délayée dans de l'eau salée de manière à faire une émulsion et qu'on ajoute une petite

quantité de sérum de l'animal immunisé, on voit les
bacilles perdre rapidement leurs caractères de vitalité
et s'agglutiner, se réunir en paquets, qui bientôt sont
visibles à l'œil nu. L'agglutination se produit même si
les bacilles sont morts. L'agglutinine déterminée par
l'immunisation contre un bacille donné n'est efficace
que contre ce bacille et ne produit pas l'agglutination
des bacilles d'autres espèces. On sait que, grâce à cette
spécificité d'action des agglutinines, on peut aujour-
d'hui faire rationnellement le diagnostic de la fièvre
typhoïde : le sérum des typhiques agglutine les cultures du bacille de la typhoïde.

Les globules rouges d'un animal, sous l'action du
sérum d'un autre animal *convenablement préparé*,
peuvent, comme les microbes, subir l'agglutination. La
préparation du sérum agglutinant se fait en injectant
au deuxième animal de petites doses successives des
globules rouges du premier.

Les *précipitines* sont pour les produits solubles ce
que les agglutinines sont pour les microbes ou les
hématies. Quand on injecte à un animal du sérum sanguin d'une autre espèce, son sérum acquiert peu à peu
la propriété de faire apparaître un précipité, lorsqu'on
le mélange au sérum de cette autre espèce, ce qui n'arrive pas quand l'animal n'a pas reçu d'injections. Il est
assez surprenant de voir que le sérum de l'animal injecté
est précipitant seulement pour le sérum de l'espèce en
cause et non pour les autres espèces. Les précipitines
en un mot sont spécifiques.

Enfin les bactériolysines et les hémolysines peuvent
aussi être rapprochées de ces substances : si l'on

immunise un animal contre un bacille, contre le vibrion cholérique, puis une fois l'immunité obtenue si l'on injecte à cet animal une culture diluée de ce microorganisme, il y a immobilisation et dissociation granuleuse du microorganisme : le phénomène se produit très nettement *in vitro*; on attribue cette action à une substance qu'on appelle la bactériolysine.

Ici encore, on s'est aperçu que l'action est assez complexe et l'on doit admettre l'existence d'une substance sensibilisatrice (immunisine) spécifique pour chaque espèce de microorganismes, et une substance sensibilisable (alexine) qui existe normalement dans le sérum de tout animal. En effet, si l'on chauffe à une température voisine de 60°, le sérum A de l'animal immunisé, il n'a plus d'action bactériolytique, mais il suffit d'ajouter alors à ce sérum A, immunisé et chauffé, du sérum B d'un animal de même espèce, non immunisé et non chauffé, pour faire recouvrer au sérum A ses mêmes propriétés bactériolytiques spécifiques : l'immunisine sensibilisatrice spécifique est, en un mot, thermostabile; elle résiste à la chaleur; l'alexine normale, sensibilisable et non spécifique, est thermolabile; elle est détruite par le chauffage.

Les globules rouges d'une espèce animale, injectés à un individu d'une autre espèce, développent dans son sérum, absolument comme le font les microbes, une hémolysine spécifique qui dissocie les hématies de cette espèce, en même temps que l'agglutinine, spécifique aussi, les réunit en paquets. Comme la bactériolyse, l'hémolyse se produit par le concours d'une sensibilisatrice spécifique et de l'alexine du sérum que nous avons déjà rencontrée.

57. — L'étude des actions diastasiques et enzymoïdiques, en montrant l'importance de l'infiniment petit chimique, élargit la conception du chimisme de la matière vivante.

Ces quelques notions sur les réactions dues aux enzymoïdes nous suffisent pour le moment. Elles montrent quelle importance jouent dans la vie des organismes toute une série de réactions qui échappent à l'analyse chimique. Quel que soit le degré d'analogie entre les enzymoïdes et les diastases, dès à présent on peut prévoir que l'infiniment petit chimique, représenté dans beaucoup de cas par un atome unique, par un radical simple, par un groupe fonctionnel perdu dans la complexité d'un édifice moléculaire, joue un rôle capital dans les phénomènes intimes de la vie. Alors qu'autrefois on pouvait se figurer qu'avec un petit nombre d'éléments, du carbone, de l'hydrogène, de l'azote, de l'oxygène, du soufre, du phosphore, etc., on pouvait faire de la matière vivante à laquelle il ne manquait plus que le principe vital pour l'animer, aujourd'hui on s'aperçoit que les doses infinitésimales des corps les plus variés, regardés jusque-là comme des impuretés accidentelles, jouent un rôle prépondérant dans le chimisme vital; on reconnaît que l'infiniment petit chimique est l'agent efficace des actes les plus fondamentaux de l'évolution de la matière organisée.

Mais en même temps que le chimisme de la matière vivante devient prodigieusement compliqué, l'intervention du fameux principe vital des philosophes du siècle dernier devient remarquablement inutile, et c'est sur cette observation que nous terminerons l'étude chimique des organismes vivants. La physico-chimie et l'énergétique ont ouvert avec le XXe siècle une ère nouvelle à la science de la vie, en ramenant les lois de l'évolution de la matière vivante aux lois générales du monde inorganique, et les lois de l'évolution de la matière, en général, aux grandes lois fondamentales de l'énergétique.

Nous allons à présent aborder l'étude de la vie sous une autre face : nous allons envisager les unités vivantes, leur forme, leur individualité et les fonctions liées à l'entretien et à l'évolution de l'individu.

LIVRE II

LES FORMES DE LA MATIÈRE VIVANTE

---

58. — La matière organisée évolue en déroulant une chaîne ininterrompue d'unités éphémères.

Nous avons dit § 4 que la vie d'un organisme est faite de mutations chimiques perpétuelles et qu'elle est incompatible avec la stabilité moléculaire. Fonction de mouvement, elle est liée à l'accomplissement d'une succession d'échanges moléculaires et finit avec eux. En regard de cette mobilité, de ce perpétuel renouvellement de la substance organisée, nous avons placé la remarquable persistance de la forme et de l'individualité des unités vivantes durant un temps variable. Nous n'avons fait d'ailleurs qu'énoncer ce contraste. Y insister sans connaître d'une part ce qu'est la rénovation moléculaire, la vie chimique des organismes, et d'autre part ce que signifie la permanence des formes, n'aurait été qu'une dissertation stérile.

Nous avons consacré notre premier livre à l'étude de la composition chimique des êtres et des mutations

continuelles dont ils sont le siège. Nous allons voir à
présent cette particularité très remarquable que présente la matière vivante de ne pas évoluer en masses
amorphes, mais en unités différenciées, caractérisées
par une figure, une forme, qui leur donne une individualité, et par une évolution qui les fait naître, vieillir
et mourir.

Il ne faudrait d'ailleurs pas croire que cette particularité établit une différence radicale entre la matière
inerte et la matière vivante.

Nous savons déjà, si nous descendons dans l'infiniment petit, que toute matière est un agglomérat d'unités :
la molécule, l'atome sont des individualités définies
qui ont vraisemblablement leur forme et leur régime
autonome ; et si nous nous élevons vers l'infiniment
grand, l'univers nous apparaît aussi comme formé d'individualités sidérales, de systèmes autonomes, composés
eux-mêmes d'unités particulières.

Nous savons enfin que ces unités très petites et très
grandes ne sont pas stables. L'atome a sa naissance, sa
vie et sa mort ; les astres évoluent entre un commencement et une fin.

Mais ce qui rend particulièrement étonnante l'évolution des unités organisées, c'est que les mutations physico-chimiques dont elles sont le siège concourent à les
faire croître, et que cette croissance amène peu à peu
chacune d'elles à se scinder, à se diviser en fragments,
qui sont le point de départ d'unités nouvelles. Les unités inertes, pas plus dans l'infiniment grand que dans
l'infiniment petit, ne sont le siège de ces accroissements
systématiques et de cette filiation.

Nous voyons bien des cristaux s'accroître, se nourrir, nous voyons bien chaque fragment, quand ils se brisent accidentellement, devenir le point de départ de cristaux nouveaux, ce ne sont là que des agglomérats illimités dans l'espace et dans le temps, des unités non individualisées; ils ne sauraient nous donner qu'une image lointaine et infidèle de l'accroissement et de la multiplication des unités vivantes.

A peine énonçons-nous ce fait de la filiation des individualités organisées qu'une pensée s'impose fatalement à notre esprit : la matière de l'unité-mère, quand a lieu la division, se retrouve bien dans les unités-filles, mais l'individualité de l'unité primitive disparaît, et dans cette conception simpliste et grossière de la succession des êtres, nous apercevons d'ores et déjà le spectacle de quelque chose qui meurt sans que rien s'annihile.

Plus tard, quand nous aurons rappelé que la filiation des organismes se fait soit par scissiparité, comme nous venons de le dire, soit par division inégale, l'individu primitif n'abandonnant qu'une petite partie de sa substance pour former l'unité nouvelle, quand nous aurons fait voir que l'organisation des individus devient de plus en plus compliquée à mesure qu'on s'élève dans la chaîne des espèces, et que la part de substance destinée à la production d'unités-filles est, en haut de l'échelle, tout à fait infime, en regard de l'édifice savant qu'est le générateur, nous serons encore plus frappés par le fait de la mort individuelle au cours de l'évolution indéfinie de la matière organisée.

59. — Pérennité de la matière organique
depuis ses origines.

Sans trop devancer l'ordre des matières, que l'on veuille bien dès à présent s'arrêter un instant à cette pensée :

Les êtres actuels ne sortent pas **de** toutes pièces de la matière inerte; toute unité vivante provient d'une unité antérieure, et la matière vivante évolue depuis les origines sans solution de continuité.

Nous devons nous la représenter se perpétuant, à partir de ses souches lointaines, en dépit des unités qui disparaissent et qui semblent n'avoir eu d'autre rôle que de favoriser sa pérennité.

La conservation de la matière organisée à travers les générations successives prend un caractère plus impressionnant encore si l'on admet l'évolution progressive. Cette doctrine scientifique vers laquelle, nous le verrons bientôt, concourent toutes les découvertes nouvelles, toutes les déductions rationnelles de la science, nous montre l'évolution de la matière organisée comme donnant lieu à des chaînes d'unités qui se modifient lentement d'époques en époques et qui réalisent des types de plus en plus complexes.

Elle nous fait voir cette évolution conduisant les éléments matériels depuis les organisations les plus rudimentaires, depuis un plasma presque amorphe, jusqu'aux formes les plus élevées; elle permet même à notre imagination de lui trouver un but dans le progrès

indéfini des êtres vivants, et de mettre ainsi une finalité
à la conservation de la matière organisée.

Quoi qu'il en soit, si nous contemplons de très haut
les chaînes d'unités qui se déroulent à la surface de
notre terre, le fait scientifique fondamental qui s'impose
à notre admiration est précisément cette pérennité de
la matière vivante à travers les générations d'individus
qui s'évanouissent.

Grâce à elle les formes se conservent et peuvent se
modifier lentement : elle se traduit à nous par le phénomène de l'hérédité. Deux faits que nous pouvons quali-
fier d'accessoires se greffent sur celui-là : le premier,
c'est que cette matière impérissable subit des rénovations continuelles et que les éléments inertes parcourent, à travers son édifice savant, des cycles déterminés
qui entretiennent sa vie ; le deuxième, c'est que durant
chacune de ses courtes étapes, la matière s'équipe,
s'organise, de manière à réaliser au mieux un certain
nombre de fonctions qui parfont son individualité éphémère. Elle se pare comme le navigateur qui pour effectuer la traversée des océans s'entoure d'un cortège
d'adjuvants, d'un vaisseau qui le porte, de moteurs qui
le déplacent, d'un équipage qui l'aide, d'une organisation qui lui permet de faire face aux éventualités de la
route.

Seulement ici le vaisseau et l'équipage se détériorent
vite, et chaque traversée laisse une épave : l'unité
vivante qui, durant un moment, a concouru pour sa
part à préparer les organismes de l'avenir.

60. — Ces unités présentent chacune une certaine individualité et une certaine morphologie.

Les notions que nous venons de donner nous permettent de faire voir comment l'esprit humain qui contemple la vie peut la regarder de deux points de vue tout à fait différents.

Il peut la regarder du point de vue physico-chimique général : il aperçoit alors comme nous venons de le dire la matière organisée évoluant depuis ses origines à travers des unités variées et éphémères. De ce point de vue, les unités comptent peu, les individualités s'effacent; leurs fonctions, leur forme, ne sont que des caractères accessoires favorisant l'évolution de la matière et l'épanouissement des manifestations énergétiques dont elle est le point d'appui.

Il peut la regarder en second lieu du point de vue humain, du point de vue individuel et particulier, c'est-à-dire considérer la morphologie et le fonctionnement de chaque unité vivante, et laisser au second plan l'évolution générale de la matière organisée.

Je dis que ce point de vue est très humain, parce que l'homme cherche avant tout, à se comprendre lui-même; et l'unité qu'il considère le plus est sa propre unité, son corps, ses fonctions et cette chose merveilleuse, bien faite pour absorber ses méditations : sa conscience.

Envisagés sous cette face, les caractères que nous regardions comme accessoires deviennent primordiaux: la pérennité de la matière à travers ses formes successives n'a plus qu'un intérêt secondaire ; la forme et l'individualité de l'unité vivante concentrent toute notre attention.

Moins l'homme possède d'instruction générale, plus il a tendance à adopter ce second point de vue, et nous savons que durant les vingt ou quarante siècles qui nous ont précédés, la vie humaine, la vie du moi individuel a été regardée comme le centre du monde, l'objet de la sollicitude constante d'énergies supérieures personnifiées, le but et la raison d'être de la création (1). Le dogme chrétien a forcément, étant donné l'époque où il fut formulé, adopté ce point de vue. La « Genèse » a affirmé non seulement que Dieu a créé l'homme « afin qu'il commande aux poissons de la mer, aux oiseaux du ciel, aux bêtes.. etc. » mais elle a spécifié que tout le reste de la terre a été fait pour son utilité, et les maîtres du dogme chrétien, durant l'époque la plus belle de son enseignement littéral, aux xvie, xviie, xviiie siècles, de peur que cette pensée ne soit pas comprise dans toute son étendue, insistent sur l'exposé de sa formule : « Car c'est pour l'amour de l'homme que Dieu a fait ce grand univers, l'ayant assujetti tout entièrement, avec ce qu'il contient, au pouvoir de l'homme... C'est pour sa santé, ses contentements et tous ses autres usages que toute la nature travaille, en telle sorte que, quand il n'y aurait qu'un seul homme au monde, le ciel, la terre, et tous les éléments ne lui serviraient pas moins à lui tout seul, qu'ils font maintenant à tous... Il n'y a rien qui ne soit à lui et pour lui. » (*Médit. sur les*

(1) V. T. II, p. 318.

GUILLEMINOT   TOME III. — 17

principales vérités chrétiennes — BEUVELLET, pr. au Sémin. Lyon, 1674, p. 3).

En faisant voir au lecteur comment les progrès de la science font passer progressivement l'esprit humain de l'interprétation individuelle à l'interprétation générale, je tiens cependant à faire une réserve.

Quand nous disons que chaque être est comme un laboratoire temporaire où s'accomplissent des cycles chimiques, où les éléments du monde inorganique pénètrent, subissent des mutations, s'associent, se dissocient, puis d'où ils sont expulsés; quand d'autre part nous représentons chaque individualité comme le vaisseau et l'équipement qui aident la matière organisée à évoluer d'âges en âges, nous sommes bien loin de prétendre que les caractères de ces unités sont négligeables. En maintes circonstances, nous aurons au contraire l'occasion de mettre en relief l'importance de l'autonomie individuelle de chacune de ces unités, l'importance de sa morphologie particulière et de ses fonctions. A chaque instant nous aurons à montrer le rôle de ces unités périssables sur leur descendance, c'est-à-dire sur l'avenir de la matière organisée qui a évolué à travers elles, et ainsi apercevrons-nous que la chaîne matérielle organisée qui se déroule sur notre terre a surtout pour facteurs des variations qu'elle subit et de l'évolution qu'elle poursuit, les particularités, les accidents, les adaptations de la vie individuelle de chaque unité vivante. Cela est si vrai que la théorie rationnelle de la filiation des êtres vivants place au premier rang des causes qui poussent la matière organisée vers le progrès, la sélection des caractères morphologiques et fonctionnels des individus dans la lutte pour la vie.

Nous ne pourrions aller plus loin dans ces considérations sans sortir du domaine de la science positive. Ce que nous avons dit suffit, je l'espère, pour donner leur juste valeur respective à deux idées qui *a priori* peuvent paraître exclusives : l'idée physico-chimique d'une matière impérissable évoluant en semant des déchets sur sa route et l'idée, à couleur plutôt vitaliste, d'individualités temporaires, tenant un rôle passager entre leur naissance et leur mort, sans pérennité de leur substance, et dont il reste fortuitement à peine quelque germe infime assurant la descendance.

Notre livre premier en étudiant les étapes de la matière organique et de la matière organisée nous a fait regarder l'évolution des êtres sous sa face générale. Les livres suivants, au contraire vont s'attacher aux caractères individuels, à tout ce qui fait l'autonomie de chaque unité, à sa forme, à ses fonctions. La reproduction qui perpétue les espèces n'y sera envisagée que comme une de ces fonctions. Mais au cours de cette étude, le lecteur qui se sera pénétré des idées que je viens de développer attribuera aux caractères individuels leur. valeur exacte et ne perdra pas de vue les notions fondamentales qui rattachent l'évolution de la vie aux grandes lois physico-chimiques de la nature et aux lois de l'énergétique générale.

CHAPITRE PREMIER

La cellule.

61. — La cellule, unité organique.

Tous les êtres organisés se composent de petites
unités qui ont leur forme et leurs fonctions propres.
Tous les tissus, tels que le tissu musculaire ou nerveux
des animaux supérieurs, les épithéliums, les cartilages,
les os, les cotylédons de la graine, les tissus de la
feuille, de la tige, de la racine des plantes, sont réductibles à des éléments microscopiques juxtaposés.

Ces éléments s'appellent des cellules.

Il y a des êtres qui ne se composent que d'une seule
cellule : les amibes par exemple.

Il y a des êtres formés de plusieurs cellules réunies
et peu différenciées les unes des autres, tels les
métazoaires et métaphytes inférieurs.

En général, tous les végétaux, tous les animaux sont
formés par l'association de cellules différentes groupées
en tissus variés, possédant chacune leur fonction spéciale et concourant à la vie de l'organisme tout entier.

La forme des êtres dépend de l'arrangement de ces

unités constituantes. Les phénomènes vitaux qu'ils manifestent représentent la somme des effets physico-chimiques dont chaque cellule est le siège.

La cellule est donc l'élément morphologiquement essentiel de la vie.

Ceux qui n'ont jamais étudié les sciences biologiques peuvent à juste droit se demander le sens de ce mot cellule qui éveille dans l'esprit l'idée d'une cavité vide avec des parois closes. S'ils ouvrent un traité d'anatomie, de physiologie ou d'histologie, ils s'aperçoivent que l'on décrit ordinairement la cellule vivante comme une gouttelette de substance gélatineuse ayant une structure spéciale, mais ne rappelant guère l'alvéole du gâteau de miel ni la cellule du prisonnier : il y manque bien souvent les parois et le vide intérieur est rempli par de la matière dense.

C'est peut-être dans les écrits d'un physicien anglais du milieu du xviie siècle, Robert Hooke, qu'il faut chercher les origines de cette appellation. Ayant eu l'idée de regarder une coupe de liège à l'aide du microscope qu'on venait d'imaginer, il y remarqua une série de petites cavités que bientôt tous les naturalistes retrouvèrent dans beaucoup de tissus vivants. A ces cavités, il donna le nom de « cells », qui n'est autre que notre nom français « cellules ».

Un siècle plus tard, Wolff élargissait cette notion de la cellule : il constatait que tous les tissus embryonnaires sont formés de petites vésicules arrondies ; et peu après l'on commençait à percer la structure de ces vésicules ou cellules en y découvrant un noyau et un nucléole (Fontana, 1781 ; puis de Mirbel et Brown, 1831 ;

et Valentin, 1836). La conception cellulaire de tous les tissus ne tarda pas à se généraliser.

Dutrochet dans la première moitié du siècle dernier affirma que toutes les parties des êtres vivants ne sont qu'un agglomérat de cellules. Mirbel développa l'idée que l'être vivant est un être collectif formé de petites unités ayant leur vie propre et Turpin, insistant sur l'individualité de chaque unité constituante, montra que les organismes les plus complexes dérivent d'une seule cellule-mère.

Il faut d'ailleurs observer que c'est l'étude des végétaux qui a surtout conduit à l'épanouissement de la théorie cellulaire, et que la cellule végétale, présentant le plus souvent une enveloppe, des parois différenciées, a beaucoup contribué par sa configuration même à faire adopter définitivement le mot employé par Hooke.

Schleiden et Schwann qui, vers le milieu du xixe siècle, grâce aux données déjà acquises par la science et grâce à leurs recherches personnelles, formulèrent dans toute son ampleur la théorie cellulaire, attribuèrent encore à l'enveloppe une importance relativement considérable. Mais, dès cette époque, on commença à réagir contre cette conception et à comprendre que le contenu cellulaire, le plasma, est la partie vraiment essentielle de la cellule.

62. — Le plasma cellulaire, substance essentielle de la vie.

Déjà, en 1835, Dujardin, alors doyen de la Faculté des sciences de Rennes, avait décrit la matière gélatineuse enfermée dans la membrane cellulaire et il avait eu l'intuition du rôle de cette substance qu'il appela le *sarcode*, et que nous désignons plus ordinairement aujourd'hui sous le nom de plasma cellulaire, suivant le vocable de Purkinje.

Il avait même développé l'idée de la pérennité de la matière organisée par la continuité du sarcode, tout au moins chez les êtres se reproduisant par scissiparité, le sarcode de la cellule mère se divisant en deux parties pour former les cellules-filles.

Ainsi peu à peu l'on s'achemina vers cette définition nouvelle de la cellule : c'est une masse de plasma pourvue d'un noyau et pouvant présenter accessoirement une membrane d'enveloppe qui, dans beaucoup de cas, fait défaut.

Le plasma, « base physique de la vie », comme l'a dit Huxley, n'est pas le même dans toutes les cellules. Il se différencie suivant les fonctions auxquelles elles sont appelées; il présente des caractères variables dans la cellule musculaire, la cellule nerveuse, la cellule conjonctive. C'est dans la cellule embryonnaire, de laquelle dérivent ces différents tissus, qu'on peut trouver les caractères communs aux diverses variétés plasmiques animales ou végétales : c'est celle-là que nous aurons surtout en vue ici.

Quel que soit le plasma vivant qu'on examine, il présente toujours une réaction alcaline et sa vie est incompatible avec l'acidité. Par contre, très peu de temps après la mort, il donne une réaction acide.

Sa composition chimique, nous le savons déjà, est très compliquée et si l'on y rencontre avant tout le carbone, l'hydrogène, l'azote, l'oxygène, le soufre, le phosphore, on y trouve aussi beaucoup d'autres éléments parmi lesquels le potassium, le sodium, le calcium, le magnésium, le fer, le silicium, le fluor, le manganèse, l'iode, l'arsenic, etc. Ces éléments y forment d'ailleurs des molécules très diverses et il ne faut pas se représenter le plasma comme composé uniquement de molécules albuminoïdes, mais bien plutôt comme un complexe de molécules organiques et inorganiques (albumine, fibrine, phosphoprotéides, lécithine, cholestérine, chlorure de sodium, sels de potassium, de magnésium, etc.).

La plupart des substances qui forment le plasma cellulaire s'y trouvent à l'état colloïdal : la cellule est un amas de colloïdes et chaque grain colloïdal est, comme on le sait, formé d'éléments chimiques très nombreux.

De sorte que, avec J. Duclaux, nous pouvons considérer dans la constitution de la cellule trois architectures superposées :

1º Une architecture microscopique, c'est celle dont nous nous occupons ici, c'est l'architecture histologique, qui nous fait voir dans la cellule le plasma, le noyau, etc., et dans le plasma des éléments figurés que nous allons étudier.

2º Une architecture ultra-microscopique, c'est celle que fait prévoir l'ultra-microscope en nous montrant les micelles constitutives des grains colloïdaux, leur arrangement, leurs mouvements browniens (V. T. Iᵉʳ). J. Duclaux insistant sur la différence de grandeur des micelles et des éléments histologiques les plus fins, fait remarquer qu'il doit y avoir autant de micelles dans

chacun de ces éléments que de briques dans une che-
minée d'usine.

3° Une architecture atomique, c'est celle que nous
avons étudiée dans le premier volume quand nous avons
envisagé la molécule et l'atome, leurs groupements, et
dans le premier livre du présent volume quand nous
avons exploré la molécule organique.

Ainsi, à tous les degrés, les unités matérielles sont
caractérisées par leur forme, et déjà nous savons que
les formes inorganiques sont la manifestation extérieure
de propriétés internes, de relations avec le milieu : propriétés vectorielles moléculaires ici, tension superficielle
là, affinité chimique ailleurs.

Nous allons nous occuper d'abord de l'architecture
histologique du plasma et nous demander si elle est
explicable elle aussi par des causes physico-chimiques.

63. — Structure histologique du plasma. Morphoplasma et hyaloplasma. Quelle est la partie vivante.

La structure du plasma cellulaire a donné lieu à de
longues discussions pour deux raisons principales :
d'abord parce que les images que donne le microscope
peuvent être interprétées de diverses manières; ensuite
parce que le plasma, suivant sa phase fonctionnelle,
présente des aspects variés. Ce qu'il y a de certain, c'est
qu'il n'est pas une masse homogène.

Quand on l'observe au microscope, on y aperçoit,
figure 7 (schématique), soit des granulations. soit des
stries, soit des filaments, qui s'entrecroisent. Aussi tou s

les histologistes regardent-ils le plasma comme composé
d'une substance figurée (morphoplasma) baignée par
une substance amorphe (hyaloplasma), mais ils ne sont
pas d'accord sur la structure du morphoplasme.

Les uns avec Altmann, regardent le morphoplasme
comme formé de granulations en suspension dans l'hyaloplasme, d'où la théorie granulaire.

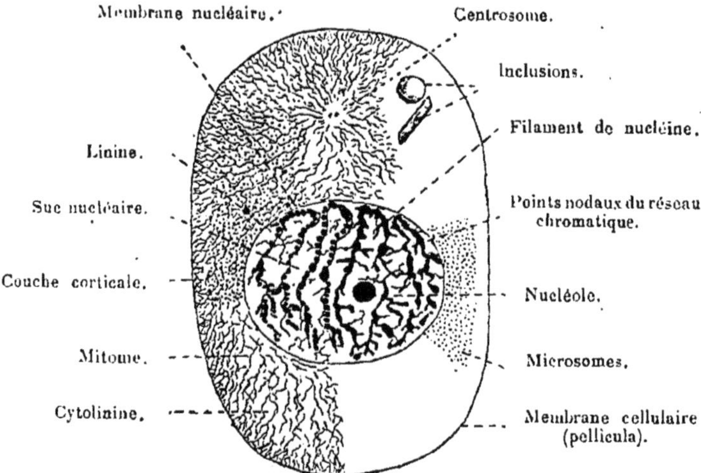

Fig. 7. — Schéma d'une cellule pour montrer les aspects du plasma
représentés de façon différente à droite et à gauche (d'après Stöhr).

D'autres admettent avec Flemming qu'il est constitué
par des filaments (mitome) plongés dans l'hyaloplasme
(paramitome) : c'est la théorie filaire.

D'autres avec Carnoy y voient aussi des filaments,
mais ces filaments sont anastomosés en réseau et ce réseau forme une sorte d'éponge (spongioplasme) imbi-
bée par l'hyaloplasme : c'est la théorie réticulaire.

D'autres enfin avec Bütschli pensent que les filaments
observés sont produits par la coupe de lamelles formant

des alvéoles et comparent la substance filamenteuse à une mousse de savon ou à la cire d'un gâteau de miel : c'est la théorie alvéolaire.

Il paraît d'ailleurs à peu près établi aujourd'hui que la même cellule peut passer par les aspects successifs granulaire, filaire, réticulaire suivant sa période de travail, et la plupart des histologistes, avec Schmauss, Albrecht, Wilson, Kölliker, Prenant, Branca, pour ne citer que quelques noms, admettent que chacune de ces structures répond à une adaptation fonctionnelle temporaire du plasma.

Cette mutabilité des figures plasmiques explique en partie que quelques observateurs aient pu mettre en doute la réalité des aspects du morphoplasme qu'ils attribuent à des artifices de préparation.

A cette interprétation s'attache le nom de Fischer. Si elle est un peu excessive en ce sens qu'elle ne nous prépare pas assez à comprendre les différenciations ultérieures, elle a du moins le mérite de nous mettre en garde contre une source féconde d'erreurs ; dans la matière plasmique, dans le complexe colloïdal en général, on fait naître les figures les plus variées par l'emploi des réactifs de toute nature ; et il faut, quand on interprète les résultats obtenus, toujours faire la part de la réaction artificielle. Mais, tout en tenant compte de cette restriction, nous devons reconnaître que dans ses formes les plus simples le complexe colloïdal que nous étudions tend à prendre une structure plus ou moins déterminée : cette structure, nous arrive déformée, il est vrai, par les réactifs, mais nous ne pouvons la nier, et elle est la première étape des diffé-

renciations morphologiques plus élevées et incontes-
tables que nous examinerons bientôt.

Le caractère essentiel qui ressort de la structure du
plasma envisagé sous ses différents aspects est le
développement considérable de surface du morphoplasme en rapport avec le liquide amorphe qui le baigne ;
et déjà nous avons vu l'importance de ce fait quand
nous avons étudié les actions moléculaires de contact
des corps très divisés.

Lorsqu'on eût établi que le plasma cellulaire est bien
composé d'un morphoplasme et d'un hyaloplasme, on
put se demander quelle en est la partie vraiment vivante.
Tandis qu'Altmann, Flemming, Heidenhain, Carnoy, etc.
font du morphoplasme le substratum de la vie, d'autres
histologistes comme Bruck, Brass, Leydig, attribuent
le rôle essentiel à l'hyaloplasme, et regardent volontiers les grains, les filaments, le réticulum comme un
produit de la vie cellulaire.

Mais plus on progresse dans l'étude histologique et
physiologique de la cellule, plus on paraît devoir se rallier
à une opinion formulée en particulier par Prenant, c'est
que la vie résulte du concours de différentes substances
et que ses manifestations sont le résultat de leur harmonie fonctionnelle.

Plus l'individualité s'affirme dans un être polycellu-
laire, plus chaque élément cellulaire se différencie et se
spécialise dans une fonction, et plus on voit le morphoplasme affecter des aspects particuliers, temporaires ou
permanents, liés à une fonction précise.

De là la multiplicité des variétés fonctionnelles décrites
dans le morphoplasme.

Si l'on cherche l'origine de ces différenciations fonctionnelles, on les aperçoit dans une certaine modification que présentent quelques travées du morphoplasma
primitif. On voit ces travées devenir plus épaisses, plus
réfringentes, et en même temps on observe qu'elles se
comportent de façons différentes vis-à-vis des colorants :
cette description est commune à une série de formations
que Strasburger a décrites sous le nom de *kinoplasme*,
dénomination qui convient surtout aux différenciations
propres aux cellules contractiles par opposition au
trophoplasme ou morphoplasme non différencié. ·

Depuis les recherches de Benda, on a reconnu que
dans un très grand nombre d'éléments cellulaires existent des grains électivement colorables qui paraissent
de même nature que le kinoplasme, ce sont les mitochondres (grains de filament).

Différents expérimentateurs ont ainsi aperçu sous
des aspects divers certaines différenciations du morphoplasme qui marquent toujours le point de départ
d'une spécialisation fonctionnelle. Sous les appellations
variées de kinoplasme, ergatoplasme, mitochondres,
chondromites, pseudochromosomes, noyaux accessoires
(Nebenkerne), corps accessoires (Nebenkörper), noyaux
vitellins (Dotterkerne) etc., ils ont décrit ces formes
plus élevées du morphoplasme auxquelles Prenant
donne le nom de morphoplasme supérieur.

Nous le retrouverons à l'origine de la plupart des ·
formations fonctionnelles que nous aurons à étudier.

Nous ne devons pas quitter l'étude de la structure du
plasma sans dire quelques mots d'une question qui a
soulevé des discussions passionnées et hors de propor-

tion avec leur sujet. C'est celle de la reproduction artificielle des formes de la vie, de la morphologie plasmique en particulier.

64. — Sur la production artificielle de la morphologie plasmique.

J'ai dit déjà que l'une des particularités les plus
impressionnantes de la matière des êtres vivants est de
présenter une forme définie qui se reproduit automati-
quement dans la nature. Cette particularité a une telle
valeur à nos yeux que nous sommes inconsciemment
portés à faire des formes organiques un des caractères
essentiels qui différencient la matière vivante de la
matière inerte. Naturellement le vitalisme a poussé à
les faire regarder comme une manifestation de la force
mystérieuse particulière à la vie, comme une œuvre
directe du principe vital.

Dès lors, on le conçoit, toute tentative ayant pour but
de montrer que les formes de la vie et les figures fonctionnelles de sa substance sont le résultat de forces
physico-chimiques, a pu être regardée comme une
atteinte à un corps de doctrines et de ce fait a pu soulever des passions étrangères à la science positive.

Aujourd'hui encore, en ce commencement du xxᵉ siècle où les dogmes philosophiques les plus opposés s'en-
tendent du moins pour reconnaître que les données de
la science sont les seules bases rationnelles des
connaissances communes à tous les hommes, les discussions soulevées par la production artificielle des

formes vivantes ont une acuité insolite, signe patho-
gnomonique de l'intervention du sentiment dans leur
genèse.

Que le lecteur qui pour la première fois aborde ces
problèmes veuille bien en apercevoir immédiatement
l'unique portée.

Chercher à réaliser les formes de la vie n'est pas
prétendre donner une solution positive au problème de
la création artificielle de la matière vivante, c'est seulement chercher à montrer que la genèse de ces formes
est explicable par le concours des forces physico-chimiques mises en jeu lors de leur production.

Réaliser plus ou moins fidèlement la forme des
plasmas vivants n'équivaut pas à créer la vie, mais c'est
établir que les forces mises en jeu dans la genèse des
formes plasmiques ne sont pas nécessairement différentes
des forces physico-chimiques qui régissent la matière
inorganique.

Cette réserve étant faite une fois pour toutes, nous
exposerons, chaque fois que l'occasion s'en présentera,
les résultats expérimentaux des savants qui ont, dans
cette voie, fait faire un pas important à la science, en
montrant à quels effets inattendus peut conduire la
mise en jeu convenable des forces de la nature inerte.

Tout d'abord on sait, et les expériences de Hardy en
particulier l'ont fait voir, que le passage de solutions
colloïdales à l'état de gelée provoque la formation d'un
coagulum en réseaux ou en vacuoles, comme si des
lames de colloïdes plus condensées séparaient des
masses colloïdales moins condensées.

Il se peut que certaines réactions plasmiques de la

cellule provoquent un phénomène analogue plus ou moins temporaire, plus ou moins durable.

D'autre part Bütschli, l'un des partisans les plus convaincus de la théorie alvéolaire du plasma, a réalisé artificiellement le schéma de la matière cellulaire, d'après la conception qu'il avait d'elle, de la façon sui-

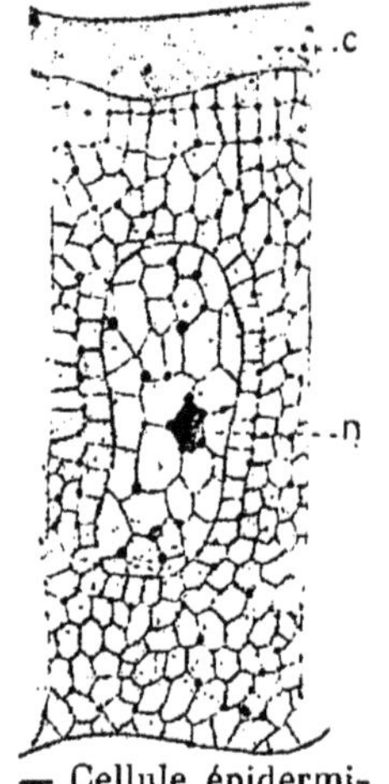

Fig. 8. — Cellule épidermique du lumbricus terrestris (d'après PRENANT).

c Cuticule.

n Noyau avec sa trame et ses blocs chromatiques.

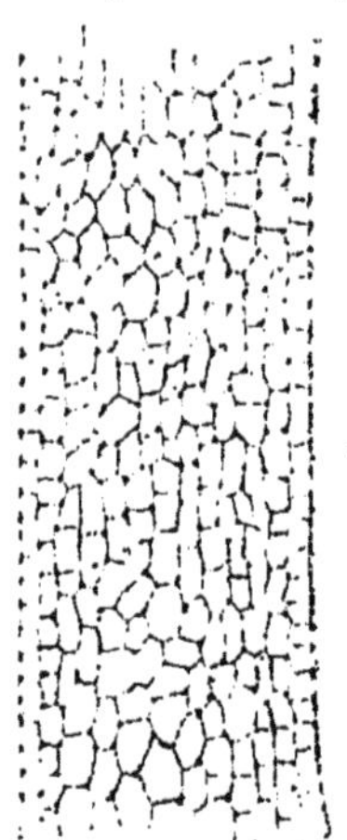

Fig. 9. — Ecume d'huile d'olive très épaisse et de carbonate de potasse étirée par pression du couvre objet (d'après Bütschli).

vante : il a fait un mélange d'huile d'olive battue et de carbonate de potasse de manière à former une pâte; il a mis une parcelle de cette pâte sur une goutte d'eau glycérinée de manière à produire une émulsion. L'examen microscopique des gouttes de cette émulsion y révèle une structure alvéolaire analogue à celle du plasma. (fig. 8 et 9) (1).

(1) C'est au sujet de cette tentative de production artificielle des

Quant aux formes extérieures prises par la cellule élémentaire libre, par l'amibe en particulier, ou par les cellules agglomérées en tissus, nous verrons qu'elles ne sont pas essentiellement différentes des formes que peut affecter la matière inorganique (v. § 69).

65. — Le noyau cellulaire.

On observe dans le corps plasmique de la cellule certaines formations différenciées : le noyau, les centres cellulaires, sont les plus importants ; on y voit aussi des enclaves, des vacuoles.

Nous allons d'abord nous occuper du noyau.

Aperçu dès la fin du xviiie siècle dans certaines cellules, le noyau fut regardé comme une formation constante à partir de la première moitié du xixe siècle et dès ce moment on put constater la remarquable propriété que possèdent les éléments nucléaires de se colorer par certains réactifs (vert de méthyle, carmin).

Difficile à reconnaître à l'examen microscopique sans être coloré, il se présente cependant sous forme d'un globule sphérique, ovoïde ou irrégulier (anneau, croissant, etc.); plus réfringent que le milieu qui l'entoure.

Dans quelques cellules il est très volumineux. Son

formes plasmiques que M. J. Chatin a écrit : « la théorie alvéolaire a suggéré à quelques naturalistes la *bizarre idée* de produire artificiellement du cytoplasme avec des mousses artificielles, des émulsions d'huile, ou des flocons d'eau savonneuse. » Je rapporte ces paroles pour montrer combien ces travaux ont pu paraître puérils à ceux qui les ont regardés comme de vains essais de création de la matière vivante.

volume d'ailleurs est ordinairement en rapport avec le volume de la cellule elle-même. Dans certains cas exceptionnels on peut l'apercevoir à l'œil nu, dans l'ovule des batraciens, par exemple.

Sa constitution chimique a été déterminée grâce à la propriété qu'il présente de résister plus longtemps aux ferments digestifs que la matière plasmique cellulaire. On peut ainsi, dans une certaine mesure, en soumettant la cellule à l'action des sucs digestifs, isoler le noyau du plasma de la cellule. On reconnaît alors qu'il est formé en majeure partie de ces substances phosphorées que nous avons étudiées au paragraphe 19 sous le nom de nucléo-protéides.

La structure du noyau offre une certaine analogie avec celle du cytoplasme ou plasma cellulaire, comme on a déjà pu s'en rendre compte par le schéma de la figure 7 où il est représenté.

Quand on examine le noyau à l'état statique après l'avoir soumis à l'action d'un colorant tel que le vert de méthyle, on y constate la présence ordinaire de granulations, qui sont les grains de chromatine. Ces grains offrent les caractères soit de la nucléine, soit de l'acide nucléique, suivant son état fonctionnel (v. § 19).

La substance chromatique peut affecter l'aspect de grains, ce qui a donné lieu comme pour le plasma à une théorie granulaire (Altmann), ou de réseau, ce qui peut amener à une conception filamenteuse, réticulaire ou alvéolaire (Carnoy, Flemming, Heidenhain, Bütschli).

On constate encore la présence dans le noyau d'un réseau ne fixant pas la plupart des réactifs colorants : c'est le réseau de linine (ou plastine nucléaire), qui enferme dans ses mailles, comme le morphoplasme du plasma cellulaire, un liquide hyalin. Quand on utilise des colorants acides on obtient une teinte nette de la linine, alors que le suc nucléaire reste presque incolore.

Les grains de chromatine occupent des positions variables sur le trajet du filament du réseau de linine; quelquefois agglomérés en amas plus volumineux, ils constituent ce qu'on appelle les faux nucléoles.

On aperçoit par contre de petites masses indépendantes du réseau de linine, parfois très volumineuses et non colorables par les colorants de la chromatine : ce sont les nucléoles vrais.

Enfin le noyau est enveloppé par une couche plus ou moins différenciée constituant ordinairement une membrane perméable. Grâce à elle le noyau a en général une constitution chimique moins variable que le plasma et il peut conserver une certaine uniformité de composition chez des cellules pourtant très différenciées, telles que les cellules à glycogène, à graisse, à mucus.

66. — Les centres cellulaires.

A côté du noyau que nous venons de décrire, il est indispensable que nous rappelions une formation différenciée du plasma, qu'on désigne sous le nom de centre cellulaire (v. fig. 7).

Cet organe aperçu pour la première fois par Van Beneden en 1876 dans l'œuf de l'ascaris mégalocéphale en voie de division, est regardé comme constant dans presque toutes les cellules animales; son existence est moins généralement reconnue dans les végétaux. D'ailleurs son aspect est très variable suivant la phase fonctionnelle de la cellule, ce qui explique suffisamment les divergences de vue à son sujet.

Il se compose, quand il est complet, d'un *corpuscule central* ou centrosome, entouré d'une *sphère* d'aspect

Fig. 10 — Quelques aspects des centres cellulaires au cours de la cytodiérèse, d'après Storch.

plasmique centrosphère, archiplasme, autour de laquelle divergent des filaments qui s'irradient à partir du corpuscule central et dont l'ensemble constitue l'*aster*.

Le centrosome, la centrosphère et l'aster ne sont pas constants et varient d'aspect d'une cellule à l'autre et d'une phase à l'autre, sur la même cellule. Toutefois les histologistes s'accordent généralement à considérer que le centrosome est de même nature que la chromatine nucléaire, tandisque les régions qui l'enveloppent, centrosphère et aster, sont constituées par du plasma cellulaire.

Ces différentes parties ne sont d'ailleurs vraisemblablement que des différenciations fonctionnelles et temporaires du plasma, qui se produisent en particulier
lorsque commence le travail de la division cellulaire; et
si cette manière de voir est juste, si le centrosome à
caractère nucléaire (chromatine) prend naissance à ce
moment dans le plasma, nous assistons à une réédition continuelle de la production du noyau à partir
du plasma dans la chaîne des organismes, quand on
passe des types anucléés (monères) aux types nucléés
(amibes).

Le nombre des centrosomes est variable suivant les
cellules. Fréquemment on en trouve deux, comme dans
les cellules épithéliales par exemple.

Ces productions sont encore appelées sphères directrices, en raison du rôle qu'elles jouent dans le phénomène de la karyokinèse.

67. — Figures de diffusion donnant une image des centres cellulaires.

Les figures transitoires radiolaires qu'on observe parfois dans la cellule, même au repos, autour du centrosome ont reçu des interprétations variées.

Etant donné le rôle que paraît jouer le noyau dans la
nutrition et dans l'accroissement cellulaire, et celui que
tient vraisemblablement le corpuscule central dans la
multiplication qui est, elle aussi, un phénomène de nutrition et d'accroissement, il est intéressant de rapprocher
les figures offertes par les cellules naturelles de cer-

taines formes artificielles données par le phénomène de
la diffusion. M. S. Leduc a spécialement étudié les analogies de ces phénomènes, et les résultats de ses expériences originales contribuent à jeter la lumière sur
le rôle des forces physico-chimiques dans la production des formes plasmiques.

Quand une substance déposée en un point d'un milieu
liquide diffuse dans ce liquide, cette diffusion s'opère,
nous le savons, grâce aux mouvements d'oscillation
thermique de chaque particule. Il est facile de voir que
les résultantes de tous ces mouvements sont dirigées
radialement et ont pour effet de leur faire fuir le centre,
de provoquer des courants de particules matérielles
divergentes à partir de ce centre, tandis que des particules du milieu viennent en sens contraire prendre leur
place. Ces courants, nous le savons, sont des courants
osmotiques et la force qui produit la direction radiale
des particules diffusantes est la force osmotique.

Avec M. Leduc on peut reconnaître des pôles positifs
de diffusion quand les gouttes déposées dans le milieu
liquide ont une pression osmotique plus forte que ce
liquide et des pôles négatifs quand c'est l'inverse.

La figure 11 représente un aspect du phénomène de
la diffusion obtenu par M. Leduc. Elle a été produite
en mettant dans un plasma artificiel une goutte de ce
même plasma pigmenté avec l'encre de chine, et en
plaçant de part et d'autre deux gouttes hypertoniques
légèrement teintées. Chaque goutte hypertonique s'entoure d'une sorte d'aster de diffusion et le fuseau qui les
unit nous apparaît comme formé par deux forces agissant dans des directions opposées, le pigment de la

goutte centrale se dirigeant vers chaque pôle positif.
Le pigment du plan équatorial sollicité par des forces
opposées et égales reste immobile.

Est-ce à dire que ce rapprochement explique le phénomène cellulaire qui nous occupe en ce moment? Evi-
demment il ne nous fournit pas la clé de son mécanisme,
mais du moins il nous permet d'entrevoir que dans cer-

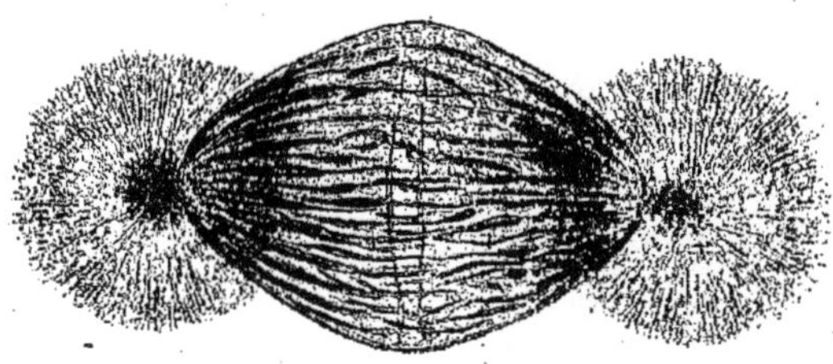

Fig. 11. — Figure de diffusion rappelant les phénomènes
karyokinétiques (Leduc).

taines phases d'activité, des causes purement physico-
chimiques peuvent donner lieu à des circulations particulaires, à des courants affectant des directions très
semblables à celles que nous révèle le microscope dans
la cellule. Cette interprétation cinétique de certaines
figures de la matière vivante est un heureux complément
apporté à l'interprétation statique, c'est-à-dire au rapprochement que l'on fait de ces phénomènes morphologiques avec les formes des spectres magnétiques ou
électriques qui matérialisent à nos yeux les lignes de
flux.

68. — Les formes extérieures de la cellule. Les êtres mono-cellulaires. Les cellules autonomes.

Rien n'est plus variable que la forme des cellules, et les figures qu'elles nous offrent sont tellement différentes de celles que nous présente ordinairement la matière inerte qu'on a été tout naturellement porté à

Fig. 12. — Cellule ronde, œuf de 5 millionième d'... ovule d'Échinoderme, gross. ... fécondation d'après Hertwig.

Fig. 13 — Cellule végétale. M Membrane. N Noyau. P Paroi. ... Nucléole.

faire de la forme cellulaire une caractéristique de la vie.

Plus ou moins rondes ou ovoïdes chez les êtres mono cellulaires ou chez les éléments embryonnaires, souches des individus plus complexes (fig 12), elles affectent des formes infiniment variées dans les tissus. Chez les végétaux, elles sont polygonales dans les parties jeunes, (fig. 13), dans le méristème, polygonales aussi, dans le parenchyme conjonctif; allongées et effilées dans le tissu fibreux, charpente de la tige (fig. 14). Dans les vaisseaux, on les voit placées bout à bout et les cloisons communes sont plus ou moins résorbées donnant lieu à des tubes plus ou moins parfaits (fig. 15).

Chez les animaux elles se présentent tantôt sous forme d'un carrelage polygonal aplati comme dans le tissu

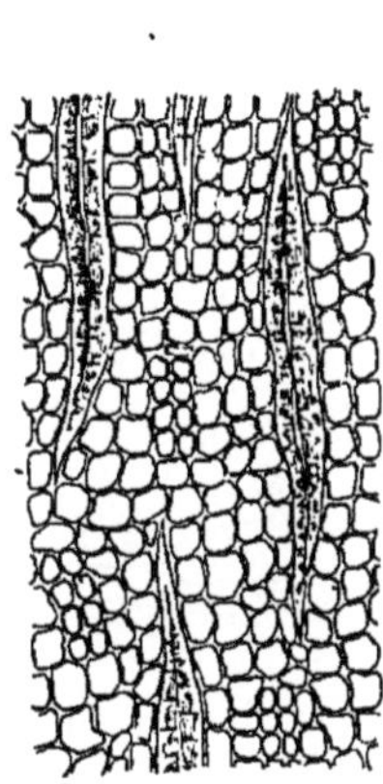

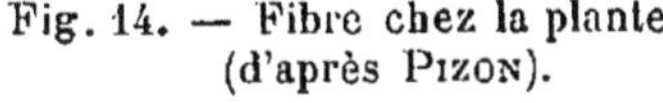

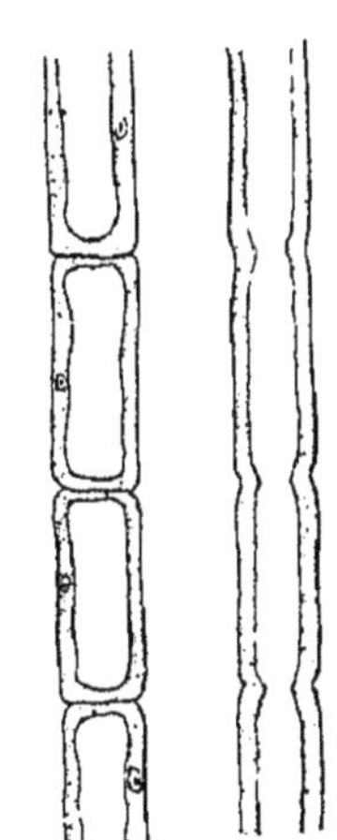

Fig. 14. — Fibre chez la plante
(d'après Pizon).

Fig. 15. — Formation cellulaire
des vaisseaux chez la plante à
partir de cellules placées bout
à bout.

épithélial pavimenteux (fig. 16), tantôt sous forme de cylindres ou de prismes comme dans le tissu épithélial cylindrique de l'intestin, quelquefois munies de cils vibratiles comme dans celui de la trachée (fig. 17 et 18).

D'autres fois elles sont étoilées comme dans le tissu conjonctif (v. fig. 27), où elles produisent une substance affectant la forme de longs filaments (fibres conjonctives et élastiques).

Ailleurs elles sont arrondies et séparées par une substance interstitielle élastique, ce sont les cellules cartilagineuses (fig. 19). Ailleurs encore elles ont de nombreux prolongements et sont noyées dans une substance interstitielle infiltrée de sels calcaires, ce sont les cellules osseuses (fig. 20).

Toutes ces formes ne sont-elles pas propres à la matière vivante, caractéristiques de la vie et irréalisables en dehors d'elle?

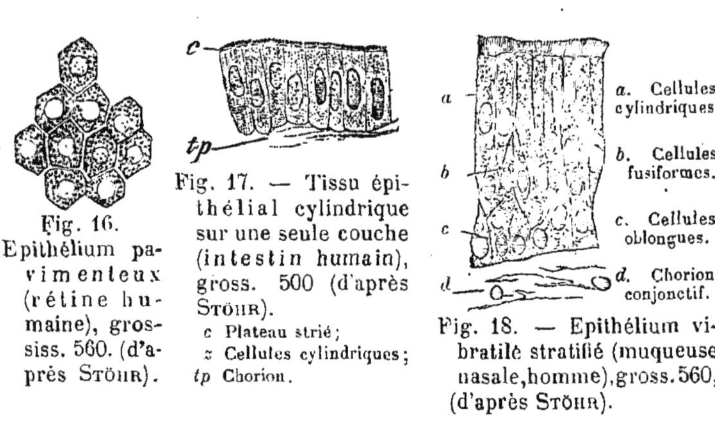

Fig. 16.
Epithélium pavimenteux (rétine humaine), grossiss. 560. (d'après Stöhr).

Fig. 17. — Tissu épithélial cylindrique sur une seule couche (intestin humain), gross. 500 (d'après Stöhr).
c Plateau strié;
z Cellules cylindriques;
tp Chorion.

Fig. 18. — Epithélium vibratile stratifié (muqueuse nasale, homme), gross. 560, (d'après Stöhr).
a. Cellules cylindriques
b. Cellules fusiformes.
c. Cellules oblongues.
d. Chorion conjonctif.

·Il est certain que si l'on s'ingéniait à les reproduire de toutes pièces artificiellement par la mise en jeu de forces physico-chimiques agissant au hasard, on se livrerait à un jeu complètement stérile. Mais il est une chose qu'on ne peut contester : c'est que toutes les cellules de formes variées que nous venons de rappeler dérivent d'une cellule unique non différenciée. Ceux-là même qui mettent en doute la théorie de la parenté originelle de toutes les espèces animales et végétales doivent du moins reconnaître que toutes les cellules de l'individu adulte, à quelque espèce qu'il appartienne, dérivent de la cellule œuf qui l'a formé, sans que, au cours de cette évolution, les mutations de la matière vivante échappent aux lois physico-chimiques de l'énergétique générale. Toutes ces formes cellulaires différenciées nous apparaissent donc comme procédant des formes simples de la cellule primitive sous l'action de causes accessibles à l'observation. La science connaît plus ou moins les

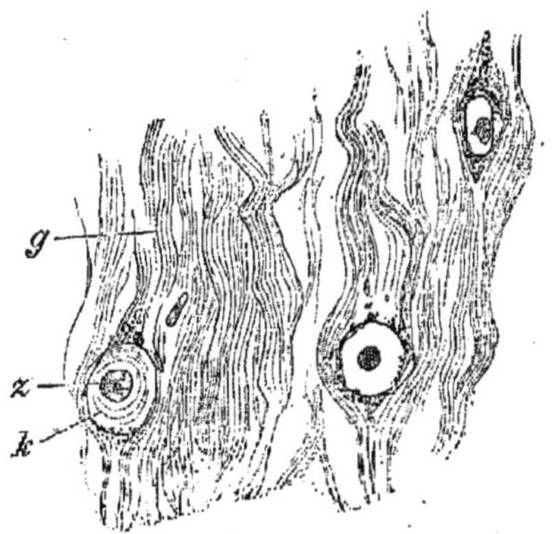

Fig. 19. — Cellules du tissu cartilagineux.

conditions qui font évoluer les cellules depuis les formes simples originelles, jusqu'aux types les plus différenciés ; ces conditions sont extrêmement complexes et ce serait folie d'espérer que des phénomènes physico-chimiques grossiers nous donnent instantanément une réédition de l'œuvre lente et compliquée de la nature, alors même que par hasard ils reproduiraient approximativement les formes complexes observées.

Par contre, il est moins indifférent de reproduire artificiellement les formes du plasma primitif ou de la cellule non différenciée, parce que là nous sommes aux

limites de la biologie : c'est précisément sur ces confins
qu'il est intéressant de voir si les forces physico-chimiques à elles seules en dehors des conditions préexis-
tantes de la vie, en dehors des influences d'un milieu
vivant, sont capables de donner naissance à des formes

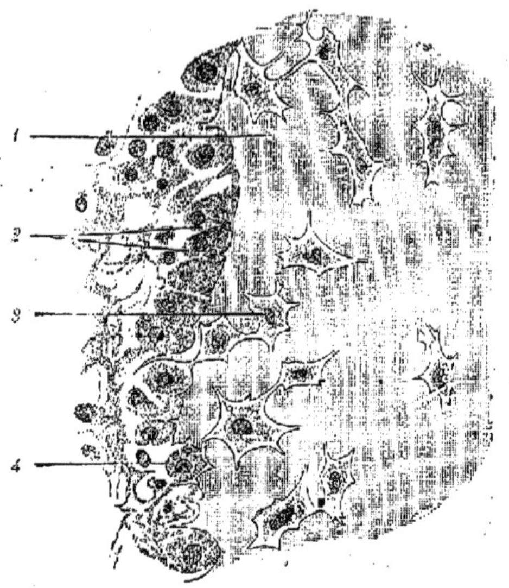

Fig. 20. — Cellules du tissu osseux (d'après STÖHR).

<table>
<tr><td>1 Tissu osseux fondamental.</td><td>3 Cellules osseuses.</td></tr>
<tr><td>2 Ostéoblastes.</td><td>4 Ostéoblastes devenant cellules osseuses.</td></tr>
</table>

macroscopiques ou structurales qui rappellent celles de
la vie débutante. Si elles le font, les formes les plus
simples cesseront du moins d'être pour nous des caractéristiques irréductibles de la vie. Nous avons déjà vu
comment la structure intime du plasma a pu être artificiellement imitée; nous allons voir à présent s'il en est
de même des formes cellulaires rudimentaires.

69. — Les formes les plus rudimentaires de la matière vivante ne sont ni propres à la vie, ni révélatrices d'un principe vital.

Nombreuses sont les expériences qui tendent à montrer que la structure cellulaire peut être ébauchée dans la matière inerte. Cartaud, observant l'attaque par AzO^3H d'un cristal cubique de fer, a remarqué sur la face attaquée un aspect de mosaïque cellulaire et Bénard, étudiant les tourbillons qui se produisent dans une nappe liquide mince chauffée par sa partie inférieure, a pu voir une mosaïque analogue révélée à la surface par les fines poussières qu'il y avait projetées ; il n'alla pas plus loin dans la voie de l'expérimentation, mais il prévit dans ses conclusions que la diffusion et l'osmose pourraient produire des effets semblables à ceux de la chaleur.

Harting a développé des formes cellulaires au cours des phénomènes de précipitation produits dans des milieux inertes ; Traube a reproduit un certain nombre de phénomènes cellulaires au moyen de cellules artificielles faites d'un précipité de sulfate de cuivre et de ferro-cyanure de potassium ; Renaudet et Herréra ont obtenu des vésicules mousseuses de silicates et même des figures de noyaux et de nucléoles ; enfin Leduc de Nantes a utilisé les phénomènes osmotiques pour provoquer la formation des figures les plus variées et les plus inattendues des organismes inférieurs. Il a reproduit notamment la structure d'un tissu cellulaire par l'expérience suivante. Il place sur une lame de verre de l'eau salée, puis, alentour, de l'eau salée de concentration différente teintée par l'encre de Chine. On aperçoit vers la fin de la diffusion une segmentation remarquable de la masse liquide qui présente un aspect muriforme.

Le concours des **forces osmotiques** et des phénomènes de tension superficielle si bien étudiés par Quincke, Vincent, Drude, etc. (V. T. I, p. 205), explique à peu près ces particularités, et nous savons que les variations de conductibilité électrique et de forces électromotrices de contact dans les couches superficielles, mises en évidence par Vincent, Moreau, Patterson, Maurain, Blanc, Oberleck, Kœnigsberger, Muller, etc., nous font entrevoir la raison d'être d'un grand nombre de réactions spéciales propres aux colloïdes, aux micelles organiques.

On s'étonnera peut-être que l'on attache quelque importance aux processus qui tendent à diviser une masse de matière en fractions d'aspect cellulaire : c'est partir d'un tout pour aboutir par division à l'unité intéressante, quant au contraire on a l'habitude de voir les tissus vivants se former par agglomération d'unités, par multiplication d'individus, et non par division d'un ensemble.

Les expériences précitées intéressent surtout les partisans d'une conception qui a certes une base scientifique, mais qu'on ne saurait généraliser : c'est la conception d'un symplaste origine de cellules multiples. Voici en deux mots sur quoi elle s'appuie. On sait qu'il existe des cellules à noyaux multiples ; nous aurons l'occasion d'en trouver de nombreuses espèces quand nous étudierons les tissus différenciés. On sait aussi que dans les tissus, même dans les tissus végétaux où la cellule possède une enveloppe résistante, il existe des communications, des ponts entre le plasma des cellules voisines ; on connaît en un mot, une série de faits qui enlèvent à la cellule de son individualité et qui tendent à la faire regarder comme un *a posteriori* prenant naissance par division d'une masse commune, d'un symplaste.

Nous n'insisterons pas sur cette conception qui ne pourrait pour le moment, qu'allonger notre étude, sans lui apporter de lumières nouvelles.

Nous allons voir plutôt comment certaines figures de cellules considérées en tant qu'individus ont pu être reproduites et comment certains groupements cellulaires revêtent des formes qui ne sont pas particulières à la vie.

70. — Quelques figures de cellules rudimentaires données par des phénomènes physico-chimiques étrangers à la matière vivante.

Le but des expériences de morphologie cellulaire artificielle est très modeste. Elles n'ont, comme nous l'avons dit, nullement la prétention de réaliser de toutes pièces une cellule avec sa structure microscopique, sa complexité chimique, etc., mais seulement de faire voir que les formes primitives ne sont pas propres à la vie et ne constituent pas un caractère lié aux fonctions vitales, comme on serait volontiers tenté de le croire.

Nous considérerons d'abord les formes prises par la cellule la plus simple, l'amibe, ou le globule blanc du sang. On sait que ces cellules sont de petites masses plasmiques pourvues d'un noyau, et que si on les dépose en milieu liquide sur une lame de verre elles poussent des prolongements, s'étalent, se déplacent; ces mouvements paraissent liés à des échanges chimiques avec le milieu.

En effet si, par suite de phénomènes physico-chimiques extérieurs, ces échanges sont momentanément arrêtés, l'amibe prend la forme sphérique. Dès que les

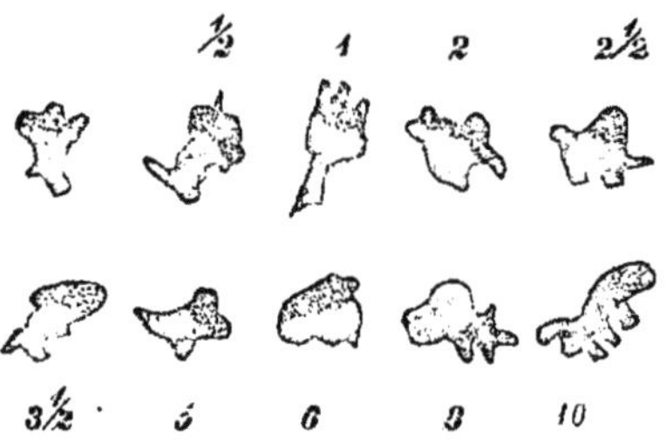

Fig. 21. — Formes prises par un leucocyte de grenouille (grossiss. 500) durant un temps de 10 minutes. Observations faites toutes les 1/2 minutes d'abord, puis toutes les minutes et toutes les 2 minutes. (d'après Stöhr).

échanges chimiques se rétablissent on voit de nouveau naître des pseudopodes, des prolongements irréguliers. Si le milieu est alcalinisé, les pseudopodes sont longs et grêles. La forme de l'amibe est sans cesse fonction des échanges dont elle est le siège et du milieu où elle est placée.

Plus la tension superficielle qui dépend, on le sait, des deux corps en présence est élevée, plus le plasma est « séparé » du milieu, pour employer l'expression de Le Dantec, et plus les pseudopodes se forment difficilement : ils ne s'anastomosent pas, entourés qu'ils sont par une couche du milieu liquide adhérent (amibes). Plus la tension superficielle est faible, plus les pseudopodes se forment facilement; ils sont longs, grêles, ils s'anastomosent s'ils se rencontrent, comme cela se voit

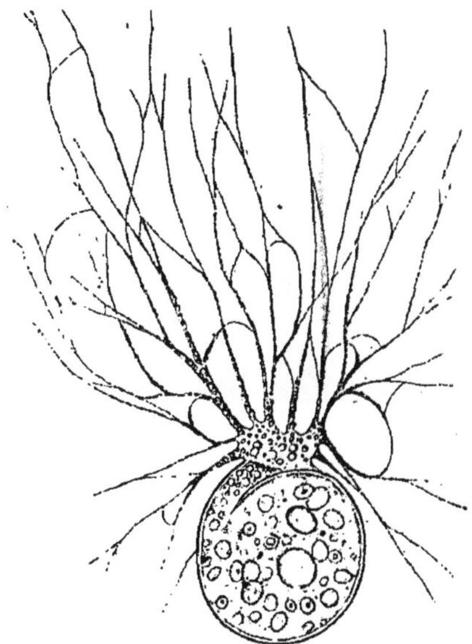

Fig. 22. — Lieberkühnia.

chez le lieberkühnia, rhizopode d'eau douce. Ces conditions changent naturellement quand il se forme à la périphérie une couche différenciée s'opposant aux échanges chimiques, mais alors l'osmose peut produire des effets d'un autre ordre.

Or ces formes variées peuvent être facilement reproduites d'une manière artificielle : Gad, Quincke, on obtenu à l'aide d'une gouttelette d'huile rance mise dans une solution alcaline, des formes rappelant celles des amibes ou des radiolaires. Ces formes sont dues aux modifications que subit la tension superficielle quand les acides gras (produits par le dédoublement des glycérides de l'huile rance) passent à l'état de savon, fig. 23.

Traube employant des gouttes de gélatine dans une solution de tannin obtint des cellules artificielles munies

Fig. 24. — Figures amœboïdales.

d'une membrane insoluble de tannate de gélatine, à travers laquelle pouvaient s'opérer des échanges osmotiques.

Ledue a varié ces expériences de façon très intéressante, ainsi une goutte d'un mélange de solution de carbonate de soude et de phosphate disodique dans une solution de chlorure de sodium contenant des traces de chlorure de calcium donne une figure de cellules ciliées cf. s 75 ; un granule de sulfate de cuivre et de sucre dans une solution de ferro-cyanure de potassium donne la figure d'une cellule à longs prolongements grêles, fig. 24.

Il a d'autre part réalisé sous un aspect frappant les
images que l'osmose est capable de produire dans certains cas en accroissant la masse intérieure d'un osmo-
mètre minuscule (cellules de Traube). Il suffit pour
cela qu'une petite quantité de substance soit plongée
dans un liquide avec lequel elle forme un précipité colloïdal : une membrane osmotique se constitue à la
limite de séparation. A travers cette membrane se produisent des courants osmotiques, si bien que le contenu

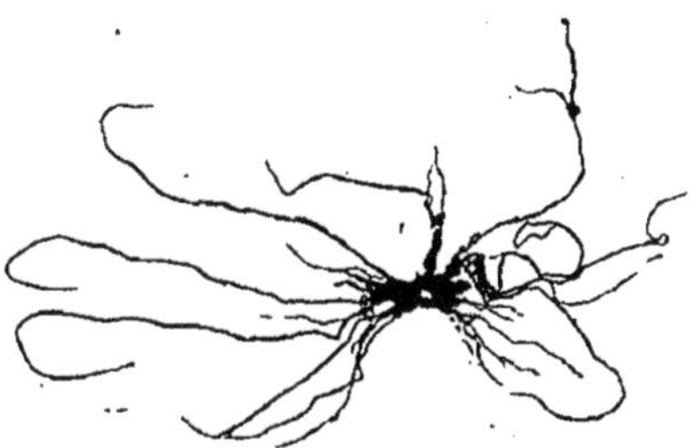

Fig. 24. — Figure cellulaire (Leduc).

de cette outre colloïdale tend à rompre sa paroi. Arri-
vant au dehors, il la reconstitue au contact du milieu
liquide et le phénomène se poursuit indéfiniment. La
forme prise par la matière colloïdale dépend de la tension superficielle, de la vitesse de l'osmose, de la vitesse
de formation de la paroi, de la résistance de cette paroi,
de la distribution des forces mécaniques capables de
les rompre, etc. Parmi les formes obtenues, il en est
beaucoup qui rappellent celles des organismes inférieurs. J'en reproduis deux à titre de documents.

La figure 25 représente un globule de sucre et sulfate
de cuivre bourgeonnant dans une solution étendue de

ferrocyanure de potassium et donnant l'image d'une algue.

La figure 26 est celle d'une croissance osmotique obtenue avec du nitrate de calcium dans une solution complexe de carbonates, phosphates, nitrates, sulfates, manganates, silicates alcalins.

On pourrait multiplier les exemples. M. Leduc s'est ingénié à reproduire des figures qui rappellent les

Fig. 25. — Figure de croissance cellulaire (Leduc).

formes les plus frappantes de la vie inférieure, algues, champignons, paysages marins, etc., etc. Mais là nous touchons à une face de la question qui a pu surtout donner prise à la critique parce que l'on a cru que ces expériences dépassaient la portée que nous leur avons attribuée plus haut.

Plus M. Leduc a cherché à imiter les formes compliquées de la nature en mettant en jeu les forces physico-chimiques, plus il s'est éloigné du mécanisme de leur production naturelle biologique; de telle façon que, aux yeux des personnes non averties, il paraissait vouloir

donner une explication erronée de la genèse de ces
formes, et attribuer au mécanisme de leur production
artificielle la valeur d'une explication de leur genèse. Le
fait scientifique qui ressort des expériences de M. Leduc

Fig. 26. — Croissance en bois (Leduc).

et de ceux qui, comme lui, ont reproduit les formes élémentaires de la vie par des processus physicochimiques,
c'est que ces formes élémentaires ne sont pas le propre
de l'évolution de la matière vivante, c'est que l'on voit

dans leur réalisation l'empreinte des forces de la nature inerte, c'est que cette nature inerte n'est pas seulement capable de donner des formes géométriques, comme dans les cristaux, des formes micellaires, comme dans les solutions colloïdales, mais des formes analogues à celles que prennent les plasma les plus simples.

Il faut s'arrêter là; les formes plus complexes procèdent des fonctions de la vie, leur mécanisme ne saurait être expliqué sans que l'on envisage le fonctionnement de la matière vivante.

Pour le moment n'ayant pas encore étudié les fonctions de la vie, nous allons résolument laisser de côté la genèse des formes naturelles et nous borner à les observer telles qu'elles sont. Nous allons prendre d'elles, dans les deux règnes, une vue générale. Néanmoins, nous apercevrons souvent, chemin faisant, par quel mécanisme particulier propre au fonctionnement de la matière vivante, propre au concours spécial des forces physico-chimiques mises en jeu dans l'évolution de la vie, elles ont pu prendre naissance : nous tirerons parti, plus tard, de ces observations, quand nous aurons à envisager la question si troublante de l'évolution de la matière vivante et des origines de la vie.

CHAPITRE II

Les formes cellulaires. Quelques notions d'histologie comparée.

71. — Les différenciations cellulaires.

Nous avons dit que tout tissu, tout organe se compose d'un agglomérat de cellules et que ces cellules diffèrent suivant le tissu ou l'organe auquel elles appartiennent. Nous allons voir en quoi consistent ces différenciations et nous envisagerons immédiatement l'un des organismes les plus complexes que nous puissions rencontrer : l'homme. Nous aurons ainsi chance de trouver chez lui le maximum des différenciations cellulaires. Tout en faisant cette incursion sommaire dans le domaine de l'histologie humaine, nous comparerons quand il y aura lieu, la morphologie de l'homme à la morphologie animale et même à la morphologie végétale.

Si l'on observe la vie de l'organisme humain, on voit qu'il se nourrit, qu'il respire, qu'il élimine des produits variés, qu'il se reproduit, qu'il se déplace, qu'il prend contact avec le monde extérieur. Ce sont là des fonctions

dont nous étudierons plus tard le mécanisme. Pour le
moment bornons-nous à constater que chacune de ces
fonctions nécessite des organes spéciaux; que chacun
de ces organes est formé de tissus et que ces tissus sont
composés eux-mêmes de cellules différenciées.

Ainsi la fonction digestive implique l'introduction
d'aliments par des orifices et des conduits qui les
amènent dans des lieux d'assimilation de structure assez
complexe; la fonction d'oxygénation implique un concours non moins remarquable d'organes variés; la fonction d'élimination met en scène tout un appareillage
désassimilateur, des glandes, des vaisseaux, etc.; la fonction de reproduction, une organisation encore plus compliquée; les fonctions de relations reposent sur le jeu
d'un organe moteur avec pièces rigides d'appui pour le
déplacement, et d'organes de commande étonnants
entre tous, et encore bien peu accessibles à notre
examen, les centres nerveux avec leurs fils récepteurs
et transmetteurs. Au bout des fils récepteurs, nous
rencontrons chez tous les animaux supérieurs les plus
merveilleux transformateurs des énergies externes qui
se puissent concevoir : les uns impressionnés par les
ondes éthérées, qui sont la lumière, les autres par les
ondulations matérielles qui constituent le son, d'autres
par les infiniment petits matériels qui sans cesse s'épar-
pillent autour de la matière instable et qui font les
odeurs, la saveur ; d'autres enfin par l'inertie et la solidité des corps : tous traduisent de façon différente,
devant le récepteur central, des excitations qui donnent
à l'être conscient une idée du monde extérieur.

Chacun de ces organes est réductible à quelques tissus

savamment organisés. Ainsi dans les organes de soutien, on trouve, aux articulations, des pièces rigides osseuses, du tissu cartilagineux, du tissu tendineux, fibreux, conjonctif, vasculaire, nerveux, etc., et il en est de même pour toutes les parties du corps.

On conçoit qu'entreprendre l'étude des formes cellulaires dans tous ces tissus différenciés, puis l'étude des formes macroscopiques des organes constitués par eux, n'aurait pas sa raison d'être dans un ouvrage général. Nous allons seulement extraire de ces notions, qui font l'objet de l'histologie et de l'anatomie humaines celles qui peuvent le mieux donner au lecteur une idée des modifications morphologiques de la cellule adaptée à telle ou telle fonction.

72. — Morphologie des cellules, des tissus, des organes adaptés au rôle de soutien. Le tissu conjonctif chez les animaux.

Chez l'homme c'est grâce au squelette osseux que le corps possède sa rigidité, sa forme générale. C'est sur les pièces du squelette que les organes moteurs s'attachent comme une corde sur des leviers. Il en est de même chez tous les vertébrés.

La rigidité qui assure la forme peut, on le sait, être réalisée autrement : les pièces rigides chez les insectes, les carapaces chez les mollusques, les fibres ligneuses chez les végétaux, jouent un rôle analogue quoique très dissemblable de nature. D'ailleurs les tissus de soutien peuvent être mous ; leur rôle peut se borner à assurer

la position relative des organes, des cellules appelées à
des fonctions spéciales; leur rôle en un mot est avant
tout un rôle de conjonction, de réunion d'éléments
plus importants.

Voilà pourquoi nous pouvons dire que le rôle de
soutien dans les organismes est tenu par les substances
conjonctives, par le tissu conjonctif mou en particulier
dont le cartilage et l'os chez les animaux supérieurs ne
sont que des variétés.

Nous allons d'abord dire quelques mots des formes
présentées par le tissu conjonctif en général.

Le tissu conjonctif chez les animaux est formé d'une
substance fondamentale au milieu de laquelle se trouvent des *cellules*. Ces cellules présentent des prolongements qui s'anastomosent avec ceux des cellules
voisines et forment une sorte de réseau. A l'origine,
durant les phases de formation, on ne voit que ces cellules enveloppées d'une matière hyaline, amorphe (la
substance dite fondamentale).

Dans le tissu plus âgé on voit se développer dans la
matière amorphe entre les cellules :

1° des faisceaux conjonctifs décrits par Henle et composés de fibrilles nombreuses, apparemment enveloppées
d'une gaîne. Ce sont ces faisceaux qui, soumis à l'action
du tannin, donnent le cuir.

et 2° de fibres élastiques décrites par Lauth.

Voilà donc un tissu d'une morphologie assez complexe : des cellules, des faisceaux conjonctifs, des fibres
élastiques, une substance amorphe s'y trouvent réunis.

Or nous avons dit que la cellule est l'unité vivante par
excellence. Que sont donc ces formations surajoutées

et en particulier les fibres conjonctives et élastiques?
Dérivent-elles des cellules? Schwann l'a affirmé. Ne
proviennent-elles pas plutôt de la substance amorphe?
Henle l'a soutenu.

Actuellement une autre opinion formulée par Retterer
a rallié la plupart des histologistes. Le tissu conjonctif
commencerait par être une réunion de cellules dont les

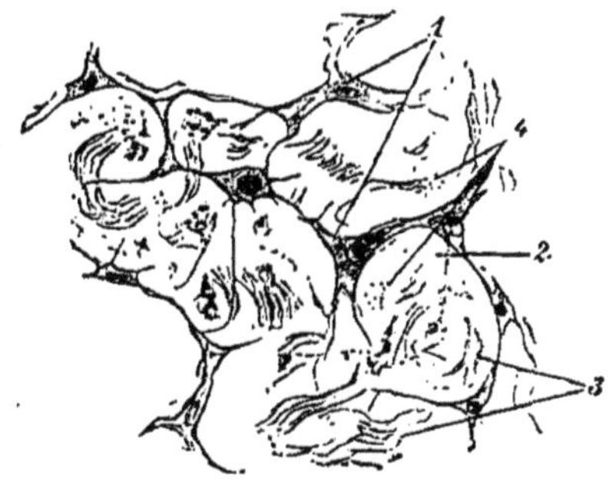

Fig. 27. — Tissu conjonctif muqueux (d'après STÖHR). Cordon d'un
embryon humain d'environ 4 mois.

1 Cellule.
2 Substance intermédiaire.
3 Faisceaux conjonctifs coupés obliquement.
4 Faisceaux conjonctifs coupés perpendiculairement.

plasmas seraient confondus; et de fait quand on examine du tissu conjonctif jeune, tel que celui des bourses
séreuses (Retterer), on le voit formé d'une substance
amorphe dans laquelle on aperçoit des noyaux cellulaires. Peu à peu une différenciation s'établit dans le
plasma. Autour des noyaux le plasma est très colorable
par les réactifs et l'on s'aperçoit que cette couche différenciée très-colorable envoie des prolongements vers les
noyaux voisins à travers le reste de la substance amorphe qui n'est autre que l'hyaloplasme.

Dès lors on peut s'imaginer facilement la structure du tissu conjonctif adulte. Ce qu'on aperçoit comme cellules isolées n'est qu'une partie de la masse cellulaire, le noyau et le protoplasma chromophile composé en majeure partie de morphoplasme; ce qui constitue la substance amorphe, c'est l'hyaloplasme des cellules primitives dont les plasmas sont confondus. Les fibres élastiques dérivent du morphoplasme primitif. Les faisceaux conjonctifs sont probablement une dérivation de l'hyaloplasme, fibrillé sous l'action de causes mécaniques.

La morphologie relativement assez compliquée du tissu conjonctif peut donc être ramenée à la morphologie cellulaire, et ainsi concevons-nous que dans l'évolution ontogénique de chaque individu, ce tissu puisse naître du produit de la multiplication des cellules embryonnaires comme nous le verrons en étudiant la fonction de reproduction. De même concevons-nous que dans l'évolution phylogénique des êtres, sous l'influence de causes variées, ces transformations cellulaires aient pu s'accomplir. C'est pour l'étude de cette genèse qu'il est intéressant de se rappeler que des formes très différentes de celles que nous offre ordinairement le monde inerte peuvent être réalisées en mettant en œuvre les seules forces physico-chimiques.

Le tissu conjonctif subit du reste des différenciations très variables chez les animaux. Tantôt lâche, comme à la face profonde de la peau, tantôt membraneux comme dans le mésentère, tantôt adapté à la fonction de traction comme dans les tendons et les aponévroses où prédominent les faisceaux conjonctifs, tantôt au contraire ne jouant qu'un rôle indirect de soutien comme dans les lobules adipeux, etc., ce tissu est susceptible de prendre les aspects morphologiques les plus divers.

Mais nous allons en voir deux différenciations bien plus frappantes encore en disant quelques mots du tissu cartilagineux et du tissu osseux.

73. — Autres tissus de substances conjonctives jouant le rôle d'organes de soutien chez les animaux supérieurs. Les cartilages. Les os.

Le tissu conjonctif comme nous venons de le voir manque de consistance, de rigidité. Dans certaines régions où cette consistance, où cette rigidité constituent un caractère utile, on trouve deux tissus très analogues, mais possédant ces qualités requises. C'est le cartilage et l'os.

Le cartilage ressemble beaucoup au tissu que nous venons de décrire et si l'on voulait schématiser son caractère, on pourrait dire que c'est du tissu conjonctif dont la substance fondamentale a pris de la consistance en s'enchondroïnant, c'est-à-dire en s'additionnant d'une matière spéciale qui la rend plus ferme tout en lui laissant son élasticité.

C'est en effet la substance fondamentale qui caractérise le cartilage. L'étude de cette substance fait voir sa parenté avec celle du tissu conjonctif. Tantôt elle est amorphe comme si les fibres élastiques et conjonctives, peu utiles, s'étaient évanouies, et comme si les substances durcissantes chondroïques avaient envahi la

masse intercellulaire, tel est le cas du cartilage hyalin ;
tantôt elle présente un développement particulier des
fibres élastiques, tel est le cas du cartilage occupant le
pavillon de l'oreille ; tantôt ce sont les faisceaux con-

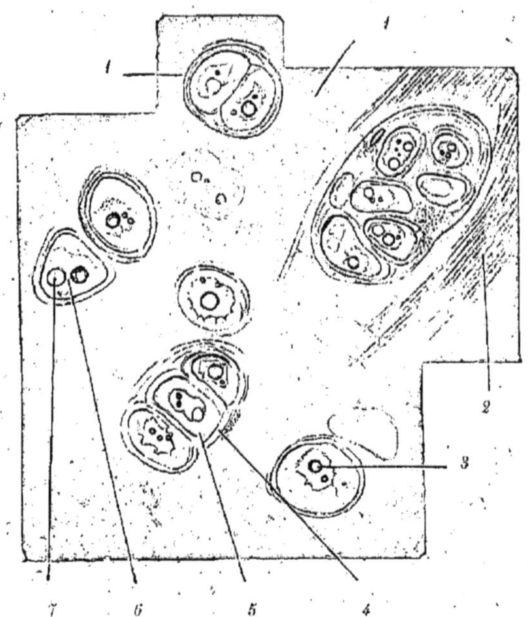

Fig. 28 (d'après STÖHR).

1 Substance fondamentale hyaline.   *5* Cavité cartilagineuse.
2 Fibres rigides.   *6* Protoplasma.
3 Gouttes graisseuses.   *7* Noyau.
4 Capsule cartilagineuse.

jonctifs qui ont subi l'accroissement d'où les fibro-carti-
lages qu'on trouve à l'insertion osseuse des gros liga-
ments ou tendons musculaires.

La cellule cartilagineuse est surtout caractérisée par
la présence d'une capsule qui l'enveloppe. Les divisions
cellulaires se font à l'intérieur de la capsule ; à chaque

division prennent naissance des cellules filles qui présentent chacune une nouvelle capsule si bien que les capsules s'amassent périphériquement autour des colonies cellulaires et modifient peu à peu l'aspect de la substance fondamentale.

D'ailleurs si l'on suit l'évolution des formes propres au cartilage dans la vie embryonnaire, on voit qu'au début il se présente, comme le tissu conjonctif, sous l'aspect de noyaux cellulaires baignant dans un plasma commun. Les capsules, quand elles apparaissent, isolent avec le noyau la partie la plus centrale du plasma entourant chaque cellule, tandis que le reste du plasma formant la masse commune se différencie peu à peu suivant le rôle du cartilage, pour former les substances fondamentales variables que nous venons de mentionner.

Le *tissu osseux* est une différenciation encore plus remarquable du tissu conjonctif. Au lieu que sa *substance fondamentale* soit chargée de matières chondroïques qui lui donnent une certaine consistance comme dans le cartilage, cette substance est chargée de sels calcaires qui assurent sa rigidité. L'analyse chimique la montre formée de 35 p. 100 environ d'une matière albuminoïde, l'osséine, et de 65 p. 100 de sels calcaires, phosphate tribasique de chaux, carbonate de chaux, etc. Les *cellules* sont enclavées dans cette substance et s'envoient les unes vers les autres de nombreux prolongements.

Lorsque l'on observe une lame mince d'os sec on voit la substance fondamentale calcifiée, d'aspect granuleux, parsemée de petites cavités étoilées de $30\mu \times 15\mu$ au maximum; ces cavités portent le nom d'ostéoplastes; elles

représentent les loges occupées par les cellules osseuses
ou ostéoblastes (fig. 29). Les canalicules qui partent de
ces cavités sont occupées à l'état frais par les prolongements cellulaires.

Cette structure montre l'analogie du tissu osseux
avec le tissu conjonctif. Seulement le tissu osseux, quand

Fig. 30. — Coupe d'os sec. Premier degré architectural de l'os,
d'après Stöhr.

1 Canalicules osseux.
2 Canalicule de Havers coupé transversalement.
3 Cavités osseuses.

on considère son architecture générale, présente des
formes très spéciales : on n'y voit pas seulement un
amas d'ostéoblastes dans une substance fondamentale
amorphe et durcie, mais on y trouve un degré de plus de
complexité structurale. En effet, si l'on examine à un

grossissement moins fort une coupe de tissu osseux, on aperçoit quand l'os est sec, des orifices ou canaux de 100 à 400μ de diamètre : autour de ces orifices l'os se distribue en couches concentriques, en lamelles renfermant les ostéoplastes. Les orifices ou canaux sont les *canaux de Havers*. Un orifice avec son système de lamelles concentriques constitue un *système de Havers*.

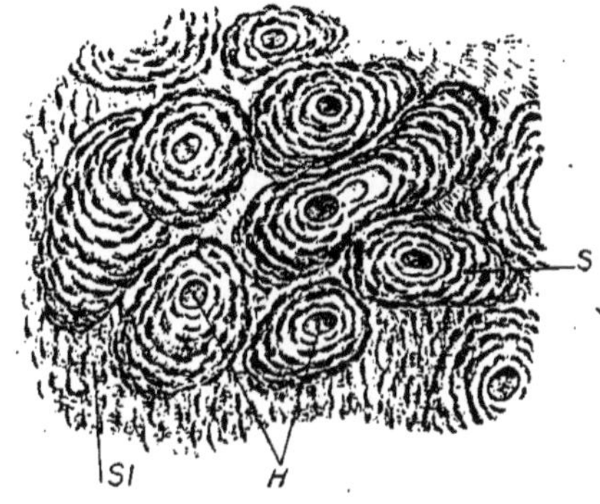

Fig. 30. — Deuxième degré architectural de l'os (Gross. : 40 diam.)
S Système de Havers.
SI Système intermédiaire.
H Canal de Havers.

Les canalicules qui partent des ostéoplastes s'anastomosent les uns avec les autres dans un même système de Havers, mais non d'un système à un système voisin. Les canalicules les plus centraux s'ouvrent dans le canal de Havers. Quand l'os est frais on voit les ostéoblastes (cellules osseuses) occuper l'ostéoplaste et les canalicules ; d'autres ostéoblastes tapissent les canaux de Havers dont la lumière est occupée par la moelle osseuse et les vaisseaux.

Pour trouver la raison d'être de cette morphologie, il faut observer le tissu osseux durant sa formation.

L'os se forme soit au milieu du tissu cartilagineux, soit au milieu du tissu conjonctif fibreux. Dans les deux cas, il commence par avoir l'aspect spongieux tel qu'on l'observe à l'extrémité des os longs, puis devient compact.

Au début on voit autour des travées conjonctives ou cartilagineuses se disposer des cellules ou ostéoblastes; ces cellules s'entourent d'une substance qui passe progressivement de l'aspect transparent à l'aspect calcifié et qui emprisonne toute la couche cellulaire. Ainsi se constitue une lamelle. Quand cette couche est formée une nouvelle couche est engendrée en dessous et ainsi de suite. D'où l'aspect lamelleux autour du canal de Havers.

Le tissu osseux est donc une différenciation du tissu conjonctif. Qu'il prenne naissance soit dans le tissu conjonctif comme celui des clavicules, des os de la face et du crâne, soit dans le tissu cartilagineux, comme celui des os des membres, ses cellules dérivent des cellules conjonctives et sa substance fondamentale calcifiée de la substance fondamentale conjonctive.

Nous ne connaissons certes pas toutes les conditions qui provoquent les processus physico-chimiques d'où résulte cette transformation; mais du moins pouvons-nous concevoir le rôle de l'activité fonctionnelle dans les détails les plus intimes de cette évolution.

Le tissu conjonctif évolue dans un sens ou dans l'autre suivant le travail qu'on lui demande : qu'on le soumette à des tractions opérées toujours dans la même

direction, on développe sa structure fibrillaire dans cette
direction et l'on assiste à l'évolution tendineuse ; que
l'on exerce des pressions et des frottements, c'est l'évolution cartilagineuse qui se produit ; l'alternance des
pressions et des tractions conduit à la production
osseuse.

Pathologiquement nous retrouvons ces types d'évo-

Fig. 31 — Travées osseuses de l'extrémité
supérieure du fémur (G. Weiss).

lution dans la formation des cals de fracture qui sont
tantôt fibreux, tantôt cartilagineux, tantôt osseux.

Ajoutons enfin que si l'on pratique des coupes dans
les différents os de l'organisme, on voit les lamelles
osseuses présenter une orientation générale réglée par
la direction de la composante des forces que l'os doit
supporter.

Les trois figures 31 à 33, mieux que toute démonstration, justifient cette affirmation. La figure 31 que je
dois à l'obligeance de M. G. Weiss, montre la disposition des travées osseuses dans l'épiphyse supérieure du

fémur humain : on aperçoit deux systèmes de travées, les
unes à peu près parallèles à la surface articulaire et
affectant la forme d'une voûte, les autres à direction per-
pendiculaire formant comme les piliers de cette voûte.
On sait que c'est là un dispositif mécanique qui permet
au mieux de résister aux pressions, et les figures 32 et 33

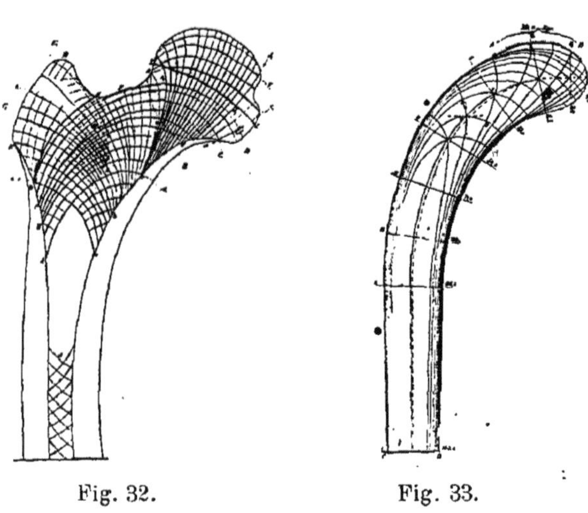

Fig. 32.   Fig. 33.

montrent l'orientation des lignes d'effort maxima que
supporterait un pilier mécanique de forme analogue au
fémur, telles que les détermine le calcul. La simili-
tude de ces trois figures est frappante. Le Prof. G. Weiss
a pu réunir une série remarquable d'extrémités osseuses
chez les mammifères les plus variés ; les figures structurales des coupes qu'il a reproduites photographique-
ment constituent la plus belle démonstration que l'on
puisse donner de l'évolution morphologique des tissus
d'après les fonctions auxquelles ils participent.

74. — Tissus de soutien chez les autres animaux.

Les tissus de soutien sont peu caractérisés chez les êtres mono-cellulaires (protozoaires); à peine peut-on regarder comme un caractère morphologique propre à la fonction de soutien la forme de la carapace calcaire dont s'entoure la cellule des foraminifères, ou celle de la charpente siliceuse des radiolaires disposée suivant une lói géométrique. Ce qui frappe le plus dans ces formes primitives c'est la diversité d'aspect qu'elles présentent. Elles rappellent les figures d'osmose ou de diffusion des expériences de morphologie artificielle, dans lesquelles, nous le savons, on constate une variété si remarquable des détails structuraux.

Chez les êtres polycellulaires les plus simples tels que les éponges ou les types de cœlentérés vivant en colonies (corail), les organes de soutien, produits en général par des infiltrations calcaires, siliceuses, etc., se présentent avec ces mêmes particularités.

Chez les échinodermes, tels que les oursins, les étoiles de mer, la morphologie des organes de soutien devient plus compliquée. Ainsi chez l'oursin non seulement nous voyons le corps entouré d'une carapace formée de dix fuseaux de pièces calcaires qui présentent des piquants mobiles, mais autour de l'orifice buccal existent cinq pyramides osseuses (lanterne d'Aristote) qui supportent de véritables dents.

Déjà chez ces êtres très simples nous rencontrons une grande variété du tissu conjonctif et des différenciations appropriées aux besoins fonctionnels; c'est d'ailleurs la forme cellulaire qui domine constituant un tissu analogue à celui qui, chez les vertébrés, donne naissance au tissu cartilagineux (tissu connectif vésiculaire de Leydig).

On rencontre aussi fréquemment la variété gélatineuse (muqueuse), par exemple dans l'ombrelle des méduses supérieures. On commence même à trouver chez certains mollusques (céphalopodes) du tissu conjonctif fibreux qui marque un degré d'organisation supérieur aux formes précédentes.

Parmi les mollusques, les céphalopodes possèdent des pièces cartilagineuses dont la plus importante sert d'enveloppe aux centres nerveux et de soutien aux organes de la vision et de l'ouie. Les seiches ont en plus un cartilage dorsal. Au point de vue morphologique ces pièces cartilagineuses ne sont pas sans analogie avec certaines parties du squelette interne des vertébrés.

Plusieurs espèces de vers ont aussi des pièces cartilagineuses dans le segment céphalique. D'autre part les tuniciers qui tiennent le milieu entre l'embranchement des vers et celui des vertébrés, nous offrent l'exemple d'une différenciation remarquable des tissus de soutien. Dans la queue qui leur sert de rame, il existe un axe présentant une grande ressemblance avec la chorde dorsale des vertébrés et constitué par un cordon gélatineux. Chez toutes les larves des tuniciers qui possèdent une queue natatoire, on retrouve cette formation qui se prolonge ordinairement dans le corps et dont on aperçoit dès à présent la signification morphologique.

L'embranchement des arthropodes (insectes, crustacés, etc.), nous offre avec son plus haut degré de perfectionnement le type morphologique du squelette dermique : le rôle de soutien et le rôle de protection tégumentaire se trouvent ici combinés. En effet chez eux les muscles prennent leur point d'appui sur ce squelette externe, et non, comme chez les vertébrés, sur des pièces osseuses internes. Cette disposition morphologique des organes musculaires n'est du reste pas exclusivement propre aux arthropodes. Les vers mous ont une enveloppe musculo-tégumentaire et certaines classes (annélides) présentent même des épaississements cutanés qui donnent quelque rigidité aux téguments. Chez les rotifères cette rigidité est telle qu'elle établit une analogie frappante entre ces animaux et les arthropodes, ce qui justifie la classification de Leydig qui les rangeait dans l'embranchement précédent.

La substance qui assure la rigidité tégumentaire est la chitine étudiée pour la première fois par Odier en 1821. Elle fait chez les arthropodes, ce que l'osséine et la chondrine font chez les animaux supérieurs dans le squelette interne.

La chitine est une substance azotée dérivée des matières albuminoïdes. Avec A. Gautier on peut lui attribuer la formule $C^{15} H^{24} Az^2 O^9$. Elle est produite par une couche cellulaire dite hypoderme ou matrice chitinogène qui enveloppe complètement le corps de l'animal.

Ainsi aperçoit-on, à travers toutes ces variétés morphologiques, comment, soit par voie de différenciation endoplasmique, soit par voie de sécrétion, soit par voie d'incrustation ou de fixation de sels minéraux, certaines catégories de cellules peuvent jouer au mieux le rôle de connexion, de soutien, auquel elles sont fonctionnelle-

ment appelées chez les animaux. Nous allons voir par
quelle différenciation morphologique elles assurent le
même service chez la plante.

75. — Tissus de soutien chez les végétaux.

La plante, plus que l'animal, présente dans ses
formes les plus simples des tissus et des organes de soutien différenciés.

Déjà la cellule végétale (voir figure 13), au contraire
de la cellule animale. possède ordinairement une membrane enveloppante, différenciation du tissu plasmique
répondant à un rôle de soutien. Cette membrane est
constituée par la *cellulose*, substance ternaire assez voisine de l'amidon et dont la composition répond plus ou
moins à la formule $(C^6 H^{10} O^5)^6$ et par des matières
pectiques aussi ternaires et surtout disposées à la partie
moyenne de la membrane.

Souvent la partie la plus interne de cette enveloppe
cellulaire est doublée d'une couche de nature albuminoïde, qui se rétracte avec le plasma lorsque par
exemple on soumet la cellule à l'action de l'alcool, et
qui le limite extérieurement, semblable à la membrane
d'enveloppe des cellules animales quand elle existe.

Ce dernier caractère fait bien voir que la membrane
cellulosique, sécrétée par le plasma, est une formation
de soutien non essentielle à la cellule type. D'ailleurs
chez les organismes végétaux mono-cellulaires, chez les
bactéries qui ne sont que des variétés d'algues bleues,
on remarque que la membrane n'est pas formée de cel-

lulose, elle ne se colore pas en bleu par le chlorure de zinc iodé.

Dans les tissus végétaux l'enveloppe cellulaire n'est pas rigoureusement continue; elle présente des pores où s'engage le plasma, de sorte qu'il y a communication entre le plasma des cellules contiguës. Ainsi s'expliquerait le transport des diastases de l'une à l'autre et la diffusion des substances alimentaires, ainsi que la propagation des irritations. Mais malgré ces pertuis, la membrane d'enveloppe immobilise les masses plasmiques cellulaires et les rend indéformables.

La morphologie de la membrane se complique avec les différenciations cellulaires. Si toutes les cellules jeunes ont des membranes cellulosiques semblables, on voit peu à peu certaines d'entre elles, appelées à un rôle de protection ou de soutien plus actif, subir des transformations remarquables. La membrane d'enveloppe se cutinise, se subérinise ou se double de lignine. Voici en quoi consistent ces mutations.

La cutine et la subérine sont des substances résultant de la transformation de la cellulose $(C^6 H^{10} O^5)^6$ en un produit moins oxydé $C^6 H^{10} O$ insoluble dans l'eau et imperméable aux gaz et aux liquides. Ce qui distingue la cutine et la subérine, c'est simplement une caractéristique morphologique : quand les cellules enveloppant un organe, feuille, fruit, tige, racine, subissent la transformation seulement de manière à constituer un revêtement par leurs faces externes, on dit qu'il y a cutinisation (fig. 34). Quant au contraire la membrane cellulaire tout entière se transforme, et quand des couches successives de cellules subissent l'évolution de manière à

constituer un épais revêtement c'est la subérinisation :
ce revêtement est une couche de liège.

La lignine est aussi une substance ternaire $C^{19}H^{24}O^{10}$,
mais elle ne résulte pas d'une transformation de la cellule; elle est synthétisée directement par le plasma et
se dépose contre les parois cellulosiques, y formant des
couches de plus en plus épaisses, si bien que toute la
cellule peut subir la transformation ligneuse (fig. 35).

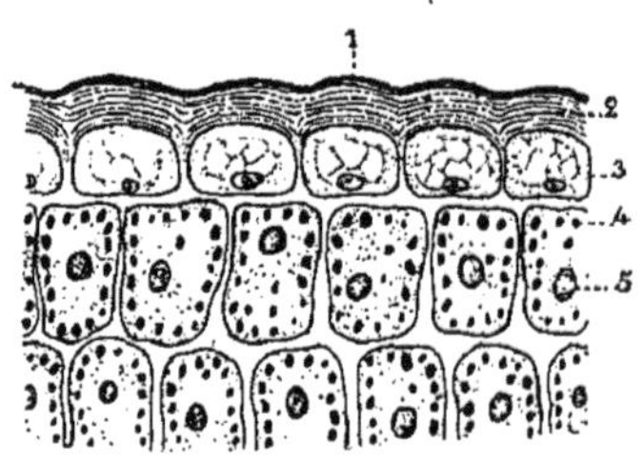

Fig. 34

Couches cellulaires superficielles
d'une feuille avec couche de
cutine. (d'après Pizon).

 1 Cuticule.
 2 Cutine.
 3 Cellules épidermiques.
 4 Leucites colorés en vert
  par la chlorophylle.
 5 Noyau.

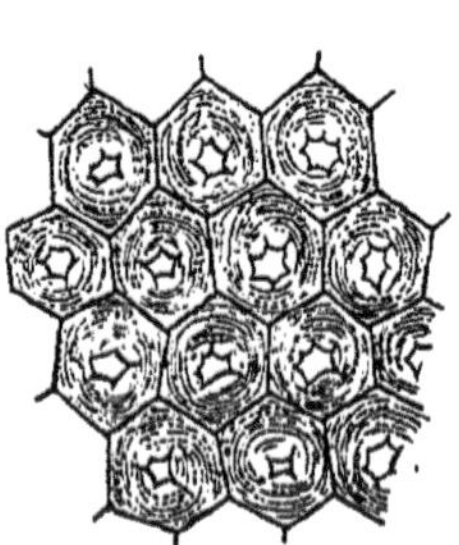

Fig. 35

Éléments lignifiés (d'a-
près Pizon). — La li-
gnine est déposée en
assises concentriques
sur la cellulose.

Les cellules lignifiées constituent, par leur ensemble
les vrais tissus de soutien de la plante : ce sont les
fibres ligneuses, les vaisseaux ligneux, c'est le bois.

La lignification se produit dans tous les organes de
la plante ou la fonction de soutien devient nécessaire.
Tout le monde connaît l'aspect spécial de ces cellules
lignifiées très allongées, de ces fibres qui parfois sont

tellement effilées qu'elles se présentent à nous sous l'aspect de fils fins tels que la filasse des plantes textiles, lin, chanvre, etc. Le plasma a complètement disparu; ces cellules sont des cellules mortes.

Il n'est pas inutile au point de vue de la morphologie comparée des deux règnes de dire un mot de certaines modifications curieuses qui affectent la membrane cel-

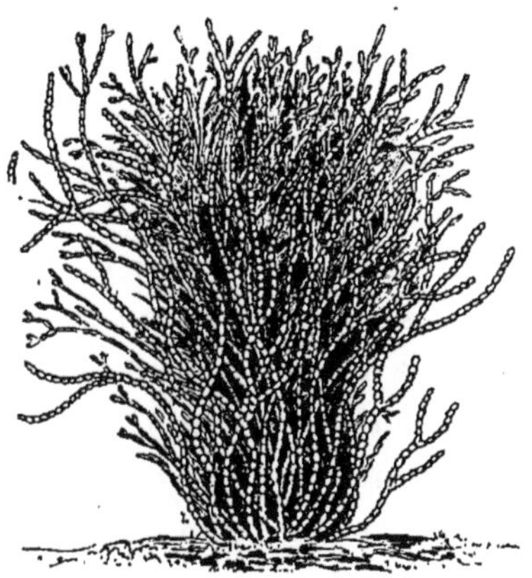

Fig. 36. — Coralline. Algue rouge incrustée de carbonate de calcium (d'après Pizon).

lulosique chez les plantes : de même que nous avons vu certaines cellules de tissus conjonctifs animaux se charger de sels calcaires, de même nous voyons les cellules superficielles de certaines graminées se charger de silice, ce qui rend tranchant le bord de leurs feuilles. Cette minéralisation est surtout accusée chez les Prêles. De même les diatomées, algues monocellulaires microscopiques qui vivent dans l'eau ou dans la terre humide, présentent une véritable carapace siliceuse aux stries remarquablement fines et formant des dessins très

variés : ce sont ces carapaces qui constituent le sable sili-
ceux appelé tripoli ; et une algue rouge dite coralline
(fig. 36) s'incruste de carbonate de chaux et s'accroît
suivant des formes analogues à celles des organismes
animaux inférieurs dont nous avons parlé plus haut.

A côté de ces tissus de soutien dans lesquels la membrane cellulosique s'est transformée en liège ou doublée
de matière ligneuse, il y a des tissus connectifs où la
membrane est restée purement cellulosique ; ces tissus
portent le nom de collenchyme : les cellules y ont une
membrane très épaissie, mais non cutinisée, ni ligni-
nisée.

Cet aperçu suffit pour faire voir la diversité morphologique des cellules appelées à un rôle connectif chez la
plante, et déjà à travers ces formes variées nous entrevoyons le rôle fonctionnel auquel est appelé chaque
élément vivant comme la raison d'être de l'évolution des
formes structurales qu'il a subies.

76. — Morphologie des cellules, des tissus, des organes destinés au rôle de protection chez les animaux.

Parmi les différenciations cellulaires que nous avons
étudiées et qui ont pour effet d'assurer la forme générale de l'être ou de maintenir ses parties dans un même
rapport, il en est qui en même temps, assurent sa protection : les enveloppes cellulaires, les membranes et
carapaces externes jouent ainsi un double rôle. Chez les
vertébrés supérieurs au contraire nous savons que les
tissus de soutien (os et cartilage) ou les tissus de con-

nexion intra-organique (tissu conjonctif) sont différents
des tissus de protection : peau, muqueuses. Nous allons
d'abord nous occuper des différenciations morphologiques qui caractérisent les cellules vouées au rôle de protection chez les animaux.

Les épithéliums peuvent être regardés comme les
éléments essentiels des tissus de protection. Ils tapissent la surface du corps tout entier et revêtent aussi
les cavités intérieures que nous devons d'ailleurs nous
habituer à regarder, du point de vue de la morphologie
générale, comme des fractions de l'espace extérieures
à l'individu.

Les cellules épithéliales de revêtement s'offrent à
nous sous les aspects les plus divers. Tantôt elles sont
plates et le tissu qu'elles forment constitue un véritable
carrelage, tel est l'épithélium pavimenteux qui tapisse
les parois de la cavité péritonéale; tantôt elles sont pris-
matiques ressemblant à des cylindres serrés les uns
contre les autres avec leurs axes parallèles, tel est l'épithélium qui revêt l'intestin; c'est à travers cet épithélium que l'être prend contact avec les matériaux extérieurs, immobilisés un moment dans son tube intestinal,
et qu'il assimile les substances utiles.

Les différenciations structurales de ces cellules sont
nombreuses; la plus commune consiste dans un durcis-
sement progressif des couches plasmiques externes :
on l'observe surtout dans les épithéliums stratifiés de
la peau chez les animaux supérieurs et chez l'homme en
particulier.

On sait que les histologistes distinguent plusieurs
couches dans l'épiderme de la peau humaine; c'est d'abord

une assise basilaire, la couche la plus profonde, formée
d'une rangée unique de cellules jeunes, peu différenciées,
ne possédant pas de membrane ; puis ce sont des assises
de cellules polyédriques dont les plus superficielles sont
aplaties et font comme une sorte de revêtement aux
précédentes ; ils donnent à cette couche le nom de stratum granulosum parce que le plasma de ces cellules

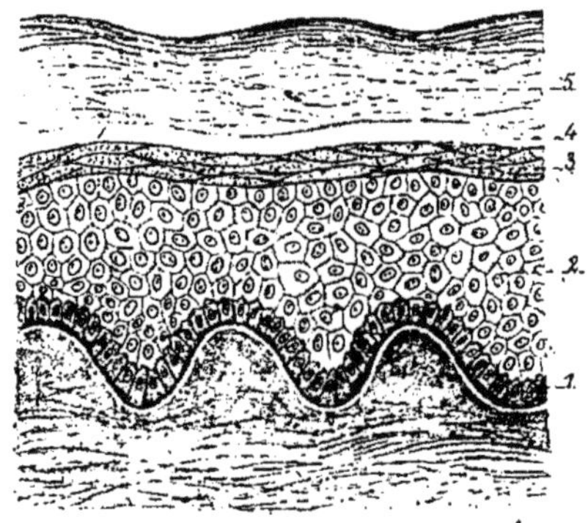

Fig. 37. — Morphologie des cellules de l'épiderme (D'après TESTUT).

    1 Couche basilaire génératrice.
    2 Couche de Malpighi.
    3 Couche granuleuse (stratum granulosum).
    4 Couche transparente (stratum lucidum).
    5 Couche cornée.

aplaties est chargé de granulations (éléidine granuleuse)
élaborées par elles. Ces trois couches sont ordinairement
réunies sous le nom de corps muqueux de Malpighi, du
nom du célèbre anatomiste italien, qui, le premier à la
fin du xviiᵉ siècle établit la différence des couches superficielles et des couches profondes de l'épiderme.

Au dessus du stratum granulosum se trouvent des cellules épithéliales aplaties avec un noyau en voie d'atro-

phie, et des grains d'éléidine réunis en masse diffuse. Ces cellules forment une couche très claire et réfringente d'où le nom de stratum lucidum qui lui a été donné. Enfin tout à fait extérieurement les cellules qui n'ont plus du tout de noyau sont chargées de graisse et de kératine, substance résistante de nature albuminoïde; ces cellules cessent d'avoir une vie active, les plus superficielles sont mortes : c'est la couche cornée.

Les téguments chez les animaux supérieurs ne sont pas composés que de la couche épidermique. En dessous d'elle se trouvent des couches cellulaires faites d'éléments conjonctifs plus ou moins différenciés et qui constituent le derme.

Le derme se compose : 1º d'une couche profonde de tissu conjonctif tel que celui que nous avons décrit plus haut et dont les éléments sont particulièrement lâches, ce qui permet le glissement de la peau sur les organes profonds ; 2º d'une couche moyenne ou chorion qui est elle aussi, composée des éléments du tissu conjonctif, (cellules conjonctives, faisceaux conjonctifs, fibres élastiques et sublance fondamentale) et 3º d'une couche dont les éléments sont surtout cellulaires : on y voit beaucoup de cellules et peu de faisceaux et de fibres.

77. — Succession ininterrompue de formes cellulaires dans les téguments.

Si je me suis étendu un peu sur la morphologie cellulaire des téguments, c'est que sa grande variété nous permet de saisir sur le vif la genèse des formes les plus

diverses à partir d'une forme souche commune, et ces
données nous seront utiles quand bientôt nous étudierons les fonctions et l'évolution de la matière vivante :
des éléments jeunes très peu différenciés, les cellules
de l'assise basilaire et les cellules du chorion dermique
tout à fait voisines de cette assise donnent naissance,
les premières aux différents éléments successifs de l'épiderme, les secondes aux éléments conjonctifs du derme.
On peut même aller plus loin, si, avec Retterer, on
cesse de regarder ces deux catégories de cellules jeunes
comme de genèse embryonnaire différente et si l'on
admet que les cellules malpighiennes donnent naissance
du dedans vers le dehors aux cellules épidermiques et du
dehors vers le dedans aux cellules dermiques.

La transformation de ces différents éléments cellulaires est facile à concevoir : si l'on étudie en particulier l'évolution de l'épiderme chez l'embryon, on le
voit constitué au début par une seule couche de
cellules polyédriques. C'est sous cette forme qu'on
le trouve d'ailleurs chez les invertébrés adultes. Ces
cellules se multiplient et donnent lieu à une couche
de cellules polyédriques dont les plus superficielles
subissent la kératinisation. Ce sont donc les cellules
de la couche la plus profonde qui donnent naissance à
toutes les assises, et ce travail se continue durant toute
la vie : les assises les plus superficielles de la couche
cornée se desquament, comme on le sait chaque jour.

Ainsi assiste-t-on à une mutation continuelle des
formes cellulaires depuis le type non différencié de la
couche de Malpighi. La cellule morte des couches
superficielles se sépare de l'organisme et cette rénova-

tion s'opère même dans les épithéliums polyédriques, sans couche cornée, comme ceux qui tapissent certains canaux internes : les cellules qui meurent sont expulsées peu à peu hors des couches superficielles ainsi que l'a montré Branca et « comme un clou branlant finissent par tomber dans la cavité du tube glandulaire ».

Il est des différenciations morphologiques encore bien plus spéciales et bien plus curieuses propres aux tissus épidermiques. Ici, ce sont des prolongements en brosse ou des cils vibratiles qui se développent sur le plateau libre des cellules superficielles ; là, ce sont des transformations de groupes cellulaires en soies, poils, plumes, ongles, etc., organes utiles à la protection de l'animal qui les porte, ailleurs ce sont des modifications qui se rapportent à une fonction d'un ordre bien plus élevé ; la fonction neuro-sensitive.

Pour suivre l'ordre des matières que nous avons choisi, nous dirons seulement un mot ici des cils vibratiles, des soies, des poils, et autres différenciations morphologiques semblables.

78. — Sur quelques différenciations morphologiques des cellules épithéliales chez les animaux : les cils vibratiles, les poils, etc.

Les cellules des épithéliums polyédriques présentent parfois au niveau de leur paroi libre (plateau) des stries perpendiculaires à cette paroi (épithélium intestinal). Ces stries forment dans certains cas de véritables bâtonnets immobiles (épithélium des tubuli contorti du rein). Parfois ces bâtonnets sont mobiles : ce sont les cils vibratiles, qu'on trouve en particulier dans les voies respiratoires des vertébrés supérieurs et qui sont très fréquents chez les invertébrés où ils jouent un rôle capital dans la fonction de nutrition.

A son état le plus parfait le cil vibratile est constitué par un filament plasmique permanent, long de quelques µ à quelques dizaines de µ et qui présente à l'endroit de

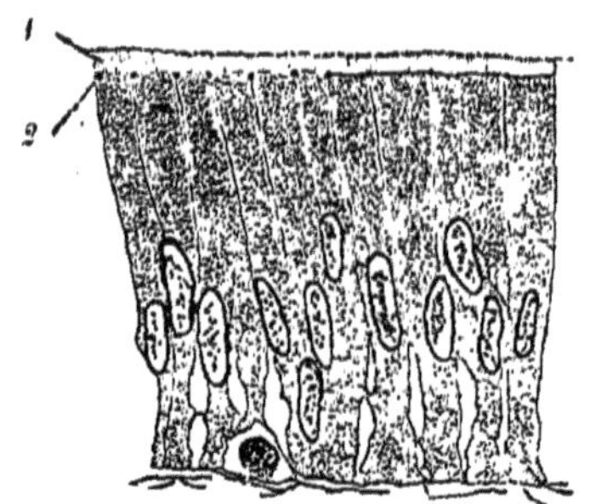

Fig. 38. — Morphologie des cellules épithéliales cylindriques de l'intestin (homme). Grossissement 600. (D'après Stöhr).

1 Plateau.
2 Coupe de la « bandelette d'occlusion », fine bande d'un ciment particulier.

son insertion sur le plateau cellulaire un petit renflement (bulbe). Il se continue à travers le plateau et présente un renflement plus volumineux à l'abord du corps cellulaire (corpuscule basilaire) qui serait l'organe moteur du cil (fig. 39.)

On voit dans certains cas des prolongements partir de ces corpuscules basilaires et se diriger vers quelque région de la masse plasmique cellulaire.

Les cils peuvent être fusionnés en un seul poil raide ; quelquefois ils se réduisent à un fouet long et grêle.

Chez les animaux inférieurs ils constituent un organe

de mouvement recouvrant tantôt le corps entier comme
chez certains vers (turbellariés), tantôt une partie seulement, comme chez les rotifères, où ils forment une
couronne dont les ondulations font croire à un mouvement rotatoire. Chez les infusoires les cils qui tapissent
l'orifice buccal ont un rôle important dans la nutrition,

On trouve aussi des cellules ciliées dans le règne

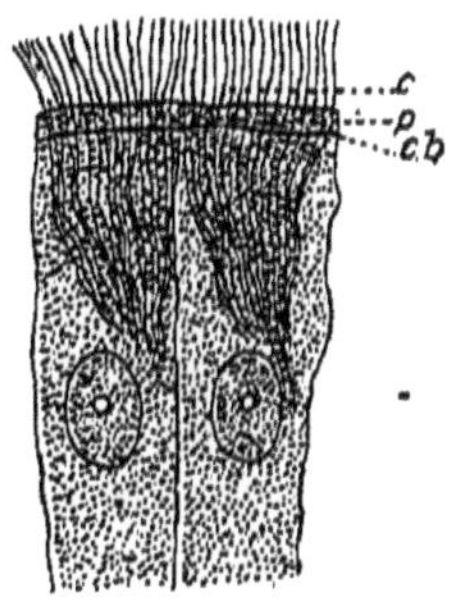

Fig. 39. — Schéma des cils vibratiles, chez les invertébrés.
c Cils vibratiles.   p Plateau.   cb Corpuscules basilaires.

végétal et notamment chez les cellules reproductrices
de certaines algues.

On considère en général les cils vibratiles comme une
différenciation fonctionnelle du plasma. Cette différenciation peut même être temporaire comme sur le péri-
toine de la grenouille où l'épithélium possède des
cils vibratiles seulement à la ponte des œufs ; les mouvements des cils font progresser les ovules vers la
trompe ; ils disparaissent ensuite.

On me permettra à l'occasion des organes ciliaires
de parler encore une fois des formes cellulaires obtenues
artificiellement.

M. Leduc en mettant une goutte d'un mélange de
solution de carbonate de sodium et de phosphate disodique dans une solution de chlorure de sodium contenant des traces de chlorure de calcium a obtenu une
figure de diffusion représentant l'aspect général d'une
cellule ciliée. La production des prolongements ciliaires
dans ces cellules artificielles est due d'après M. Leduc
à ce que l'ion carbonique diffuse plus facilement que l'ion
phosphorique dans la solution de chlorure de sodium.
Ainsi peut-on concevoir que certaines modifications chimiques du plasma créent entre lui et le milieu liquide
des variations dans les forces de diffusion et que la
mise en jeu de forces physico-chimiques soit le point de
départ de formes plus complexes. Il va de soi que le cil
muni de ses organes de mouvement, de son corpuscule
basilaire, de ses prolongements, représente le résultat
d'une évolution qui laisse bien loin derrière elle les
ébauches de ces premières formes ; il n'en est pas
moins intéressant de constater que, ici encore dans de
simples phénomènes physico-chimiques se manifestent
des tendances morphologiques rappelant quelque forme
de la vie.

La production des écailles, des poils, des plumes, etc,
implique une mise en scène beaucoup plus compliquée
et ne s'observe que chez les êtres beaucoup plus élevés
dans l'échelle de la vie.

Déjà, chez les vers, nous constatons l'existence d'appendices spéciaux, de piquants, de soies, sécrétés par la
couche cellulaire active des téguments; ces appendices
peuvent être recouverts d'une couche cuticulaire dure,
plus ou moins saillante depuis les dimensions d'une

verrue à celle d'un poil ou d'une soie : les épines des
Trématodes, les crochets des Cestodes ont cette origine.

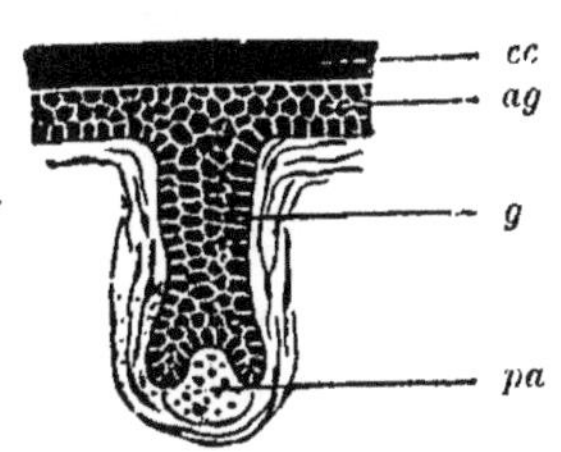

Ces mêmes organes se re-
trouvent sous une autre
forme chez les Arthropodes
(crustacés, arachnides, insectes), chez les Mollusques

Fig. 40 (d'après HERTWIG).
   cc Couche cornée.
   ag Assise germinative.
   g Germe du poil.
   pa Papille.

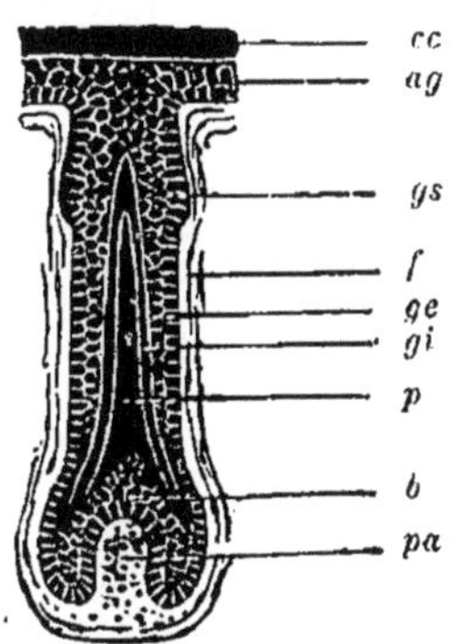

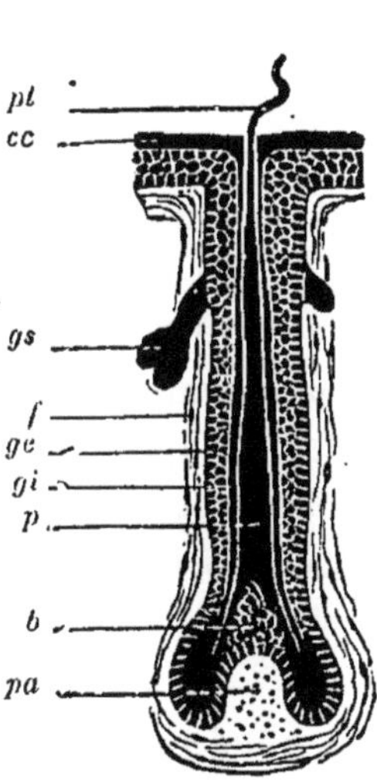

Fig. 41 (d'après HERTWIG)
   cc Couche cornée.
   ag Assise germinative.
   gs Glande sébacée.
   f Follicules.
   ge Gaine externe.
   gi Gaine interne.
   p Poil jeune.
   b Bulbe.
   pa Papille.

Fig. 42
(d'après HERTWIG).
   pl Poil libre.
   cc Couche cornée.
   gs Glande sébacée.
   f Follicules.
   ge Gaine externe.
   gi Gaine interne.
   p Poil.
   b Bulbe.
   pa Papille.

(soies du bord du manteau des Brachiopodes).
   Chez certains vertébrés aquatiques, une transfor-

mation de la couche cornée épidermique conduit à la formation de plaques résistantes, d'écailles, qui ne sont pas sans analogie avec les formations, localisées à certaines régions, de presque tous les vertébrés terrestres (ongles, griffes, sabots).

Les plumes se forment chez les oiseaux d'une façon assez analogue à celle des écailles des reptiles par un bourgeonnement du derme encapuchonné par l'épiderme : le noyau dermique accompagne le bourgeon dans son développement.

Le poil résulte d'un autre processus initial : il y a invagination d'un bourgeon épidermique dans le derme (fig. 40 à 42). Le derme forme lui-même un bourgeon qui deviendra papille et qui est encapuchonné par le prolongement épidermique. Cette papille se vascularise un certain temps après sa formation. La tige du poil est formée par la prolifération des cellules épidermiques du bourgeon primitif.

79. — Morphologie des cellules des tissus des organes destinés au rôle de protection chez la plante.

Le liège et les différents tissus de soutien que nous avons déjà étudiés ont pour la plupart un rôle de protection. Nous devons cependant ici nous arrêter un moment à la morphologie des cellules épidermiques, et des formations de protection qui en dépendent.

L'épiderme est une couche de cellules qui recouvre les feuilles, les jeunes tiges, les fleurs, les fruits. Ces cellules sont en général aplaties et la partie de leur paroi placée au contact de l'air atmosphérique subit la transformation dont nous avons parlé : elle se cutinise. Le plasma cellulaire diminue peu à peu de volume et l'activité vitale cellulaire diminue en même temps. La cutine forme donc un revêtement externe à la couche cellulaire. Ce revêtement imperméable constitue une couche protectrice qui atteint une grande épaisseur chez les feuilles persistantes (houx, fusain).

Chez la plante, de même que chez l'animal, nous trouvons des formations accessoires. Les piquants, les duvets résultent d'un allongement de cellules épidermiques.

La tige jeune chez les végétaux les plus élevés (dicotylédones, gymnospermes) est protégée par une couche épidermique cutinisée qui a en dessous d'elle une assise de cellules polygonales renfermant de la chlorophylle et reposant elles-mêmes sur une couche de cellules riches en amidon (endoderme).

Le limbe de la feuille est aussi recouvert sur ses deux faces par des cellules épidermiques avec leur cuticule de cutine. Nous savons déjà que cette cuticule peut être imprégnée de silice (graminées); chez le chou, elle est recouverte d'un enduit cireux.

La racine des végétaux supérieurs, dans sa partie la plus vivante, dans la région des poils absorbants, présente des cellules épidermiques qui n'ont pas subi la différenciation caractéristique des cellules de protection. Elles n'ont qu'une enveloppe cellulosique très mince et présentent des prolongements extérieurs qui jouent un rôle capital dans la nutrition (poils absorbants).

Quand les poils absorbants ont disparu (car la même région ne sert que transitoirement à ce rôle de nutrition),

les cellules épidermiques se subérisent et forment ainsi
une assise protectrice.

Nous ne nous étendrons pas davantage sur les caractères morphologiques de ces cellules. Ce que nous
avons dit suffit pour nous montrer une certaine analogie
de transformation des cellules dans les deux règnes en
vue d'assurer la fonction de protection de chaque individu.

80. — Morphologie des cellules, des tissus, des organes destinés au rôle de mouvement chez les animaux.

Le plasma non différencié, le plasma des protozoaires
monocellulaires est contractile. Nous n'avons pas à
nous occuper ici de la nature de cette propriété que
nous discuterons quand nous étudierons les fonctions de
la vie, mais nous ne devons pas oublier que la cellule
primitive présente de ce fait et avant toute différenciation la propriété de changer de forme, de réagir, de
manifester des mouvements.

Tandis que cette propriété se perd chez les cellules
différenciées appelées à des fonctions autres que celles
de la motilité, telles que les cellules conjonctives ou
épithéliales, au contraire il est toute une classe de cellules chez lesquelles la fonction motrice se précise : c'est
de celles-là que nous allons parler.

Déjà chez les infusoires qui possèdent un organe de
mouvement très répandu dans le premier embranchement animal, le cil vibratile, on peut apercevoir une
différenciation morphologique révélatrice d'une évolu-

tion favorable à la fonction de contraction. On voit en effet sous l'enveloppe externe des stries parallèles à l'axe du corps, ou obliques sur cet axe.

Chez les infusoires pédonculés tels que les Vorticelles, l'axe du pédoncule présente un cordon contractile que Kühne a regardé comme du plasma très différencié non sans analogie avec les cellules musculaires des animaux supérieurs, opinion d'ailleurs contestée.

On trouve aussi chez certaines espèces des stries qui convergent vers la bouche; et le *spirostomum*, l'un des plus gros protozaires, se contracte en se raccourcissant dans le sens des stries qui décrivent plusieurs tours en spirales (Stein, Gegenbauer).

Il paraît certain que le plasma qui se spécialise dans la fonction motrice tend dès le début à prendre une figure spéciale et que la striation est le témoin de ces premières ébauches.

L'embranchement des éponges ne nous offre pas de figures nouvelles du plasma contractile. L'existence immobile de ces colonies n'a pas été propice à l'évolution des différenciations fonctionnelles de la vie de relation.

Avec les cœlentérés nous voyons se dessiner une morphologie musculaire très particulière. Les fibres musculaires sont longues et fines et présentent souvent comme chez les méduses une striation transversale très nette. Chez ces animaux, c'est par le jeu des fibres musculaires de la région inférieure de l'ombrelle que se produisent les déplacements.

Chez les échinodermes, chez les vers, les mollusques, les éléments musculaires se précisent, tout en conservant une diversité étonnante. Ainsi dans le seul embranchement des vers on trouve une multiplicité remarquable de formes des cellules musculaires. Fibres pâles souvent ramifiées chez les vers plats inférieurs, elles affectent la forme de tubes chez les supérieurs avec, au centre d'un cylindre de plasma très contractile, du plasma indifférent ; et celle d'un ruban large et mince chez certains némathelminthes.

La striation se rencontre très fréquemment dans ces trois embranchements.

Les arthropodes marquent encore un degré de plus dans l'évolution morphologique des éléments musculaires : ici les muscles s'individualisent plus nettement, le rôle des pattes nécessite la coordination de mouvements compliqués, et le jeu de muscles antagonistes combinant convenablement leurs actions. Ces muscles sont striés transversalement.

Mais c'est chez les vertébrés que nous pouvons prendre le plus facilement une vue générale des différenciations morphologiques qui ont accompagné la spécialisation fonctionnelle du plasma à la fonction motrice.

Pour nous restreindre nous allons choisir comme type de description les muscles de l'homme. L'étude sommaire que nous allons en faire nous éclairera sur les détails morphologiques que nous venons d'énumérer chez les invertébrés.

81. — Un type de cellule musculaire très différenciée : le tissu musculaire de l'homme.

Il y a lieu, on le sait, de distinguer chez l'homme deux classes de muscles : les muscles de la vie végétative ou

organique, muscles blancs, lisses, involontaires et ceux
de la vie animale muscles rouges, striés, volontaires.

La fibre musculaire dans les premiers est ordinairement constituée par une cellule ne possédant qu'un
noyau ; au contraire, les fibres striées présentent une
série de noyaux. Du reste, les différences fonctionnelles
ne sont pas absolument tranchées entre ces deux catégories, et dans la chaîne phylogénique les muscles
volontaires ont été d'abord des muscles lisses.

Fig. 43. — Deux fibres musculaires lisses de l'intestin grêle de la
grenouille ; gross' 240 (d'après Stöhr).

La fibre *lisse* est constituée par une cellule allongée
de 20 à 500 μ de long sur 4 à 20 μ de diamètre. On distingue dans le plasma deux parties, un plasma banal
renfermant des enclaves (lécithine, graisse), et un
plasma fonctionnel qui offre l'aspect de fibrilles orientées
suivant le grand axe de la cellule.

Le muscle *strié* constitue ce qu'on appelle communé-
ment la chair ou viande. Quand on coupe transversalement un muscle, on voit tout d'abord que ce muscle
est entouré d'une membrane conjonctive (périmysium
externe), et divisé en faisceaux distincts par des membranes analogues (périmysium interne).

Les grosses travées du périmysium interne limitent
de volumineux faisceaux qu'on appelle faisceaux tertiaires. Des travées moins grosses divisent chacun de

ces faisceaux tertiaires en faisceaux plus petits qu'on appelle secondaires.

Si l'on examine de près ces faisceaux secondaires, on les voit eux-mêmes formés de faisceaux primitifs qui sont la véritable unité musculaire des muscles de la volonté : c'est la *fibre musculaire.*

La fibre musculaire se présente sous l'aspect d'un

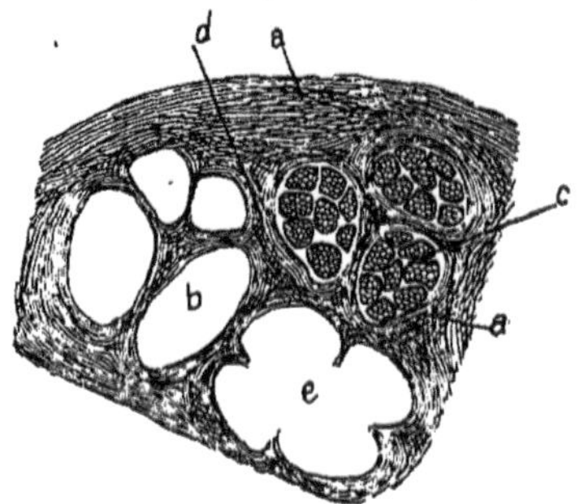

Fig. 44. — Coupe transversale d'un muscle (d'après TESTUT).

a Périmysium externe.
b Place d'un faisceau secondaire.
c Faisceau primitif ou fibre musculaire avec son champ de Cohnheim.
d Cloison limitant un faisceau tertiaire
e Place d'un faisceau tertiaire.

cylindre arrondi à ses deux extrémités ; sa longueur est de 4 centimètres environ, souvent 3, parfois jusqu'à 12 ; sa largeur de 15 à 100 μ. Elle est entourée par une membrane conjonctive le sarcolemme.

Chaque fibre musculaire présente de nombreux noyaux situés soit à la périphérie, sous le sarcolemme, comme chez les mammifères, soit dans l'intérieur même de la substance musculaire, comme chez les batraciens. Les noyaux sont d'ailleurs entourés de plasma granuleux non différencié qui se prolonge dans la substance fibrillaire sous forme de travées. Ces travées, en coupe transversale, morcellent la substance différenciée en un grand nombre de parties formant mosaïque ; c'est cet aspect en mosaïque qui est appelé par les histologistes : le champ de Cohnheim. Chaque pièce de la mosaïque représente la coupe d'une *fibrille*. C'est l'ensemble des fibrilles qui forme la fibre musculaire.

Nous voici donc en présence d'un organe déjà très complexe : des fibrilles, que nous nous représentons comme un plasma différencié environné de plasma

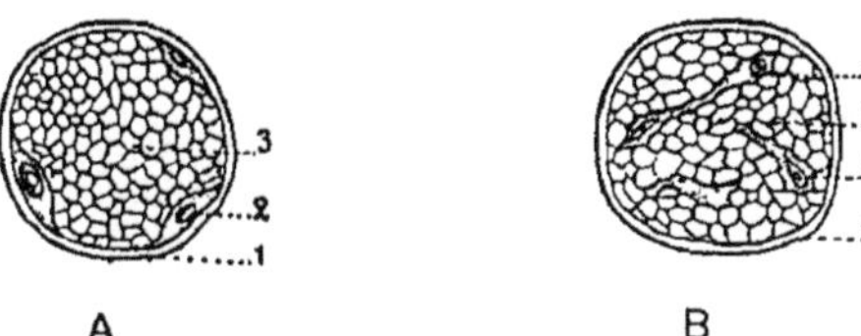

Fig. 45. — Coupe transversale d'une fibre musculaire : A, chez les mammifères; B, chez les batraciens (d'après Testut).

1 Sarcolemme
2 Noyaux entourés de substance granuleuse.
3 Champ de Cohnheim.
4 Deux noyaux réunis l'un à l'autre par une
   traînée de substance granuleuse.

banal ou trophique, sont réunies en faisceaux et chaque faisceau est une fibre musculaire. Ce n'est pas la fibrille qui est l'unité cellulaire, mais le faisceau de fibrilles, la fibre; seulement, c'est une cellule à nombreux noyaux. Les fibres se réunissent en faisceaux plus gros, faisceaux secondaires; ceux-ci en faisceaux encore plus gros, faisceaux tertiaires.

Ce n'est pas tout. Chacune de ces fibrilles est excessivement complexe. Elle est formée d'une série de disques sombres et clairs superposés en alternant d'un bout à l'autre et, détail remarquable, toutes les fibrilles

qui composent la fibre musculaire ont leurs disques
sombres tous au même niveau ; leurs disques clairs
coïncident tous de même. Il en résulte que si l'on examine une fibre musculaire suivant une coupe longitudinale, on la voit striée transversalement en même temps
que la juxtaposition des fibrilles les unes à côté des
autres dessine une striation longitudinale.

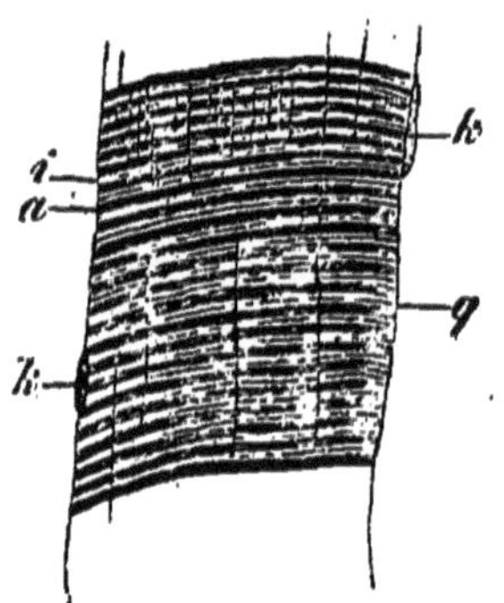

Fig. 46. — Fragment d'un
faisceau musculaire hu-
main, gross^t 560 (d'après
STÖHR.
    a Strie anisotrope.
    i Strie isotrope.
    q Strie intermédiaire.
    k Strie noyau.

Fig. 47. — Faisceau mus-
culaire de la grenouille,
gross^t 240 (d'après STÖHR).
    f Fibrille.
    k Noyau.

Les figures 46 et 47 donnent une idée de cette double
striation.

Allons encore plus loin dans l'étude de la forme des
fibrilles, et voyons ce que la science sait actuellement
de ces disques clairs et de ces disques sombres qui se
succèdent dans chacune d'elles.

Tout d'abord nous voyons que chaque partie claire est
divisée en deux par une strie plus sombre observée en

1858 par Amici. Les histologistes français appellent ordinairement cette strie la *strie d'Amici* ou *cloison transversale*. (fig. 48.)

Les disques sombres sont partagés par une strie plus claire découverte par Hensen, en 1868. On l'appelle la *bande de Hensen*. A un fort grossissement, elle apparaît elle-même divisée en son milieu par une ligne sombre : la *cloison médiane*. De part et d'autre de la strie d'Amici, on aperçoit souvent un disque un peu sombre dans le disque clair : disque accessoire.

Lorsqu'on examine plusieurs fibrilles les unes à côté des autres, on remarque que les stries d'Amici qui divisent les disques clairs, et les cloisons médianes qui divisent les disques sombres, passent d'une fibrille à l'autre, constituant une sorte de membrane qui, à travers le sarcoplasme interfibrillaire, se trouve tendue dans toute la largeur de la fibre musculaire.

En résumé il faut donc nous représenter la fibre musculaire comme une cellule à noyaux multiples présentant un plasma différencié, de structure très compliquée, les fibrilles, et un plasma non différencié, le sarcoplasme interfibrillaire.

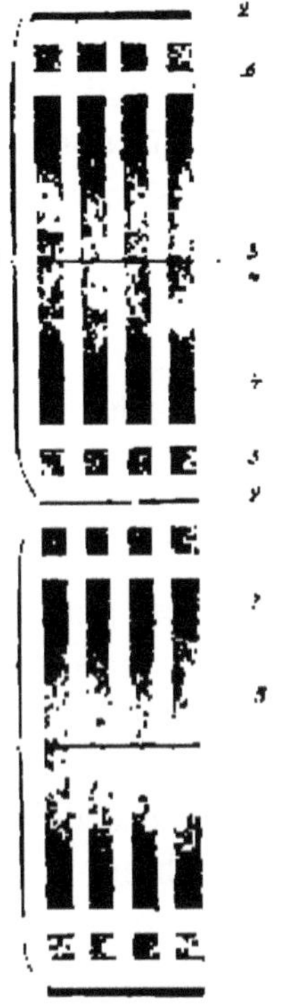

Fig. 48. — Schéma des fibres musculaires.

1 Fibre musculaire
2 Cloison transversale
3 Cloison médiane.
4 Segment moyen
5 Segment terminal du disque épais
Disque accessoire
6 Bande claire

1. Reproduit de Busse, d'après Schäfer.

Comment expliquer la morphogenèse des myofibrilles?
Comment pouvons-nous passer de la morphologie du
plasma non différencié à celle d'un plasma aussi différencié que le plasma musculaire. C'est à ce problème
que nous allons nous arrêter un moment.

**82. — Mode de transformation d'un plasma non diffé-
rencié en un plasma hautement différencié comme
l'est le plasma musculaire.**

Il est peu de cellules dans l'organisme des animaux
supérieurs où l'on trouve une différenciation aussi
accusée entre le plasma fonctionnel et le plasma banal
ou trophique; aussi l'étude de la morphogenèse de la
fibre musculaire, de la myofibrille en particulier, est-
elle bien faite pour nous donner une idée de l'aspect
sous lequel se posent les inépuisables problèmes des
origines de la matière vivante.

D'une façon générale, on peut dire que toute cellule non différenciée possède le pouvoir de se contracter,
mais que, chez les êtres à fonctions spécialisées, les cellules affectées à la fonction de contraction et ayant pour
mission de rapprocher temporairement deux pièces de
la charpente de soutien, s'allongent dans la direction,
de la traction et développent les éléments contractiles
dans le sens de l'effort.

Mais cette formule générale ne nous dit pas la genèse
de ces éléments contractiles (les myofibrilles); elle nous
donne bien à entendre qu'ils procèdent du perfectionnement de ceux qui, dans le plasma indifférent, provoquent

les mouvements élémentaires; mais il faut aller plus loin si nous voulons comprendre le mécanisme de leur production, et nous rencontrons alors des difficultés innombrables. Cela est si vrai que parmi les hislologistes qui tous reconnaissent la vérité de cette formule, les uns estiment que les organites essentiels de la contraction résultent d'une production, d'une sécrétion du plasma vivant, se développant à côté de lui, et en dehors de lui qu'ils sont en un mot des éléments par avitaux, fonctionnant à côté de la substance vivante; les autres au contraire pensent que les myofibrilles sont bien du plasma vivant, du morphoplasma différencié; ils précisent même davantage et expliquent cette genèse en invoquant l'hypertrophie fonctionnelle des travées du morphoplasme indifférent dirigées dans le sens de l'effort.

Actuellement la découverte des différenciations morphoplasmiques dont nous avons parlé plus haut, et en particulier celle des mitochondres a jeté un jour nouveau sur la question, et la plupart des histologistes admettent aujourd'hui que les mitochondres, groupés en bâtonnets allongés dans le sens de l'effort, sont l'origine des myofibrilles. Ce sont ces mêmes éléments ou du moins des éléments très analogues qui donnent naissance aux fibrilles conjonctives, aux neurofibrilles, à toutes ces formations différenciées qui jouent un rôle primordial dans le fonctionnement des tissus les plus élevés. Ainsi, d'après cette théorie, la plus en faveur aujourd'hui, les myofibrilles constituent un élément essentiellement vivant et non paravital, le mitochondre étant lui-même l'élément le plus sûrement vivant du plasma.

GUILLEMINOT**TOME III. — 22**

Parmi tous les caractères qui ont été invoqués pour décider si la substance contractile des myofibrilles est la même que celle du plasma des êtres monocellulaires ou des cellules contractiles non spécialisées, il en est un particulièrement intéressant parce qu'il est du domaine physique proprement dit : c'est le pouvoir rotatoire, la biréfringence des substances contractiles différenciées. Engelmann a montré que cette propriété optique était commune à toutes les substances contractiles, aussi bien chez les protozoaires (cils vibratiles) que chez les métazoaires inférieurs et chez les animaux à muscles différenciés (disques sombres de la fibrille). Mais si nous faisons appel à nos souvenirs et si nous nous rémémorons l'explication que nous avons donnée du pouvoir rotatoire de la matière (§ 7), nous savons qu'il peut être dû soit à une dissymétrie moléculaire non compensée (liquide), soit à une structure d'agrégat (cristaux). Des corps très différents morphologiquement peuvent ainsi donner le même effet optique. Or, la structure fibrillaire peut être rapprochée d'une structure d'agrégats ayant des propriétés vectorielles dissymétriques, et le pouvoir rotatoire des éléments contractiles non fibrillaires peut être rapproché de la dissymétrie des liquides. Vlès s'est même servi de cette différence pour étayer une opinion contraire à celle qui découlait *à priori* de l'observation d'Engelmann (1).

Cette discussion nous prouve une fois de plus combien il faut être prudent en biologie avant de tirer des conclusions générales d'observations particulières. Nous

____

(1) Cf. PRENANT, *Rev. gén. des Sciences*, déc. 1912.

asseyons la plupart de nos théories sur un ensemble de faits; nos inductions peuvent être des probabilités voisines de la certitude; mais il y a toujours une part à faire aux erreurs d'interprétation possibles ; elles sont d'autant plus à craindre que plus restreint est le nombre de faits qui nous servent de point de départ.

Quant à l'accroissement des myofibrilles, il y a tout lieu de supposer qu'il se fait par clivage longitudinal, et Heidenhain, l'éminent histologiste dont nous avons déjà plusieurs fois cité le nom, voit dans ce clivage, dans cette division, une manifestation de la vie de ces organites.

Quand nous parlerons de la fonction musculaire, nous apercevrons plus clairement les raisons de cette morphogenèse. Nous n'envisageons ici la matière vivante, que sous son aspect le plus aride, puisque nous assistons seulement au défilé des formes les plus variées sans avoir la clé de leur évolution.

83. — Morphologie des cellules, des tissus, des organes, susceptibles de manifester des mouvements actifs chez les végétaux.

Dans le règne végétal, la fonction mouvement, déplacement, a été s'affaiblissant avec le perfectionnement des formes. Cependant, il existe des organes moteurs nombreux chez les plantes et nous devons dire quelques mots de leur morphologie.

Tout d'abord on sait que les cellules embryonnaires peuvent, dans les divisions inférieures, présenter des organites comparables à ceux des cellules animales :

Les spores de certaines algues sont recouvertes de cils
vibratiles : telles les spores des vauchéries, algues
vertes composées de longs filaments grêles tapissant le
sol humide. Quand cette plante se reproduit, elle expulse
une masse plasmique hors de son enveloppe cellulosique et cette masse sans enveloppe se recouvre de cils
vibratiles qui la déplacent dans l'eau (fig. 49). D'ailleurs
un examen plus approfondi fait voir que cette spore des

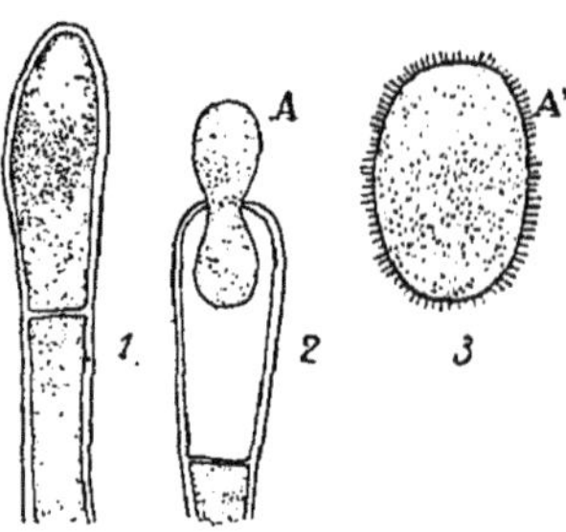

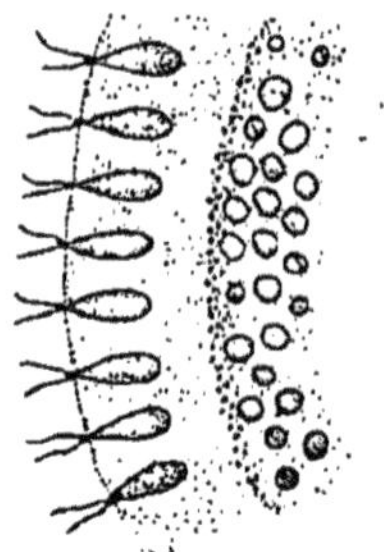

Fig. 49. — Formation des spores des vauchéries
(d'après Pizon).

1 L'extrémité d'un filament de vauchérie se gonfle
et se cloisonne.
2 Il expulse son contenu plasmique *A*.
3 La zoospore ciliée, *A'* les cils.

Fig. 50. — Grossis-
sement des cils
(d'après Pizon).

Chaque noyau corres-
pond à deux cils.

vauchéries renferme un grand nombre de noyaux, c'est
une masse plasmique polynuclée. A chaque noyau correspondent deux cils (fig. 50). Chez d'autres algues, il
ne s'agit bien que d'une seule cellule ciliée. Dans tous
les cas, l'analogie de ces spores avec les cellules animales est telle qu'on leur a donné le nom de zoospores (ζῶον, animal).

La morphologie des cils ne diffère pas essentiellement de celle que nous avons décrite dans le règne
animal. Ces formes cellulaires sont exceptionnelles

chez les phanérogammes, sauf chez les anthérozoïdes de certains gymnospermes; tandis qu'elles se rencontrent couramment chez les bactéries, les diatomées, les myxomycètes et autres organismes inférieurs.

Les organes ciliés ne sont pas les seuls agents locomoteurs chez les végétaux inférieurs; on voit aussi des cellules se déplacer par mouvements amœboïdaux, soit dans l'eau, soit sur un support humide. Ainsi les plasmodes et les zoospores des myxomycètes et de quelques algues présentent cette propriété. Du reste, même chez les cellules possédant une membrane, on observe des mouvements plasmiques intérieurs de nature amœboïdale.

D'autre part, nous trouvons chez les plantes quelques différenciations remarquables des formes histologiques en vue de l'exécution de certains mouvements dans les feuilles et certaines parties des fleurs.

La feuille, chez beaucoup de végétaux, exécute des mouvements en rapport avec l'éclairement. Elle a une position de veille et une position de sommeil. Les mouvements qu'elle exécute ainsi sont dits nyctitropiques. Ils s'observent facilement chez diverses légumineuses [trèfle, luzerne, haricot, mimosa pudica (sensitive), acacia], qui dans la journée disposent leur limbe de manière à recevoir le maximum d'éclairement, et qui, la nuit, accolent leurs folioles, soit par leur face supérieure, soit par leur face inférieure, suivant les espèces; ce changement de position semble surtout avoir pour effet de s'opposer à une transpiration exagérée.

Les mouvements des feuilles s'opèrent grâce à un renflement spécial situé à la base des pétioles et folioles. Ce renflement présente dans une de ses moitiés des cellules à parois épaisses et peu extensibles, et dans l'autre moitié des cellules à parois minces, très extensibles. A la fin de la journée, cette dernière moitié, apauvrie en eau par la transpiration, comme d'ailleurs tout l'organisme, devient flasque, d'où inflexion de ce côté. Au contraire, le matin il y a accumulation de l'eau dans toutes les cellules de la plante, et en particulier, dans celles du renflement moteur. En outre, il y a appel osmotique provoqué par le sucre dont la plante accomplit la synthèse et qu'on trouve abondant dans ce renflement. De cette turgescence résulte l'extension.

On observe des mouvements analogues chez certaines fleurs (liseron, tulipe, nénuphar).

Les forces osmotiques, les forces de tension liquide paraissent donc seules ici avoir été mises en œuvre, et la différenciation morphologique des éléments cellulaires intéressés paraît peu considérable. Elle réside surtout dans une différence de consistance des membranes d'enveloppe. Cependant on peut se demander en outre si le plasma ne joue pas un rôle actif dans l'expulsion ou l'absorption de l'eau et cette réserve est justifiée par ce fait que chez certains végétaux tels que la sensitive, le Drosera, la Dionée gobe-mouches, il suffit d'un léger choc sur une partie quelconque de la plante pour lui faire prendre sa position de sommeil. Il en est de même des étamines de diverses espèces de Cynarées, qui se contractent brusquement quand on les touche. Ceci indique, d'une part, une irritabilité remarquable du plasma et une transmissibilité rapide des excitations, et d'autre part une expulsion rapide d'eau par les cellules de la partie active du renflement moteur, expulsion dans laquelle n'intervient certainement pas un processus général de déshydratation, tel que celui des changements diurnes et nocturnes.

Il est donc vraisemblable qu'il existe même dans le règne végétal, certaines différenciations morphologiques propres à la fonction motrice, mais elles sont tout à fait secondaires si on les compare à celles du règne animal.

Il est remarquable de constater à ce propos la variété des procédés par lesquels une fonction utile peut être satisfaite : ne sait-on pas qu'un grand nombre de plantes projettent au loin leur graine par la rupture brusque de l'enveloppe qui les renferme, rupture due aux forces élastiques d'une substance progressivement desséchée et privée de vie. Ainsi un mouvement peut être provoqué par des parties mortes sous des causes extérieures ; ce mouvement peut être systématique, généralisé à toute une espèce, et pourtant l'activité de la substance vivante peut n'y prendre aucune part. Ces considérations nous feraient sortir de l'étude des formes de la matière vivante, mais elles nous font dès à présent prévoir l'importance, dans l'évolution des caractères morphologiques, de ce facteur capital : l'utilité fonctionnelle.

84. — Morphologie des cellules, des tissus, des organes affectés à la fonction neuro-sensitive et neuro-motrice.

Nous terminerons la série des exemples que nous venons de donner des différenciations morphologiques de la cellule en parlant du tissu nerveux. Ce tissu, plus

encore que le tissu musculaire, va nous faire voir une
spécialisation fonctionnelle très particulière; et son
étude mieux que celle de tous les autres tissus va nous
convaincre que les formes des éléments vivants ne peuvent être expliquées que par les fonctions de la vie. Ce
serait folie de vouloir les comprendre sans faire entrer
en scène, à côté des forces physico-chimiques qui provoquent tous les changements matériels, les conditions
complexes au milieu desquelles elles sont mises en jeu
dans les organismes. Ce sont ces conditions qui déterminent l'orientation de leurs effets.

Le tissu nerveux est avant tout celui qui nous met en
relation avec le monde extérieur. C'est le tissu irritable,
capable de recevoir des impressions, de les élaborer et
de provoquer des réactions.

Cette simple définition nous donne à croire que chez
les animaux les plus simples ce sont les cellules les plus
externes qui ont subi une différenciation dans la voie
de l'irritabilité; et, chez les plus complexes, on devra
vraisemblablement constater que le système nerveux
dérive des couches cellulaires embryonnaires les plus
externes. Nous verrons bientôt la justesse de la première de ces prévisions en étudiant § 97 les formes des
éléments nerveux chez les animaux inférieurs, et la
deuxième est vérifiée par l'embryogénie.

Nous allons ici commencer par prendre une idée
générale de la morphologie de ce tissu si remarquable
en l'étudiant à son maximum de différenciation, en l'étudiant chez l'homme.

85. — Morphologie des éléments du système nerveux chez l'homme et chez les vertébrés supérieurs

Si l'on prend un cerveau et qu'on le coupe dans une direction quelconque, on y remarque deux substances : une grise et une blanche. Une section transversale de la moelle épinière fait voir aussi ces deux substances juxtaposées.

La substance grise renferme surtout des cellules; la substance blanche des fibres : les centres nerveux sont faits de cellules et de fibres; les nerfs périphériques sont exclusivement constitués par des fibres qui y atteignent une longueur parfois considérable, puisqu'on en voit qui, chez l'homme, dépassent un mètre.

1° *La cellule nerveuse.* — La cellule nerveuse de grosseur très variable (5 μ à 130 μ) présente une forme ordinairement polyédrique. Cette forme dépend surtout du nombre des prolongements cellulaires : en effet, l'un des caractères les plus constants de la cellule nerveuse est de posséder un, deux ou plusieurs prolongements. La forme étoilée est de règle chez les éléments à prolongements multiples.

L'examen histologique du corps cellulaire-permet de reconnaître que le plasma présente, comme celui de presque toutes les cellules, un hyaloplasme et un morphoplasme, mais que ce morphoplasme est hautement différencié : Schultze, Kœlliker y avaient déjà aperçu des fibrilles, mais c'est surtout Apathy qui récemment a cru pouvoir conclure de ses nombreuses observations que presque toutes les cellules nerveuses renferment des fibrilles hyalines ou neurofibrilles.

Ces neurofibrilles enchevêtrées les unes avec les autres dans le plasma se juxtaposent parallèlement dans les prolongements cellulaires. On les regarde aujourd'hui comme dérivant des mitochondres, ces différen-

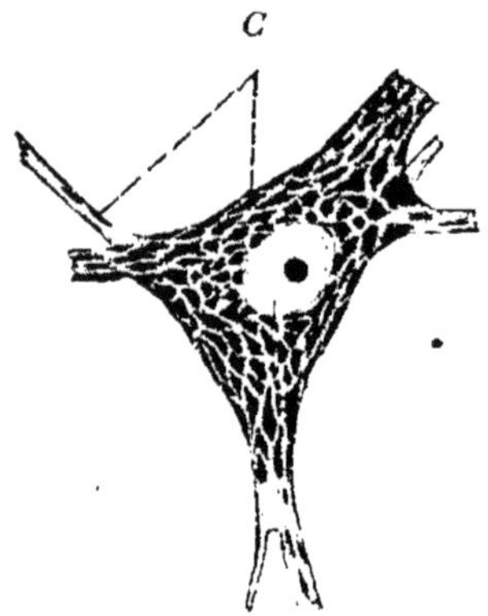

Fig. 51. — Cellule nerveuse de la moëlle épinière d'un enfant, grossiss' 430 (d'après Stöhr).
C Corps de Nissl.

ciations plasmiques que nous avons déjà trouvées à l'origine des myofibrilles.

Le plasma des cellules nerveuses présente en outre des enclaves assez particulières et variées.

Les unes de forme polyédrique se colorent électivement par les couleurs basiques (bleu de méthylène): ce sont les corps de Nissl (ou substance chromophile), qui occupent parfois irrégulièrement toute la masse plasmique, ou qui se placent de part et d'autre du noyau, ou encore s'alignent en files irrégulières.

Les autres sont constituées par des pigments qui nous apparaissent soit noirs, soit jaunes.

Cette description sommaire du plasma de la cellule nerveuse ne donne d'ailleurs qu'une idée lointaine de sa complication.

Ce serait nous laisser entraîner hors du cadre de cet ouvrage que de faire l'étude de tous les caractères morphologiques de cette cellule ; pourtant il en est un dernier que nous devons signaler parce qu'il paraît avoir une valeur fonctionnelle importante : c'est la présence de petits canalicules que l'on observe en plein plasma, entre les enclaves de Nissl, et que l'on appelle, du nom du premier histologiste qui les a décrits (1895),

Fig. 52.
Canalicules de
Holmgrem.

les canalicules de Holmgren (fig. 52). Cet auteur croit qu'ils sont dus au processus suivant : des cellules conjonctives, entourant la cellule nerveuse, enverraient des prolongements qui, pénétrant dans son plasma, y formeraient un réseau, du reste visible chez l'embryon. La partie périphérique de la trame de ce réseau s'épaissirait pendant que la partie centrale s'éliminerait. Ce détail présente un intérêt d'autant plus grand que les mêmes formations ont été retrouvées dans certaines cellules glandulaires et qu'aujourd'hui les physiologistes tendent à considérer la cellule nerveuse comme ayant un rôle secrétoire.

2° *La fibre nerveuse.* — Nous avons dit que les neurofibrilles du plasma sont enchevêtrées dans le corps cellulaire et qu'elles se juxtaposent parallèlement les unes aux autres dans les prolongements. Ces prolongements sont de deux ordres. Les uns, appelés *dendrites, cyto-dendrites*, ou *prolongements plasmiques* ont été découverts par Purkinje, l'éminent physiologiste tchèque qui enrichit la science de si remarquables travaux au milieu du siècle dernier (1787-1869) : ils sont nombreux et ramifiés. Les autres ont été découverts par Wagner en 1851 et surtout étudiés par Deiters. Chaque cellule n'en possède qu'un seul, long et peu ramifié. A ce prolongement unique on donne le nom *d'axone*, de *cylindraxe*, ou de *prolongement de Deiters*.

Les fibres nerveuses sont l'élément essentiel des nerfs dont tout le monde connaît l'anatomie générale et les propriétés. Ainsi la fibre nerveuse et les neuro-fibrilles qui la constituent nous apparaissent-elles comme les agents de la conduction de l'influx nerveux. Ces fibres sont d'ailleurs soit des cylindraxes, soit de longs prolongements dendritiques (Cf. § 87, p. 356).

Il y a deux espèces de nerfs au point de vue morphologique : des nerfs blancs et des nerfs gris.

Les nerf blancs, nerfs cérébro-spinaux, nerfs grâce auxquels nous percevons les impressions extérieures et nous faisons mouvoir nos muscles, sont composés de fibres nerveuses enveloppées par une gaîne de myéline, substance très complexe composée de graisse, de cho-lestérine, de cérébrine, de lécithine, etc.

Les nerfs gris, nerfs du système sympathique, sont aussi composés de fibres, mais sans gaîne de myéline. Chaque fibre présente cependant ordinairement une gaîne formée par le plasma mince de cellules surajou-tées qui les enveloppent et dont on ne voit nettement que le noyau : c'est la *gaîne de Schwann,* découverte et étudiée en 1839 par le célèbre anatomiste belge, qui lui a donné son nom. Cette gaine n'est d'ailleurs pas particulière aux nerfs gris : elle double presque toujours le manchon de myéline des nerfs cérébraux-spinaux.

Si l'on compare la fibre nerveuse à un conducteur électrique, le nerf est assimilable à un faisceau de conducteurs, isolés plus ou moins les uns des autres. De même qu'il y a en électricité des isolements sommaires : une couche d'oxyde, une couche de vernis déposée sur la surface de chaque fil ; et des isolements plus sérieux : une ou plusieurs couches de coton, de soie, de gomme, de caoutchouc ; de même ici, nous avons dans le conducteur nerveux des fibres sommairement isolées par des cellules plates et minces, qui sont venues les envelopper : ce sont les fibres à gaîne de Schwann ; et nous avons des fibres plus sérieusement isolées : ce sont les fibres à gaîne de myéline ordinairement recouvertes aussi, comme nous venons de le dire, par une gaîne de Schwann.

La morphologie complexe de la fibre à myéline agent de conduction de l'influx nerveux dans les nerfs périphériques mérite que nous nous y attachions un moment, pour bien comprendre son rôle fonctionnel, qu'il nous sera utile de connaître dans la suite de cet ouvrage.

Si nous examinons une fibre nerveuse dans son sens longitudinal, nous voyons au centre le conducteur nerveux, large de 2 ou 3 μ et composé, nous le savons, de neurofibrilles. Ces neurofibrilles, dont le diamètre ne dépasse guère 0 μ 4, lui donnent une apparence de striation longitudinale. Chacune de ces neurofibrilles est entourée de plasma et ce plasma s'aperçoit à la périphérie du faisceau sous forme d'une couche mince transparente. C'est cette couche que les histolo-

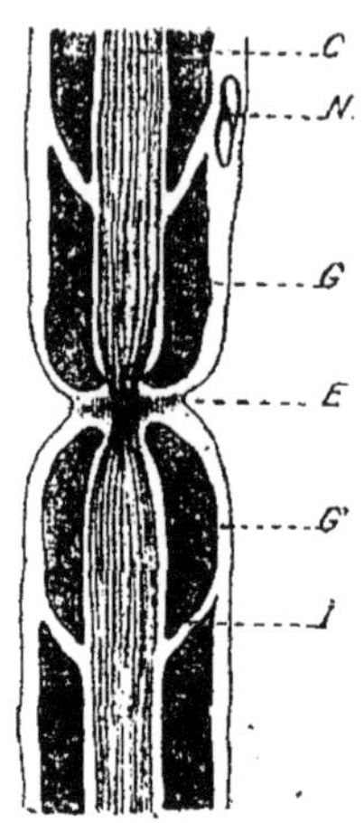

gistes de la fin du dernier siècle décrivaient comme une gaîne sous le nom de gaîne de Mauthner.

Autour de la fibre nerveuse se trouve le manchon de myéline, qui se colore en noir par l'acide osmique. Cette substance ne paraît pas homogène et certaines préparations y font voir un squelette réticulé qui servirait de support à la myéline proprement dite. Cette myéline occuperait les mailles du réseau.

La gaîne de myéline n'est pas continue. Elle est divisée en segments par des étranglements E (fig. 53), et chaque segment est lui-même sectionné par les incisures I, décrites sous le nom d'incisures de Schmidt et Lanterman.

Fig. 53. — Coupe longitudinale schématique d'une fibre à myéline.
C Conducteur nerveux.
N Noyau.
G Myéline.
G' Gaine de Schwann.
E Etranglement annulaire.
I Incisure de Schmidt et Lanterman.

Enfin autour de la gaîne de myéline, on distingue une seconde enveloppe, la gaîne de Schwann, dont l'épaisseur est voisine de $\frac{2}{100}$ de millimètre et qui se ramène, comme dans les fibres sans myéline, à de simples cellules nucléées, étalées autour de la fibre. Il y a une cellule par segment.

On regarde actuellement la myéline comme une production des cellules de la gaîne de Schwann ; ainsi concevons-nous facilement la double enveloppe des fibres blanches comme une différenciation des cellules de couverture de la fibre nerveuse.

Entre chaque segment, au milieu de l'étranglement annulaire E, il n'y a pas de myéline ; et quand on colore les cylindraxes à l'aide du nitrate d'argent, c'est au niveau de ces étranglements que la réaction commence, ce qui donne à penser que c'est là que s'effectuent les échanges entre le cylindraxe et le milieu.

86. — Quelques considérations qui montreront à quel point les formes cellulaires sont liées au fonctionnement organique et à l'équilibre fonctionnel de l'individu total.

Je disais au début du § 84 en abordant l'étude du tissu nerveux que les particularités morphologiques de ce tissu, plus peut-être que celles des autres éléments de l'organisme, allaient mettre en relief cette idée, déjà plusieurs fois énoncée, que, pour expliquer la genèse des formes cellulaires, il est nécessaire de faire entrer en scène des facteurs propres à la vie de l'être dont font partie les cellules considérées. Avant d'aller plus loin, je crois utile de m'arrêter un moment à cette idée.

Ce n'est pas à dire, je me hâte de le répéter, que nous devions chercher *de nouvelles modalités de l'énergie* propres à la vie ; mais, à chaque pas, nous constatons que la mise en œuvre des forces physico-chimiques est réglée, dirigée, par un ensemble de circonstances, de conditions de milieu, de facteurs vectoriels, si l'on veut, dont l'harmonie est propre à l'unité vivante.

Au fur et à mesure que nous avançons dans l'étude de la vie, avant même d'avoir quitté le domaine du chimisme et de la morphologie des petites individualités constitutives des êtres vivants, nous voyons à chaque instant s'ébaucher cette déduction qui, par la suite, va prendre corps, et nous acheminer vers nos conclusions générales.

Ici nous venons de décrire un système assez complexe de cellules très spéciales avec leurs prolongements dendritiques, et leur prolongement cylindraxile, avec leur appareillage accessoire d'isolement pour tel ou tel de ces prolongements. La complexité de ce système n'est rien encore à côté de celle du système nerveux général qui résulte de la juxtaposition, de l'ordonnancement d'un nombre incalculable de ces éléments, mais déjà elle suffit pour nous permettre de constater la solidarité fonctionnelle qui unit les parties pourtant si dissemblables que nous venons d'étudier, cellules nerveuses, fibres nerveuses, cellules de protection, matériaux d'isolement.

L'étude des mutations morphologiques consécutives à la section du cylindraxe va nous offrir un exemple des effets de cette solidarité.

Quand on sectionne un cylindraxe, le bout périphérique cesse de conduire les excitations après quelques jours : un nerf moteur coupé près de sa racine centrale cesse de transmettre au muscle les excitations électriques. Mais un phénomène morphologique remarquable se passe en même temps du côté des cellules de protection (cellules de la gaîne de Schwann). Ces cellules augmentent de volume, leur noyau s'hypertrophie et peu après se multiplie, leur plasma segmente la myéline et vient au contact du cylindraxe, pendant que la myéline ainsi fragmentée en boules est peu à peu résorbée comme un corps étranger. Le cylindraxe lui-même s'atrophie, se divise en tronçons, puis disparaît.

C'est la dégénérescence wallérienne.

Elle s'accompagne bientôt de lésions secondaires dans le système musculaire. Sans suivre jusque-là les effets consécutifs, observons d'abord que l'ensemble de ces phénomènes est commandé par une loi générale touchant l'évolution de la cellule ordinaire, non différenciée : quand on sectionne une cellule de manière que l'une des moitiés renferme le noyau et l'autre uniquement du plasma, la première seule continue à vivre et à proliférer. De même quand on sectionne un cylindraxe la partie centrale de la cellule ne meurt pas pour cela, mais la partie sans noyau, la fibre nerveuse cylindraxile dégénère immédiatement.

Mais à côté de ce fait général de morphologie cellulaire, il y en a un autre sur lequel je veux surtout appeler l'attention : les cellules enveloppantes de la gaîne cylindraxile se transforment à partir du moment où la fonction du cylindraxe a pris fin. La myéline produite par elles, utile pour l'isolement du conducteur nerveux, se résorbe dès que l'harmonie du système est détruite; les cellules de la gaîne de Schwann prennent un aspect fusiforme, toute la morphologie de ces organes annexes est perturbée, remaniée dès que l'équilibre fonctionnel de cet organe est troublé.

Ce phénomène nous fait voir une fois de plus qu'on ne saurait étudier les formes de la vie en dehors des conditions de l'organisme vivant, et si quelque réaction physico-chimique se passant *in vitro* donnait par hasard une figure rappelant ces formes complexes, rappelant par exemple la forme d'un segment de fibre nerveuse avec ses gaînes de myéline et de Schwann, cela pourrait indiquer tout au plus que des causes banales peuvent occasionnellement déterminer le *fac-simile* du phénomène naturel, mais non nous renseigner sur le processus qui donne lieu à ce dernier et qui ne peut être analysé que par l'étude attentive de sa genèse *in vivo*.

87. — Neurones et système nerveux chez les animaux supérieurs.

Nous connaissons la morphologie de la cellule nerveuse et de la fibre nerveuse, nous devons nous demander comment ces éléments sont associés pour former le système nerveux dont la forme macroscopique chez les animaux supérieurs est familière à tout le monde, et par quel intermédiaire ce système, d'une part, met l'être en communication avec le monde extérieur, et d'autre part, lui permet de commander les mouvements utiles à la vie.

Occupons-nous d'abord de la morphologie du système formé par la réunion des cellules et des fibres que nous venons de décrire.

Nous désignerons sous le nom de *neurone*, expression créée par Waldeyer, l'ensemble de la cellule nerveuse et de ses prolongements.

Plusieurs hypothèses ont été émises sur l'association des neurones constituant le système nerveux. Ce qui les différencie surtout, c'est que les unes considèrent chaque neurone comme une unité indépendante tandis que les autres les représentent comme en connexion tellement intime que leur individualité disparaît.

Le dernier tiers du xixe siècle a été marqué par l'acheminement des histologistes vers la doctrine du neurone isolé et autonome.

On rejeta en effet successivement l'hypothèse déjà ancienne de Gerlach, qui admettait l'anastomose des dendrites des cellules voisines (1871), puis celle de Golgi, qui admettait l'anastomose des cylindraxes, et avec Cajal on regarda les cellules nerveuses munies de leurs dendrites et de leur cylindraxe comme absolument distinctes et indépendantes les unes des autres (dernières années du xixe siècle). Ce fut l'apogée de la théorie du neurone.

Voici d'après cette théorie comment on peut se représenter la morphologie histologique du système nerveux chez les animaux supérieurs, et chez l'homme en particulier.

Tout d'abord on doit se rendre compte qu'il y a une distinction à établir, au point de vue fonctionnel entre les fibres nerveuses : les unes sont sensitives, les autres motrices. Ces deux espèces de fibres ne diffèrent pas histologiquement; elles ont la même structure, mais leur provenance et leur terminaison sont différentes. Les fibres sensitives appartiennent à des cellules nerveuses ganglionnaires et aboutissent à des organes sensitifs ou sensoriels destinés à réagir sous des perturbations venues de l'extérieur : elles transmettent ces perturbations sous forme d'influx nerveux vers les centres. Les fibres motrices appartiennent à des cellules des centres cérébraux ou médullaires et aboutissent à des fibres musculaires : elles conduisent l'influx nerveux des centres vers la périphérie, et c'est sous l'action de cet influx nerveux que les muscles se contractent.

La fibre motrice est le cylindraxe d'un neurone moteur. La fibre sensitive est regardée par certains histologistes comme le cylindraxe du neurone sensitif, par d'autres, et ce sont les plus nombreux aujourd'hui, comme un prolongement dendritique de ce neurone. Ce n'est là qu'une affaire de convention, car il n'y a pas de différence morphologique absolue entre les deux espèces de prolongements, et leur différence fonctionnelle n'est qu'une différence de circonstance, les fibres nerveuses sensitives ou motrices pouvant conduire l'influx nerveux dans les deux sens.

Cette distinction étant établie entre les deux espèces de fibres, sensitives et motrices, qui constituent les nerfs périphériques, on peut décrire un neurone sensitif et un neurone moteur.

Le neurone moteur est constitué :

1° Par une cellule ordinairement volumineuse siégeant dans la substance grise des cornes antérieures de la moelle, ou dans les noyaux bulbo-protubérantiels qui les continuent en haut;

2° Par des prolongements : α) les prolongements

plasmiques ou dendrites ne sortent pas de cette substance grise ; β) le prolongement cylindraxile (fibre motrice), au contraire va sans discontinuité de la cellule motrice aux muscles les plus éloignés.

Le neurone sensitif est formé lui aussi :

1° Par un corps cellulaire situé dans, des ganglions échelonnés le long et en arrière de l'axe médullaire ;

2° Par des prolongements disposés ici de façon très spéciale : la fibre sensitive cellulipète (dendritique d'après les histologistes contemporains) et le prolongement cellulifuge (cylindraxe) sont d'abord accolés, puis se bifurquent et divergent. La première va vers la périphérie et constitue la fibre des nerfs sensitifs ; la deuxième pénètre dans la moelle par les cornes postérieures et se termine par une arborisation touffue au niveau des dendrites des cellules motrices ou des neurones d'association, de telle façon qu'à l'origine il semblerait que la cellule ganglionnaire possède un seul prolongement, bientôt divisé en T ou en Y.

La théorie du neurone, telle qu'elle a été formulée alors, établissait que, dans le réflexe le plus simple, la conduction se faisait du neurone sensitif au neurone moteur par contiguïté, depuis l'arborisation terminale du premier aux dendrites du deuxième, et non par continuité.

Bien plus comme on démontra facilement que, à côté de cet arc réflexe simple, inconscient, comprenant deux neurones seulement, il y avait des arcs réflexes comprenant des neurones d'association (au moins cinq quand l'influx passe par le cerveau), on trouva naturel de chercher dans la morphologie des neurones, variable d'un moment à l'autre grâce à l'amœboïsme supposé de leurs prolongements, l'explication des actes cérébraux. Le sommeil correspondait à la rétraction des prolongements; l'association des idées, à la corrélation des mouvements amœboïdaux des centres variés, etc. A cette théorie séduisante s'attache chez nous le nom d'un histologiste dont l'enseignement plein de charme était très goûté de la génération de médecins qui fréquentaient l'Ecole de Paris il y a un quart de siècle. Mathias Duval fit tellement apprécier cette théorie par ses élèves que ce ne fut pas sans quelques déceptions qu'ils la virent battue en brèche sur certains points du moins.

Les critiques qu'on lui adressa nous feraient sortir de l'étude morphologique des éléments cellulaires qui fait l'objet de ce chapitre. Disons seulement que l'une des plus graves s'appuie sur ce fait que les fibrilles nerveuses paraissent dans certains cas naître sur place plutôt que de procéder des cellules centrales; ces fibrilles formeraient un réseau continu dans tout l'organisme et les cellules n'auraient qu'un rôle accessoire, au point que la section d'une cellule ganglionnaire n'arrêterait pas les phénomènes de conduction.

88. — Morphologie des organes de commande intermédiaires entre le système nerveux qui envoie l'influx moteur et les systèmes musculaires, glandulaires, qui le transforment.

Sans nous préoccuper pour le moment de la manière suivant laquelle l'influx nerveux provoque le mouvement mécanique par la contraction des muscles, ni comment il détermine la sécrétion glandulaire, nous devons examiner, pour préparer la solution de ces questions d'ordre physiologique, la forme des organes intermédiaires qui unissent les fils transmetteurs aux organes récepteurs.

a) Terminaison des filets nerveux dans les glandes. — On sait que les glandes sont essentiellement constituées par des cellules du type épithélial spécialisées dans la production de certaines substances, qu'elles sécrètent non pas seulement pour leur propre utilité, mais pour celle de tout l'organisme dont elles font partie. Qu'il s'agisse de glandes closes ou de glandes déversant leurs produits par un canal sécréteur, qu'il s'agisse de glandes composées d'un simple cul-de-sac épithélial ou de multiples alvéoles en grappes, toujours la cellule active est une cellule épithéliale doublant les parois de leurs cavités. Il y a d'ailleurs des glandes unicellulaires : telles les cellules à mucus qui affectent souvent la forme d'une bouteille, et qui, lorsqu'elles sont excitées par leur filet nerveux, donnent naissance à des vacuoles pleines de liquide, grossissent, se distendent, puis éliminent leur mucus. On crut tout d'abord (Pflüger, Küpffer) il y a une quarantaine d'années, quand on découvrit les nerfs glandulaires, que les filets nerveux se terminaient dans le plasma même des cellules glandulaires. Aujourd'hui, les procédés d'investigation plus précis ont permis de déceler un double plexus terminal en dehors et en dedans de la membrane propre qui enveloppe les culs-de-sac glandulaires. Du plexus interne partent des filets nerveux qui viennent se terminer par de petits renflements sur la surface externe des cellules sécrétantes, sans les pénétrer. Ainsi sommes-nous amenés à constater la grande simplicité morphologique de ces organes terminaux; l'idée qui nous reste de cette étude est qu'il s'agit d'un simple contact entre le conducteur et l'organe subissant l'influx, et ce dispositif évoque l'idée de la tige métallique munie d'une boule terminale qui sert à amener l'électricité des machines électrostatiques au tabouret à pieds de verre ou aux jarres qu'on veut charger.

b) Terminaison des filets nerveux dans les muscles. — La terminaison du cylindraxe sur la fibre musculaire est en dernière analyse assez semblable à la précédente. Si nous étudions en particulier la terminaison des nerfs volontaires sur la fibre musculaire striée, nous voyons que cette dernière porte, à l'endroit où elle est abordée par le filet nerveux, une plaque granuleuse dite plaque motrice, plaque terminale ou plaque de Rouget (plaque de Doyère chez les arthropodes). C'est une petite masse plasmique constituée par un épaississement du sarcoplasme et dans laquelle on voit, surtout à la périphérie, des noyaux propres à la substance musculaire. Le cylindraxe en abordant cette plaque motrice ne conserve que sa gaîne de Schwann, dont on ne connaît pas exactement la terminaison, et il se divise en plusieurs rameaux formant une arborisation. Chacun de ces rameaux paraît se terminer par une extrémité arrondie ou renflée. Ici encore nous voyons donc le conducteur de l'influx nerveux, divisé en nombreuses branches, s'appuyer simplement sur la surface de l'organe récepteur.

La terminaison des filets sympathiques sur les fibres

musculaires lisses se fait de façon analogue, par un
bouton qui prend contact avec le cytoplasme.

89. — Morphologie des organes récepteurs qui transforment l'énergie extérieure en influx nerveux.

Je n'ai pas l'intention d'exposer ici la morphologie des
organes des sens. Quoique très intéressante, très instructive pour qui se propose d'étudier l'évolution des formes
cellulaires en vue d'une fonction déterminée, elle nous
entraînerait beaucoup trop loin et nous obligerait à envisager non plus seulement la forme des unités vivantes,
mais le rapport de cette forme à leur fonction. Je vais
seulement attirer l'attention du lecteur sur quelques
points particuliers.

Je dirai d'abord un mot du mode de terminaison des
nerfs centripètes, ou mieux du prolongement dendritique
du neurone périphérique sur les cellules sensorielles ou
sensitives.

Je tâcherai ensuite de donner une idée de la morphologie générale des appareils sensoriels ou sensitifs en
rapprochant leur constitution : ce schéma morphologique
nous facilitera plus tard l'étude des fonctions qui nous
font percevoir les perturbations énergétiques extérieures,
étude que nous aborderons dans notre tome IV.

a) Terminaisons sensitives. — Il y a une certaine analogie
entre la terminaison sensitive et les terminaisons motrices ; presque toujours le prolongement dendritique du
neurone sensitif, après avoir formé une arborisation se
termine autour de la cellule sensitive ou sensorielle soit

par des extrémités arrondies, soit par de petits renflements. Qu'il s'agisse des cellules de l'épithélium cutané
ou d'une muqueuse, des cellules du tact, ou des cellules
sensorielles très différenciées, telles que celles de l'organe
de l'ouïe ou de la rétine, ou encore des cellules conjonctives du derme (corpuscules de Meissner, de Paccini, etc.),
il semble qu'il y ait simplement contact entre l'extrémité
arrondie ou renflée du filet nerveux et le plasma de la
cellule sensitive ou sensorielle.

b) Chaîne sensitive et sensorielle. — Voyons maintenant le dispositif morphologique de la chaîne nerveuse
qui conduit l'influx nerveux depuis ces terminaisons
dendritiques jusqu'à l'organe central de la perception.

Déjà nous savons que les ganglions spinaux renferment le corps du neurone sensitif périphérique dont les
longs prolongements plasmiques forment les nerfs sensitifs et dont les arborisations terminales cylindraxiles
s'articulent soit avec les dendrites du neurone moteur
périphérique (réflexe simple), soit avec ceux des cellules
médullo-bulbaires, qui d'autre part, par leur propre prolongement cylindraxile, établissent les connexions avec
les cellules des centres supérieurs.

Une cellule sensorielle, un neurone périphérique dont
le corps cellulaire est dans les ganglions spinaux, un
neurone central dont le corps cellulaire est dans la
moelle ou le bulbe, telle est donc dans sa plus grande
simplicité la chaîne qui conduit l'influx nerveux depuis
l'organe de transformation (cellules sensitives ou sensorielles) jusqu'aux cellules des centres supérieurs.

Aujourd'hui que l'enseignement secondaire donne des
notions assez étendues sur l'anatomie de l'homme et des

animaux supérieurs, chacun connaît sommairement l'architecture compliquée des organes des sens ; la complexité de l'organe de Corti dans le mécanisme de l'audition, l'interminable échafaudage des couches successives de la rétine dans celui de la vision, ont pu en particulier faire voir dans ces organes des architectures bien différentes du schéma simple que nous venons de donner.

En réalité, tous les systèmes destinés à apporter au cerveau les perturbations énergétiques variées venues de l'extérieur sont édifiés sur le même modèle.

Deux exemples suffiront à le prouver : celui de l'organe de l'ouïe et celui de l'organe de la vue.

L'appareil auditif comprend : 1º une cellule auditive (organe de Corti) à corps globuleux enveloppée par les prolongements dendritiques du neurone périphérique; 2º le neurone périphérique dont le corps cellulaire est situé dans le ganglion de Corti, et dont le prolongement cylindraxile forme la branche cochléaire du nerf acoustique ; 3º un neurone central bulbo-protubérantiel, homologue des neurones centraux de l'appareil sensitif général. Ainsi décrit, il rentre exactement dans notre type général.

L'appareil visuel lui surtout paraît s'écarter de notre schéma. Pourtant si nous l'examinons chez les invertébrés ou même chez quelques vertébrés inférieurs, nous voyons la transition entre notre type schématique et la rétine humaine.

L'œil pinéal des lacertiens, par exemple, présente une rétine réduite à des cellules sensorielles, et le neurone périphérique a son corps cellulaire situé dans un ganglion

optique en arrière d'elle, homologue des ganglions spinaux ; les autres anneaux de la chaîne n'offrent rien de
spécial.

Chez les vertébrés supérieurs, on retrouve le même
dispositif de la chaîne centripète, si l'on considère
la rétine comme une portion des centres nerveux
et le nerf optique comme le reste des connexions
qui unissent cette portion à la masse cérébrale. L'embryologie fait en effet voir que la rétine est due à une
évagination creuse de la vésicule cérébrale antérieure,
évagination qui se développe en regard d'une dépression
ectodermique, origine du cristallin. Aussi n'est-il pas
étonnant de voir réunis *dans l'épaisseur même de la rétine*
la cellule sensorielle (cellules à cônes ou à bâtonnets) et
les deux neurones (périphérique et central) homologues
des neurones des ganglions spinaux et des centres
médullo-bulbaires de la sensibilité générale.

Cette conception rend très accessible la structure de
cet organe si remarquable ; on y voit en effet immédiatement au-dessous des cellules sensorielles à cônes et
à bâtonnets, des cellules bipolaires dont les prolongements dendritiques viennent prendre contact avec celles-ci, et dont les arborisations cylindraxiles s'articulent
avec les dendrites des cellules multipolaires des couches
sous-jacentes, homologues des neurones médullo-bulbaires des voies de la sensibilité générale. Les cylindraxes de ces neurones centraux constituent le nerf
optique.

90. — Un aperçu de la morphologie des centres nerveux. Son schéma rudimentaire dans le règne animal et chez l'embryon.

Jusqu'ici nous ne nous sommes pas préoccupés de la morphologie macroscopique des organes et des systèmes qui satisfont aux besoins fonctionnels de l'organisme, parce que, comme nous l'avons dit, l'étude de cette morphologie serait stérile si l'on n'envisageait pas en même temps les fonctions qui l'expliquent. Dans ce livre consacré à l'étude des formes de la matière vivante, nous avons eu surtout en vue les formes élémentaires, en nous réservant de parler de l'architecture des appareils plus complexes, quand il y aura lieu, comme d'un corollaire de l'étude des fonctions de la vie.

Cependant je crois indispensable de donner ici un aperçu de la structure d'ensemble des centres nerveux, parce que, d'une part, la fonction à laquelle ils sont préposés est imparfaitement connue et que, d'autre part, il est relativement facile de concevoir l'arrangement général des neurones sans connaître leur fonctionnement.

Cette étude sera considérablement simplifiée et bien plus instructive, si au lieu de nous adresser d'emblée au cerveau humain adulte, et au lieu de chercher à parcourir ses inextricables méandres, nous procédons méthodiquement en interrogeant l'embryologie et l'anatomie comparée. La première nous montrera les étapes

successives de l'édification de cet organe complexe ; la
deuxième nous fera voir les mêmes stades de son évo·
lution dans la série des espèces vivantes.

Considérons l'embryon au moment où il se compose de
trois feuillets cellulaires superposés (fig.54) : l'ectoderme

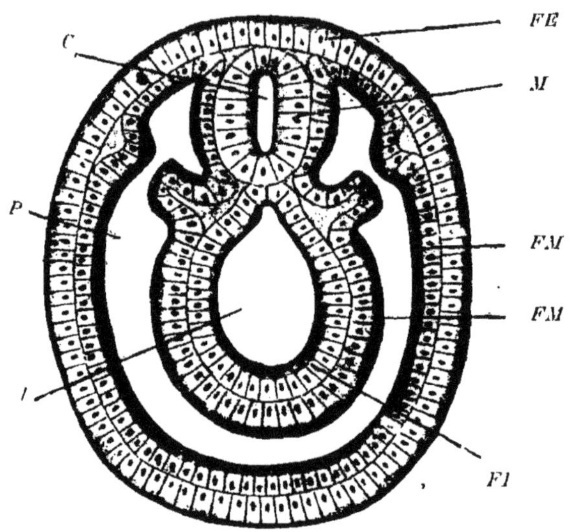

Fig. 54. — Schéma des premiers stades de la différenciation
cellulaire (d'après Hertwig).

I Cavité intestinale.	*M* Cellules nerveuses du névraxe.
FI FM FE Feuillets germinatifs interne,	*C* Cavité médullaire.
moyen, externe.	*P* Cavité péritonéale.

(qui fournira les cellules épidermiques cutanées en particulier), le mésoderme (qui fournira les tissus conjonctif, cartilagineux, osseux, musculaire, etc.), et l'endoderme (qui fournira les épithéliums digestifs et respiratoires, le sang, etc.); c'est de la première de ces couches cellulaires que nous voyons naître le système
nerveux.

Il naît de la façon suivante :

Un pli, une invagination, une gouttière longitudinale se forme au milieu de la surface, suivant une ligne qu'on peut regarder comme étant plus tard la ligne médio-dorsale. Ce pli qui déprime l'ectoderme, se transforme en tube fermé par accolement de ses bords : c'est le tube ou canal médullaire *c*, fig. 54, placé en avant de la chorde dorsale et parallèlement à elle.

La partie antérieure de ce tube, ou plutôt des parois de ce tube, deviendra l'encéphale; les régions médianes et postérieures deviendront la moelle épinière.

Ce sont, en effet les cellules M des parois qui, se multipliant, se différenciant, donnent toutes les cellules nerveuses, tous les neurones. Elles ne laissent au milieu d'elles qu'un étroit canal, qui, dans la moelle, porte le nom de *canal de l'épendyme*, et qui, beaucoup plus développé dans les centres cérébraux, y forme des cavités appelées *ventricules*.

La partie antérieure présente bientôt trois épaississements ou vésicules, puis cinq, dont la figure 55, A et B, donne le schéma; on les désigne sous le nom de cerveaux antérieur, intermédiaire, moyen, postérieur, et d'arrière-cerveau, tandis que la moelle ne subit aucune différenciation semblable.

Dans chacune de ces cinq parties et dans la moelle, on assiste au développement de cellules nerveuses, de fibres nerveuses et d'éléments de soutien. Les fibres se groupent dans certaines régions qui, en général, nous apparaissent blanches; les cellules se groupent dans d'autres régions qui nous apparaissent grises. Les zones blanches, situées à la périphérie de la moelle (cordons blancs) et dans les régions centrales du cerveau, sont donc surtout des lieux de passage de l'influx nerveux. Les zones grises placées à la partie centrale de la moelle et à la périphérie du cerveau sont surtout des lieux d'élaboration de l'influx nerveux.

Nous savons déjà que le schéma le plus simple qu'on

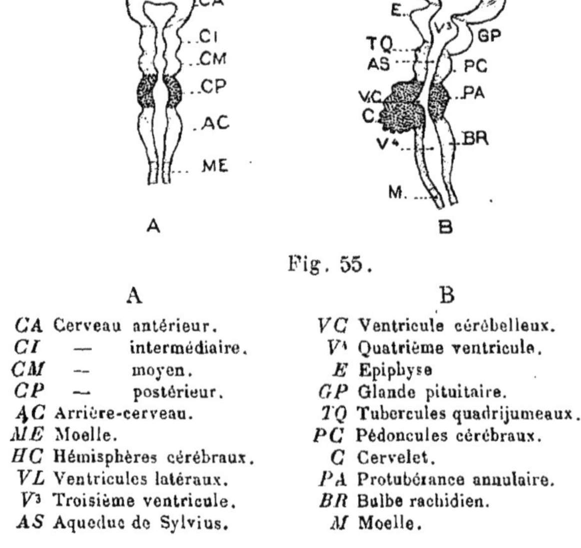

Fig. 55.

A		B	
CA Cerveau antérieur.		*VC* Ventricule cérébelleux.	
CI — intermédiaire.		*V⁴* Quatrième ventricule.	
CM — moyen.		*E* Epiphyse	
CP — postérieur.		*GP* Glande pituitaire.	
AC Arrière-cerveau.		*TQ* Tubercules quadrijumeaux.	
ME Moelle.		*PC* Pédoncules cérébraux.	
HC Hémisphères cérébraux.		*C* Cervelet.	
VL Ventricules latéraux.		*PA* Protubérance annulaire.	
V³ Troisième ventricule.		*BR* Bulbe rachidien.	
AS Aqueduc de Sylvius.		*M* Moelle.	

puisse imaginer d'un circuit nerveux comprend un neurone moteur périphérique articulé avec un neurone sensitif : une perturbation énergétique extérieure affectant les extrémités du prolongement sensitif de ce dernier donne lieu à un influx nerveux qui, passant du neurone sensitif au neurone moteur, provoque à l'extrémité du cylindraxe de celui-ci une contraction des fibres musculaires qu'il innerve.

Nous savons aussi que le corps cellulaire du neurone sensitif siège dans les ganglions spinaux et celui du neurone moteur dans les cornes antérieures de la substance grise de la moelle.

Si tous les mouvements étaient des réflexes aussi simples, la morphologie des centres nerveux se réduirait à peu de chose : on trouverait dans toute la longueur de la moelle à droite et à gauche de la ligne médiane deux colonnes grises de cellules motrices, et en arrière de la moelle deux chaînes de cellules sensitives. Notons en passant que ces deux chaînes de cellules sensitives existent originairement sous la forme de traînées cellulaires situées de part et d'autre de la ligne de suture des bords de la gouttière nerveuse primitive, et que dans la suite elles se sectionnent en autant de segments qu'il se forme de pièces dans la colonne vertébrale, d'où les ganglions spinaux séparés. Notons aussi que chez l'amphioxus, qui est généralement regardé comme le plus simple des vertébrés, les centres nerveux ne diffèrent pas considérablement de ce schéma rudimentaire.

Cependant il faut remarquer que nulle part on ne constate l'indépendance de chaque circuit réflexe. Nulle part un groupement cellulaire sensoriel ne s'articule avec un groupement cellulaire moteur par un circuit simple et isolé. S'il en était ainsi chez un être vivant, cet être serait constitué par une colonie d'automates indépendants. Dès l'origine, au contraire, on constate des connexions par voies centrales entre les neurones sensitifs ou moteurs périphériques et ce sont ces connexions qui préparent l'unité de l'être. Ce sont ces connexions qui vont nous faire arriver à la conception des formes plus complexes du système nerveux.

91. — Complexité morphologique croissante des centres nerveux et unité de l'être vivant.

Quand nous disons que les connexions par voies centrales entre les articles du réflexe simple préparent l'unité de l'être, nous ne prétendons certes pas placer dans le système nerveux seul tout le mécanisme de cette unité. Déjà nous avons vu une relation chimique exister entre les cellules des organismes les plus simples; nous savons tous d'autre part qu'il existe chez les êtres supérieurs un milieu liquide intérieur au sein duquel vivent ses éléments et que la fonction de circulation sanguine et lymphatique se charge d'établir continuellement une égale répartition des matériaux chimiques.

D'autre part, l'étude que nous avons faite du chimisme de la matière vivante nous a fait voir que la plupart des réactions de l'organisme sont des réactions catalytiques, diastasiques, dont les agents provocateurs sont des produits solubles, des diastases, des enzymoïdes. Nous concevons que si, en un point quelconque de l'organisme, une perturbation de cause externe provoque la formation d'un de ces produits solubles par réaction d'un groupe cellulaire, ces produits, transportés rapidement dans toutes les parties de l'organisme, suffiront à eux seuls, sans l'intervention du système nerveux, à provoquer des actions lytiques spéciales dans toutes ces parties; nous concevons en un mot qu'il puisse y avoir une solidarité chimique des éléments des corps vivants, sans que les voies nerveuses y prennent part.

Mais il n'en est pas moins vrai que beaucoup de phénomènes chimiques et en particulier les sécrétions glandulaires, les sécrétions cellulaires, sont sous la dépendance du système nerveux, et que la solidarité chimique elle-même est en partie une solidarité par voie nerveuse. Puis il est évident surtout que la solidarité chimique n'est pas la seule qui fasse l'unité de l'individu. L'unité individuelle, bien au contraire, devient d'autant plus imposante que, à côté de cette solidarité chimique, s'établit une autre solidarité, toute spéciale au système nerveux : c'est celle qui crée les mouvements spontanés de nutrition et de défense, celle qui crée la sensibilité, l'instinct, la conscience, l'intelligence. Et je n'hésite pas à attirer tout de suite l'attention du lecteur sur une déduction qui peut sembler prématurée à la fin de ce volume, mais qui nous fera envisager avec un intérêt tout spécial l'aperçu sommaire que nous allons donner de la morphologie des centres nerveux.

Cette déduction me paraît, dès à présent, se dégager de notre méthode d'exposé du système nerveux : c'est que l'unité neuro-cérébrale de l'être s'annonce à nous comme une fonction des connexions de toutes les parties du système nerveux, plutôt que comme une fonction d'un organe nouveau, d'un groupement cellulaire nouveau, dont nous attendrions vainement l'apparition au cours de la vie embryonnaire ou dans la chaîne des espèces vivantes. Nous allons voir comment dans leur ensemble se présentent ces connexions variées.

92. — La complexité croissante des centres et la morphologie de la moelle.

Si nous pratiquons une coupe transversale dans la moelle épinière, nous voyons qu'elle offre à peu près l'aspect de deux demi-cercles réunis dans leur région

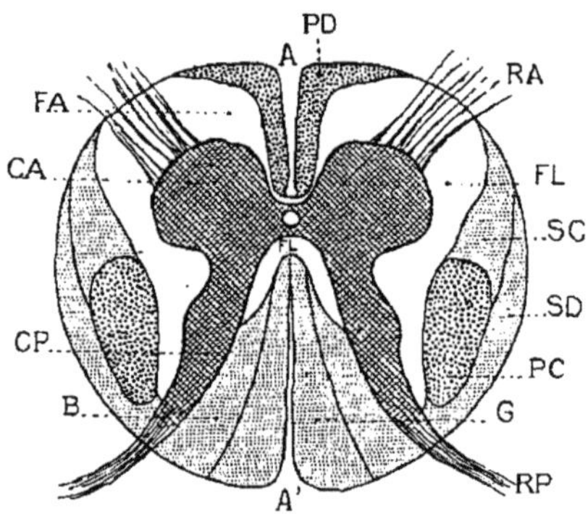

Fig. 56.

CA Cornes antérieures.
CP Cornes postérieures.
RA Racines antérieures.
RP Racines postérieures des nerfs rachidiens.
G Faisceau de Goll.
B Faisceau de Burdach.

PD Faisceau pyramidal direct.
PC Faisceau pyramidal croisé.
SD Faisceau cérébelleux direct.
SC Faisceau cérébelleux croisé.
FA FL, FP. Faisceaux fondamentaux antérieurs, latéraux et postérieurs.

centrale, et laissant entre eux, en avant et en arrière, un sillon. La *substance grise* forme à l'intérieur une sorte d'X dont les deux branches antérieures sont renflées et renferment les cellules des neurones moteurs; ce sont les *cornes antérieures*, desquelles se détachent les racines antérieures ou motrices des nerfs.

Les deux branches postérieures de l'X *ou cornes pos-*

térieures renferment des cellules nerveuses à cylindraxe court dont le type a été pour la première fois minutieusement décrit par Golgi. Ces cellules représentent le corps de neurones dont les dendrites et les cylindraxes paraissent simplement établir des connexions intramédullaires. On les verra par exemple s'articuler par leurs dendrites avec l'arborisation terminale des cellules sensitives des ganglions spinaux et par leurs terminaisons cylindraxiles avec les dendrites d'une ou plusieurs cellules motrices.

On trouve en outre, dans l'axe gris, des cellules, dites cordonales, et qui ont pour caractéristique d'envoyer leur cylindraxe dans la région blanche de la moelle : là, les cylindraxes de ces cellules s'inclinent longitudinalement et contribuent à former les cordons de substance blanche, puis se terminent en rentrant dans la substance grise, où ils s'épanouissent en une arborisation terminale vraisemblablement articulée avec les dendrites d'autres neurones médullaires.

En un mot, les neurones cordonaux sont des neurones d'associations longitudinales pour les cellules médullaires situées à différentes hauteurs, et les fibres cylindraxiles de ces cellules contribuent à former les *cordons* blancs médullaires.

Si donc on voulait schématiser l'orientation des neurones médullaires, on dirait : il existe dans l'axe gris des cellules motrices en relation directement ou indirectement avec des cellules sensitives; elles sont situées dans les cornes antérieures et constituent le corps du neurone moteur périphérique; il existe en second lieu tout près de la moelle, dépendant d'elle, mais en dehors d'elle, des cellules sensitives (ganglions spinaux) en relation directement ou indirectement avec les précédentes; il existe enfin deux espèces de cellules de connexion, les unes dont les prolongements ne quittent pas l'axe gris, les autres dont les prolongements cylindraxiles, unissant les neurones des différents étages de la moelle, sortent de l'axe gris et contribuent à former les cordons blancs de cet organe.

On pourrait imaginer que, à la faveur de ces connexions une unité nerveuse se caractérise chez l'individu.

Cependant chez la plupart des vertébrés, chez tous les vertébrés supérieurs en particulier, c'est la partie antérieure du névraxe qui a centralisé toutes les connexions des neurones entre eux. Aussi n'est-il pas étonnant de trouver dans la moelle, à côté des cordons blancs connectant les étages successifs, des cordons de fibres connectant ces différents étages avec les centres supérieurs.

Les cordons blancs suivant lesquels s'opèrent les connexions courtes d'étage à étage se trouvent de ce fait collés contre l'axe gris. Ils renferment non seulement, comme nous venons de le dire, des connexions longitudinales, mais encore un grand nombre de fibres qui réunissent le côté droit et le côté gauche par la commissure médiane. Dans l'étude topographique des coupes médullaires, on donne à l'ensemble de ces faisceaux connecteurs à fibres courtes le nom de faisceaux fondamentaux.

La figure 56 montre que ces connexions existent tout autour de l'axe gris, d'où la division adoptée, pour la commodité de la description, en faisceaux fondamentaux antérieurs, latéraux et postérieurs. Les corps cellulaires des fibres qui les constituent respectivement sont situés dans les cornes antérieures dans la commissure grise, et dans la corne postérieure.

Tout autour de ces faisceaux blancs renfermant les connexions courtes, nous allons trouver les cordons blancs qui contiennent les connexions longues. Ils marquent un degré de plus dans le perfectionnement des centres nerveux. Et l'on constate, en effet, que les connexions courtes sont communes à tous les vertébrés, tandis que les connexions longues sont plus spéciales aux mammifères.

Voici comment on peut se représenter leur orientation.

93. — Les connexions des centres médullaires avec les centres cérébraux chez les animaux supérieurs chez l'homme en particulier.

1. — La partie postérieure de la substance blanche est constituée par des fibres qui ne sont autre chose que des cylindraxes de cellules sensitives : les cellules des ganglions spinaux. Ces fibres se partagent en branches descendantes et en branches ascendantes dont une grande partie se terminent dans la moelle elle-même; mais parmi elles, il est de grosses fibres ascendantes, les plus intéressantes pour nous en ce moment, qui se dirigent vers les centres supérieurs. Celles qui partent des racines les plus inférieures s'écartent pro-

gressivement de la corne postérieure et se rangent près de la ligne médiane de part et d'autre du sillon postérieur de la moelle; de sorte qu'en haut, ce sont les dernières venues qui sont les plus rapprochées des cornes postérieures. En raison des connexions supérieures et de l'existence d'un sillon divisant ce cordon blanc dans sa longueur en deux parties on donne à la partie interne et à la partie externe deux noms différents : ce sont les faisceaux de Goll et de Burdach.

Si l'on fait abstraction des fibres qui, se détachant de ce double cordon blanc postérieur de la moelle, se terminent dans la corne postérieure et s'articulent avec des neurones d'association en particulier avec ceux de la base de la corne postérieure (colonne de Clarke ou noyau dorsal de Stilling), on peut suivre les faisceaux de Goll et de Burdach jusque dans l'encéphale.

En abordant cette région, les cordons de Goll et de Burdach ne comprennent donc pas toutes les fibres cylindraxiles des neurones sensitifs périphériques des ganglions spinaux, puisque les unes sont allées s'articuler directement avec les neurones moteurs, et que les autres ont fait relai dans la substance grise, s'articulant avec les neurones d'association; d'autre part, ils ne comprennent pas que les cylindraxes des neurones des ganglions spinaux, car un grand nombre de leurs fibres proviennent des cellules médullaires. Mais ce sont essentiellement des cordons sensitifs composés de cylindraxes ascendants.

Si nous les suivions plus haut, nous les verrions aborder une grosse station de relai : c'est un double noyau gris situé dans le bulbe, le noyau de Goll et le noyau de Burdach. Cette station renferme le corps des neurones sensitifs centraux, dont nous avons déjà parlé, quand nous avons donné le schéma général du système sensitif ou sensoriel récepteur. Les fibres sensitives, après leur relai, s'entrecroisent sur la ligne médiane, les fibres de droite passent à gauche et inversement; puis elles se poursuivent en s'étalant comme un ruban dans la région protubérantielle (cerveau postérieur). De là, elles se dirigent vers le pédoncule cérébral pour aboutir à des noyaux gris, dérivés du cerveau intermédiaire, *les corps optiques*, seconde station de relai pour les voies de la sensibilité générale, habitat des corps cellulaires d'un deuxième groupe de neurones centraux. On peut suivre encore au-delà les voies de la sensibilité générale : les cylindraxes des deuxièmes neurones centraux, partis des corps optiques, vont s'articuler avec les cellules pyramidales de l'écorce cérébrale (Cf. § 95.)

II. — Dans les régions latérales, on trouve deux faisceaux blancs qui présentent beaucoup d'analogie fonctionnelle avec les précédents, mais que nous verrons aboutir au cervelet (cerveau postérieur). Ce sont les faisceaux : médullo-cérébelleux ventral (ou faisceau de Gowers), et médullo-cérébelleux dorsal (ou faisceau cérébelleux direct). Le premier est formé par les cylindraxes de cellules d'association situées dans les cornes postérieures de la moelle (région lombaire et dorsale), mais ces cylindraxes s'entrecroisent immédiatement avec ceux du côté opposé; c'est après ce croisement médullaire qu'ils se redressent et forment le cordon de Gowers situé à l'endroit indiqué par la figure 56.

Le deuxième est formé par les cylindraxes de cellules d'association situées plus particulièrement à la base de la corne postérieure (colonne de Stilling ou noyau de Clarke), mais ces cylindraxes ne s'entrecroisent pas comme les précédents.

Ces deux faisceaux traversent le bulbe et gagnent les pédoncules cérébelleux pour aboutir à une région du cervelet qu'on appelle le vermis supérieur.

III. — Enfin, on voit dans la moelle deux cordons blancs dans lesquels l'influx nerveux suit une marche descendante : ils établissent des connexions entre les neurones cérébraux moteurs (et peut-être, pour une part, les neurones cérébelleux) et les neurones moteurs périphériques des cornes antérieures de la moelle. Ce sont les faisceaux : pyramidal direct (ou faisceau de Turk, fig. 56) et pyramidal croisé. Le premier vient directement du cerveau sans entrecroisement préalable, par la voie des pyramides antérieures du bulbe (V. p. 380), mais ses fibres subissent successivement dans la moelle l'entrecroisement par petits paquets avant de venir s'articuler avec les cellules motrices. Le second a les mêmes origines que lui; ses fibres s'entrecroisent dans le bulbe; elles se terminent dans les cornes antérieures après avoir traversé le faisceau fondamental latéral, et s'y articulent aussi avec les neurones moteurs périphériques.

Peut-être une partie des fibres du faisceau pyramidal direct proviennent-elles des cellules du cervelet. Les histologistes considèrent actuellement cette proposition comme problématique.

Ainsi à peine avons-nous effleuré l'anatomie du centre

nerveux le plus simple de tous : la moelle, que déjà nous y voyons une complexité étonnante : deux neurones, un neurone sensitif, périphérique et un neurone moteur périphérique suffisent en principe à transformer une impression en mouvement, mais en réalité les neurones ne sont pas indépendants ; ils sont reliés les uns avec les autres, il y a dans la moelle une série de neurones d'association ; il y a en outre des voies de communication de tous ces neurones avec les centres plus élevés sur lesquels nous allons, pour terminer cet aperçu morphologique des éléments les plus intéressants de la vie supérieure, jeter un rapide coup d'œil.

94. — Quelques mots de la morphologie des centres nerveux supérieurs : 1º L'arrière-cerveau (bulbe). 2º Le cerveau postérieur (protubérance, cervelet).

Il serait présomptueux de prétendre en quelques lignes donner une idée de la morphologie du cerveau de l'homme. Je me propose seulement ici de rappeler sommairement comment on peut se représenter le groupement et les principales connexions des centres supérieurs dans l'état actuel de nos connaissances, en partant, pour s'orienter, des cinq vésicules cérébrales embryonnaires dont nous avons parlé. (Cf. fig. 55).

1º *L'arrière-cerveau.* — De l'arrière-cerveau qui fait suite à la moelle dérive, chez les vertébrés supérieurs, un organe qui est à la fois un centre nerveux et un lieu de passage des conducteurs cérébro-médullaires : c'est le *bulbe.* En coupe transversale, il représente du reste à peu près une moelle épinière qu'on aurait cherché à ouvrir en écartant les lèvres de son sillon postérieur, de manière à étaler le canal de l'épendyme.

Ce canal étalé y forme le quatrième ventricule et il ne reste, en arrière de ce ventricule, qu'une paroi mince qui le recouvre. En tenant compte de ce changement de forme, on se rend compte que les faisceaux postérieurs sensitifs de la moelle sont déjetés sur les côtés ainsi que les cornes postérieures. En outre, l'entrecroisement des différents faisceaux blancs morcelle la substance grise (tête et base des cornes antérieures et postérieures). Mais les noyaux gris qui les prolongent en haut, morcelés, séparés les uns des autres, continuent à jouer le rôle des régions homologues de la moelle. Ainsi la tête des cornes antérieures, prolongée dans le bulbe, renferme des cellules motrices, origines des nerfs spinal, pneumogastrique, glossopharyngien ; la base, celles de l'hypoglosse. La tête et la base des cornes postérieures, prolongées aussi dans le bulbe, renferment les neurones sensitifs d'association des nerfs crâniens : ceux du trijumeau (tête), ceux du pneumogastrique, du glossopharyngien et d'une partie de l'acoustique (base).

Nous savons déjà que dans le bulbe se trouvent des noyaux de substance grise qui marquent un degré de plus dans la complexité du système nerveux : les noyaux de Goll et de Burdach sont des agglomérats de corps cellulaires de neurones sensitifs centraux. Un noyau latéral joue le même rôle pour le faisceau de Gowers.

Si l'on veut prendre la peine de suivre, sur des coupes successives telles qu'en donnent la plupart des traités d'anatomie, les différentes zones grises ou blanches de la moelle, en s'élevant progressivement dans le bulbe, on s'orientera assez facilement dans cette topographie.

Tel est, dans ses grandes lignes, le schéma de l'arrière-cerveau chez les mammifères supérieurs. Il est bien différent chez les autres vertébrés, surtout chez ceux dont la partie antérieure de l'axe médullaire est encore rudimentaire.

Très peu différencié chez les amphibiens, il commence à prendre des caractères spéciaux chez les poissons ; les origines du trijumeau chez les uns (sélaciens, chimères), du pneumogastrique chez les autres, y déterminent des formations caractérisées. Chez les raies électriques (torpilles), ce qu'on appelle le lobe électrique est un bourrelet nerveux occupant la région de la voûte ventriculaire.

2° *Le cerveau postérieur*. — Du cerveau postérieur dérivent, par épaississement des parois, en arrière le cervelet, en avant la protubérance annulaire, ou pont de Varole, séparés par le canal médullaire, qui porte ici le nom de ventricule cérébelleux.

Le *pont de Varole* ou *protubérance* est avant tout la suite du bulbe, tandis que le cervelet est une formation hautement différenciée. C'est dire que nous retrouverons dans la protubérance des colonnes, ou mieux des noyaux gris, qui ne seront que le prolongement plus ou moins morcelé des cornes médullaires, et des cordons blancs déjà suivis à travers le bulbe.

Ainsi apercevra-t-on facilement, dans les planches anatomiques, les noyaux des nerfs : moteur oculaire externe, facial et trijumeau (moteur) sur le prolongement des cornes antérieures; et ceux de l'acoustique (partie cochléaire), et d'une partie du trijumeau sur le prolongement des cornes postérieures, avec quelques noyaux gris nouveaux.

De même pourra-t-on y suivre les faisceaux blancs sensitifs de Goll et de Burdach, qui, après le relai bulbaire, se poursuivent sous forme d'un ruban mince (le ruban de Reil); le faisceau de Gowers qui, par deux voies différentes, gagne le cervelet; les faisceaux pyramidaux qui traversent la protubérance en partie morcelés par des obstacles variés.

Le *cervelet* n'existe pas chez tous les vertébrés. A peine représenté par une lamelle mince chez les poissons et les batraciens, il commence à se caractériser chez les reptiles (lézards, tortues, crocodiles); et, chez les oiseaux, on le voit déjà se plisser et former deux hémisphères.

Chez les mammifères supérieurs, nous trouvons un cervelet extrêmement compliqué avec trois lobes : vermis médian, hémisphère droit et hémisphère gauche. Comme le cerveau, il présente à la périphérie une écorce grise et au centre la substance blanche, disposée sous la forme de branches et de rameaux qui donnent à l'organe un aspect arborescent : d'où le nom *d'arbre de vie*, qui lui a été attribué. Trois paires de pédoncules le réunissent aux régions voisines : les pédoncules cérébelleux antérieurs, moyens et postérieurs.

Tandis que les antérieurs se rendent aux couches optiques du cerveau, et les postérieurs au bulbe, les moyens se réunissent l'un à l'autre en avant de l'axe nerveux, lui formant comme un demi-bracelet qui détermine la saillie de la protubérance annulaire.

Les histologistes distinguent trois couches dans l'écorce cérébelleuse : ce sont, en allant de dehors en dedans : la couche dite *moléculaire* renfermant peu d'éléments cellulaires; la couche *moyenne*, riche en cellules de Purkinje, cellules pourvues d'une luxuriante arborisation dendritique, et la couche des *grains*, faite de très petites cellules. Il existe en outre dans chacun des trois lobes du cervelet des noyaux qui renferment des cellules multipolaires.

Si l'on poursuit les connexions des fibres qui mettent le cervelet en relation avec le névraxe, on constate que cet organe est une voie dérivée, greffée sur la voie cérébrospinale.

En effet, on trouve dans les *pédoncules cérébelleux inférieurs* des fibres centripètes provenant du faisceau cérébelleux direct de la moelle et de différentes régions bulbaires, et des fibres centrifuges, dont la plupart se terminent dans le bulbe : les fibres cellulipètes gagnent l'écorce cérébelleuse, les fibres cellulifuges sortent des cellules motrices situées dans un noyau gris du vermis (noyaux du toit). Dans les *pédoncules cérébelleux moyens*, on trouve des fibres qui dérivent une partie de l'influx moteur de la voie cérébrospinale : ils sont constitués en majeure partie par les cylindraxes de neurones protubérantiels aboutissant à l'écorce grise; accessoirement ils renferment une petite partie du faisceau de Gowers et quelques autres fibres. Enfin dans les *pédoncules cérébelleux supérieurs* se trouvent la plus grande partie des fibres cérébellifuges; elles naissent dans les noyaux gris des hémisphères cérébelleux et vont les unes à la protubérance, les autres aux noyaux gris cérébraux pour se poursuivre, après ce relai, vers l'écorce cérébrale.

A côté de ces fibres, il existe dans le cervelet des fibres intrinsèques qui associent les neurones cérébelleux eux-mêmes; il est à noter toutefois que cet organe ne paraît pas présenter de connexions entre ses moitiés droite et gauche.

Ainsi nous constatons ici encore ce mode de constitution du système nerveux que nous avons déjà entrevu dans l'étude de la moelle, et qui est caractérisé par les associations multiples de tous les éléments cellulaires. Déjà nous apercevons, en haut de la hiérarchie de ce système, des cellules réparties en groupes variés connectées de façons multiples soit entre elles, soit avec des relais communs. C'est du vaste ensemble de ces relais que nous voyons diverger les connexions qui unissent les centres avec les neurones périphériques, sensitifs ou moteurs.

95. — Quelques mots sur la morphologie des centres (suite) : 3° le cerveau moyen; 4° le cerveau intermédiaire.

Si l'on se reporte à la figure 55, on imagine facilement que chez les vertébrés supérieurs, le cerveau moyen et le cerveau intermédiaire doivent être le lieu de passage des faisceaux cérébrospinaux allant des hémisphères cérébraux (cerveau antérieur) à la moelle, au bulbe, à la protubérance, ou au cervelet. On y trouve en outre certaines formations différenciées.

Chez les vertébrés inférieurs, les hémisphères cérébraux n'ayant qu'une importance secondaire, les faisceaux de connexion dont nous venons de parler sont peu importants. Par contre, les formations différenciées sont intéressantes et parfois très importantes.

Chez certains poissons, les sélaciens, le cerveau médian et le cerveau intermédiaire sont nettement séparés (raie); le cerveau intermédiaire se caractérise par des protubérances latérales, et le cerveau moyen présente une sorte de lobe impair dont le développement est parfois tel qu'on a pu le confondre avec le cervelet.

Au contraire, l'esturgeon n'a qu'un cerveau intermédiaire rudimentaire, alors que les téléostéens possèdent deux véritables hémisphères intermédiaires et deux masses ganglionnaires sous-jacentes : les couches optiques.

Les batraciens présentent eux aussi une grande variété dans le degré de développement de ces deux parties du cerveau. Tandis que le cerveau moyen est peu important chez le protée, le triton, la salamandre, il atteint un grand volume chez la grenouille et les anoures en général.

Les reptiles ont un cerveau intermédiaire assez peu développé, mais quelques-uns d'entre eux, le lézard en particulier, présentent une formation remarquable au niveau de la paroi postérieure du cerveau intermédiaire, formation qui donne naissance, au sommet du crâne, à un œil véritable, avec cristallin et éléments rétiniens

(Leydig), très développé chez certaines espèces. C'est l'œil pinéal ou pariétal.

A mesure que se développe le cerveau antérieur, ces formations propres au cerveau intermédiaire et au cerveau moyen perdent de leur importance relative : c'est ce qui a lieu chez les oiseaux; mais durant les périodes de la vie embryonnaire, on constate chez eux l'existence d'un cerveau moyen volumineux. Chez les mammifères eux-mêmes, le cerveau moyen est durant une période assez considérable de la vie embryonnaire, la partie la plus volumineuse du cerveau.

Il ne reste chez les vertébrés supérieurs à considérer de ces deux divisions du cerveau primitif que les quatre formations suivantes :

1º Les *couches optiques*, dérivées du cerveau intermédiaire, sont des noyaux de substance grise à cellules multipolaires dont les connexions et fonctions ne sont qu'imparfaitement déterminées. Leur rôle dans la vision est très douteux et en tout cas très limité; il est tout à fait incertain qu'elles représentent des centres pour les mouvements d'expression de la face comme l'ont pensé Nothnagel et Bechterew; mais il paraît démontré qu'elles renferment les corps cellulaires des neurones centraux établissant un relai dans la chaîne sensitive à la suite des noyaux de Goll et de Burdach, et il se peut que ce soit à ce titre qu'elles jouent dans certains cas le rôle de centre d'actes réflexes complexes pour les mouvements associés de la marche, comme l'a affirmé Meynert à la suite d'expériences d'ailleurs controversées.

2º Les *tubercules quadrijumeaux* sont quatre petites

saillies dérivées du cerveau moyen et constituées par un noyau gris entouré de fibres blanches. Ils paraissent être des centres de relai pour les voies optiques et acoustiques.

3° L'épiphyse ou *glande pinéale* ou *conarium* a suscité depuis longtemps la curiosité des biologistes. C'est, nous dit Ambroise Paré, dans son 3e livre d'anatomie publié il y a plus de trois siècles (p. 130) « une petite glandule de la substance du cerveau, ronde et oblongue en forme d'une pomme de pin, à cause de quoy a esté nommée conarium. Son utilité est de renforcer la division des vaisseaux illec (en ce lieu) conduits avec une apophyse de la pie-mère, pour la génération de l'esprit animal et donner vie et nourriture au cerveau ». Il paraissait difficile d'admettre que cet organe placé au milieu des hémisphères cérébraux n'ait pas un rôle dominant, et l'on sait que certaine doctrine métaphysique, dans sa fantaisie anatomique, a placé là le siège de l'âme.

Elle se développe par évagination de la voûte du 3e ventricule. C'est tout à côté d'elle que chez certains reptiles (lacertiens) prend naissance l'œil pinéal dont nous avons déjà parlé.

4° *L'hypophyse* ou *glande pituitaire* préoccupe à juste titre bien davantage les physiologistes et les médecins contemporains. C'est une formation moitié nerveuse, moitié glandulaire, située dans une cavité osseuse de la base du crâne (la selle turcique). Son lobe postérieur dérive de la paroi inférieure et antérieure du 3e ventricule, à l'opposé de l'épiphyse, tandis que son lobe antérieur dérive de la muqueuse du pharynx. Il est intéressant de voir réunis dans une même formation deux organes dont l'action peut avoir une répercussion immédiate sur tout l'organisme : un organe nerveux en connexion avec les centres, un organe glandulaire dont les produits de sécrétion interne modifient d'une façon extraordinairement efficace le métabolisme cellulaire de tous les tissus de l'individu.

On trouve, en outre, au niveau de cette région du névraxe dérivée des cerveaux intermédiaire et médian, des faisceaux blancs qui ne sont autre chose que les connexions du cerveau antérieur avec les autres régions de l'encéphale et qui prolongent ceux que nous avons rencontrés plus bas.

96. — Quelques mots sur la morphologie des centres (suite) : 5° Le cerveau antérieur.

Chez les vertébrés, le cerveau antérieur se développe d'autant plus que le cerveau intermédiaire se développe moins, et l'on sait que les mammifères sont avant tout caractérisés par le grand volume des *hémisphères cérébraux*. Ils recouvrent toute la partie antérieure du névraxe. La double cavité qui résulte de cette division du cerveau antérieur (ventricules latéraux) communique avec le 3e ventricule ou ventricule du cerveau intermédiaire.

Les parois latérales épaissies forment des noyaux, les *corps striés*, qui enveloppent les couches optiques du cerveau intermédiaire et, par la suite, se soudent à elles.

Chez les mammifères supérieurs, la surface des

hémisphères, d'abord lisse, se plisse bientôt et forme des sillons plus ou moins profonds, donnant lieu ainsi à la production des lobes et des circonvolutions cérébrales.

Finalement, chez ces derniers, les hémisphères cérébraux se trouvent constitués d'une part par des noyaux gris centraux et de la substance grise périphérique, d'autre part par de la substance blanche.

Les *noyaux gris centraux* sont surtout formés par deux masses grises, une interne (noyau caudé), et une externe (noyau lenticulaire) réunies sous le nom de *corps striés*.

Entre les corps striés et les couches optiques ainsi qu'entre les deux noyaux des corps striés passent les fibres qui viennent des pédoncules cérébraux et qui forment là ce qu'on appelle la capsule interne.

La *substance grise périphérique* ou écorce cérébrale n'est pas sans analogie avec celle du cervelet dont nous avons dit un mot plus haut.

Les histologistes y décrivent en effet : 1° une couche externe moléculaire, peu riche en cellules ; ces cellules ont un cylindraxe court qui ne sort pas de cette couche ; 2° une couche moyenne de grosses cellules pyramidales formant plusieurs étages, alors que les cellules de Purkinje dans le cervelet ne présentent qu'une assise ; ces cellules ont la forme d'une pyramide dont le sommet est dirigé excentriquement vers l'écorce et donne naissance à un prolongement plasmique qui s'arborise jusque vers la couche externe ; de leur base part un long cylindraxe, qui émet des collatérales nombreuses, et qu'on peut suivre dans la substance blanche du cerveau ; 3° une couche profonde formée de petites cellules polymorphes, assez semblable à la couche granuleuse du cervelet.

Les cellules de l'écorce sont connectées entre elles :

1° Par des fibres d'association qui relient deux régions d'un même hémisphère et qui sont constituées par les cylindraxes des cellules pyramidales ou polymorphes ; elles cheminent parallèlement à la surface du cerveau.

2° Par des fibres commissurales qui relient les régions symétriques des deux hémisphères (fibres du corps calleux, de la commissure blanche antérieure, etc.), et sont constituées de la même façon que les précédentes.

3° Par des fibres de connexion avec les autres parties de l'encéphale, les unes cellulipètes pour les cellules de l'écorce (sensitives), les autres cellulifuges (motrices).

Les premières représentent le chaînon supérieur des voies de la sensibilité, qui comprennent ainsi : un neurone périphérique dont le corps cellulaire est, comme nous le savons, situé dans les ganglions spinaux, plusieurs neurones centraux (cellules des noyaux de Goll et Burdach et des couches optiques) et un neurone cortical. Elles représentent aussi le chaînon supérieur des voies cérébelleuses d'arrivée qui, elles-mêmes, font relai dans les couches optiques.

Les secondes (fibres motrices), formées par les cylindraxes des cellules pyramidales, passent par la capsule interne et le pédoncule cérébral, pour s'articuler avec les neurones moteurs périphériques. Elles constituent, d'une part, le faisceau pyramidal, dont les fibres s'articulent avec les cellules motrices des cornes antérieures de la moelle, et d'autre part le faisceau géniculé dont les fibres s'articulent avec les cellules motrices des noyaux bulbaires ou protubérantiels qui font suite aux cornes antérieures.

Il y a aussi une voie motrice cérébelleuse qui renfermerait six neurones successifs (y compris le neurone pyramidal d'origine et le neurone moteur terminal), en passant par les neurones cérébelleux.

97. — Le système sympathique.

Nous n'aurions pas donné une idée complète de la morphologie du système nerveux si nous passions sous silence une chaîne un peu différente de celles que nous venons d'entrevoir.

Il existe en effet dans l'organisme des animaux supérieurs des centres et des conducteurs qui ne font pas partie des voies centrifuges ou centripètes que nous avons décrites.

Ils se présentent sous la forme de deux cordons nerveux situés à droite et à gauche de la colonne vertébrale et renfermant de place en place des ganglions. De ces deux cordons partent des branches efférentes qui se distribuent aux organes viscéraux après avoir en général formé des plexus compliqués. Ils reçoivent en outre des branches afférentes provenant du système nerveux central.

Les plus remarquables des plexus sympathiques sont le plexus cardiaque, auquel aboutissent de nombreuses fibres du nerf pneumogastrique; les plexus pulmonaires, solaires, mésentériques, hypogastriques. Tous ces plexus qui commandent les mouvements de la vie organique, sans participation de la volonté, reçoivent directement des branches du système nerveux central, ce qui explique suffisamment les influences si variées des émotions et des états d'âme sur le fonctionnement des organes viscéraux.

La morphologie des éléments nerveux du grand sympathique n'est pas essentiellement différente de celle que nous avons décrite. Les cellules des ganglions sont ordinairement multipolaires. Les unes de beaucoup les plus nombreuses paraissent être des cellules motrices. Elles possèdent de nombreux dendrites courts et gros, et un long cylindraxe qui semble se terminer toujours sur une fibre musculaire lisse. Les autres paraissent être des cellules sensitives : leurs dendrites sortent du ganglion et ont une longueur considérable, le cylindraxe se mélange à eux pour se terminer dans un ganglion sympathique voisin. On trouve aussi, dans les ganglions, des cellules un peu différentes des deux types précédents et dont la signification est imprécise.

98. — Le tissu nerveux chez les invertébrés. Sa morphologie microscopique et macroscopique.

On ne rencontre aucune différenciation qui puisse en imposer pour du tissu nerveux dans les deux embranchements des protozoaires et des éponges.

Dans celui des cœlentérés, nous trouvons les premiers rudiments différenciés. Les méduses possèdent un cordon nerveux qui fait le tour du disque, et ce cordon offre de place en place des ébauches de ganglions. La présence de plusieurs ganglions reliés entre eux, évoque forcément en notre esprit l'idée de centres nerveux. Ils émettent des filets qui se distribuent aux tentacules (Agassiz, Müller, Leuckart).

L'embranchement des échinodermes, dont l'une des caractéristiques est, comme nous le savons, la forme rayonnée, nous offre un système nerveux déjà très organisé. Chaque rayon présente, à une petite distance du centre, un ganglion d'où partent des fibres vers la périphérie et d'autres vers le centre. Ces dernières se divisent autour de l'œsophage en deux branches, qui, s'anastomosant les unes avec les autres, forment un anneau péri-œsophagien. Ainsi se trouvent connectés les cinq ganglions des rayons, les cinq « cerveaux ambulacraires » pour employer l'expression de J. Müller.

Les vers ont un système nerveux variable suivant les groupes. Certains vers plats ont dans la partie antérieure du corps deux masses ganglionnaires réunies par une commissure transversale et donnant naissance à deux troncs longitudinaux. Chez les uns ces troncs sont de gros volume par rapport aux collatérales; chez d'autres ils peuvent à peine être discernés, et même chez les cestodes il est difficile de préciser le degré de différenciation des éléments nerveux (tœnias). Le degré d'écartement des deux chaînes longitudinales est très variable, et, chez les annelés, on les voit parfois réunies en une seule chaîne ventrale. Quoi qu'il en soit on peut regarder comme le type du système nerveux de l'embranchement des vers la double chaîne ganglionnaire offrant une paire de ganglions par anneau et possédant

autant de commissures transversales qu'il y a de paires
(annelés). Les ganglions cérébroïdes sont plus ou moins
différenciés. Ils se trouvent les uns en dessus du tube
digestif, les autres en dessous, de sorte qu'un anneau
nerveux enveloppe l'œsophage.

Nous retrouvons cette même disposition du collier
œsophagien chez les arthropodes, Deux ganglions
céphaliques situés en arrière du tube digestif sont reliés
de part et d'autre de l'œsophage à la chaîne ventrale. Il
n'est d'ailleurs nullement évident qu'on doive homolo-
guer les ganglions cérébroïdes de ces deux embranchements au cerveau des vertébrés, ni la chaîne ganglionnaire ventrale à la moelle épinière. Lorsque nous cher-
cherons, à travers les notions de l'anatomie comparée
et de l'embryologie, à reconstituer la chaîne ancestrale
des vertébrés, nous verrons qu'il faut être très prudent
dans cette édification. Peut-être un peu hâtivement,
pressé que l'on était d'établir une généalogie phylogénique plausible, a-t-on sur la foi de l'Ecole allemande et
des conclusions de Hœckel en particulier, été trop
impérieusement conduit à établir d'urgence une analogie entre les formes anatomiques des annelés, des
arthropodes et des vertébrés. C'est guidé par ce besoin
que Geoffroy Saint-Hilaire a cru trouver une explication
de la situation ventrale du névraxe, chez les arthropodes, dans l'hypothèse que leur face ventrale correspondrait en réalité à la face dorsale des vertébrés ; mais
cette conception rencontre de bien gros obstacles.

Pour le moment, bornons-nous à constater qu'il existe
une disposition morphologique du système nerveux
assez particulière aux embranchements que nous étu-

dions, quand on les compare à celui des vertébrés, et cela nous permet d'entrevoir une fois de plus qu'une fonction utile peut être satisfaite de façons variées, et n'entraîne pas la présence, chez les êtres qui en sont le siège, d'organes rigoureusement homologues.

Cependant, en général, alors même qu'il existe dans ces formes des différences fondamentales, on y aperçoit de remarquables analogies. Ainsi constate-t-on chez certains arthropodes, chez les insectes en particulier, l'existence d'un système nerveux viscéral, greffé sur la chaîne ganglionnaire principale, mais possédant une certaine autonomie puisqu'elle a ses ganglions propres : ces caractères nous font immédiatement songer au système sympathique des vertébrés.

De même, voit-on que le progrès de l'intelligence dans ces différents embranchements correspond toujours à un développement plus grand des ganglions céphaliques : c'est d'ailleurs dans le segment antérieur que se forment, en général, les organes des sens les plus élevés. Les araignées tisseuses, les fourmis, les abeilles ont un ganglion cérébroïde d'un volume remarquable : on y aperçoit même des divisions en mamelons qui font penser aux circonvolutions cérébrales des vertébrés.

Mais tandis que ces derniers montrent une tendance nette à la centralisation cérébrale, les arthropodes nous font voir des centralisations morcelées bien caractérisées. La chaîne ganglionnaire ventrale subit des variations d'après la morphologie externe des segments du corps : quand chez un insecte, un crustacé, un myriapode, un arachnide, certains segments du corps pren-

nent une extension prépondérante ou bien se fusion-
nent pour former un gros segment unique, on voit
ordinairement de même une grosse paire ganglionnaire
se développer à ce niveau ou plusieurs ganglions se
fusionner en une seule masse volumineuse.

L'embranchement des mollusques, dont l'escargot, la
moule, la pieuvre nous offrent les principaux types, est
caractérisé par un système nerveux voisin de celui des
vers annelés et des arthropodes.

Ainsi l'escargot, type des gastéropodes, possède plusieurs paires de ganglions : deux ganglions cérébroïdes
placés derrière l'œsophage, deux ganglions pédieux
sous-œsophagiens et des ganglions viscéraux tous
connectés entre eux. Les connexions de ces divers ganglions donnent lieu aussi à l'extrémité antérieure, à un
anneau ou collier œsophagien, ordinairement double à
cause des connexions directes des deux ganglions cérébroïdes avec les 'deux ganglions pédieux d'une part et
avec les ganglions viscéraux d'autre part.

La moule et les lamellibranches présentent une disposition analogue ; mais on ne voit ordinairement pas de
connexion entre les ganglions pédieux et les ganglions
viscéraux, si ce n'est par l'intermédiaire des cérébroïdes.

Chez la pieuvre, la seiche, les céphalopodes en général
le système nerveux est plus centralisé. Les ganglions se
groupent dans une boîte cartilagineuse ; une sorte de
crâne, et les organes des sens, les yeux en particulier,
assez analogues à ceux des vertébrés, ont chez eux un
développement remarquable.

CHAPITRE III

Quelques mots de la morphologie générale des êtres vivants. — Conclusions.

99. — Quelques considérations sur la morphologie générale de l'individu.

La morphologie de la matière vivante est l'un des sujets les plus vastes que l'on puisse aborder, parce que la variété des formes organiques est presque infinie.

L'étude des formes cellulaires et de leurs groupements dans les tissus, étude qui fait l'objet de l'histologie, est à elle seule presque inépuisable; le peu de notions que nous en avons donné suffit à montrer son étendue.

La morphologie macroscopique des organes, des appareils, est peut-être encore plus vaste, puisque chaque espèce animale ou végétale a son anatomie particulière à côté des caractères plus ou moins généraux qui permettent aux naturalistes d'établir des groupements, des classements qui en facilitent l'étude. Les quelques mots que nous avons dits de la morphologie macroscopique du système nerveux font prévoir son intérêt.

Il y a encore une autre branche de la morphologie

qu'il faudrait traiter si l'on voulait être complet : c'est
la connaissance des formes générales de chaque unité
vivante. C'est celle-là qui frappe le plus l'observation
quotidienne, c'est elle qui a surtout servi de base aux
classifications naturelles.

Il me paraît utile en terminant cet aperçu sur les formes de la matière vivante de dire un mot de cette morphologie d'ensemble. Ce n'est pas que je veuille énumérer les caractères communs qui ont fait rapprocher
telle espèce de telle autre : le chien, du renard et du
loup ; ou les fougères, des prêles et des lycopodes.

Ce n'est pas non plus que, suivant le plan adopté au
cours de cet ouvrage, je veuille montrer la genèse de
la forme générale à partir des formes élémentaires en
me servant seulement des facteurs étudiés jusqu'ici.
J'ai au contraire insisté à chaque instant sur ce fait que
les formes élémentaires elles-mêmes procédaient d'un
concours de circonstances extrêmement complexes et
que ce serait faire œuvre stérile que d'étudier la mor-
phogénie avant de connaître les fonctions de la vie sans
lesquelles elle est inexplicable et inaccessible.

Mon but est beaucoup plus modeste. De même que
nous avons pris un aperçu des formes cellulaires et de
quelques formes anatomiques pour nous préparer à
l'étude des fonctions de la vie, de même nous allons
dire en quelques mots comment les naturalistes ont
classifié, d'après leurs formes, les êtres vivants. Ainsi,
nous rendrons plus assimilables les notions de physiologie comparée, d'embryologie et de phylogénie, qui
nous seront si utiles pour arriver à nos conclusions
générales.

Je crois en effet indispensable de mettre sous les yeux du lecteur la classification naturelle que nous adopterons, parce que cette classification est une chose arbitraire; elle établit des divisions factices entre les choses de la nature, semblant créer des fossés là où il n'y en a pas. Etant factice et arbitraire, elle varie suivant les naturalistes et surtout suivant les critériums choisis pour l'établir.

Aujourd'hui l'enseignement classique adopte une division dans chacun des deux règnes vivants, reposant sur tout un ensemble de caractères morphologiques. C'est celle que nous exposerons brièvement en caractérisant chaque groupe par des exemples connus.

100. — Classification du règne végétal d'après les caractères morphologiques généraux.

On connaît actuellement plus de 100.000 espèces de végétaux. Les particularités de leurs formes, de leur structure anatomique les ont fait répartir en quatre embranchements :

PREMIER EMBRANCHEMENT : *Les Thallophytes.*

Les thallophytes ne présentent aucun organe différencié comparable à la racine, à la tige et aux feuilles des végétaux supérieurs. Les uns sont monocellulaires, les autres se composent d'un nombre plus ou moins considérable de cellules. Chez tous ces organismes, le corps porte le nom de thalle (de Θαλλός, tige). .

Ils comprennent trois classes :

1re Classe. — *Les Algues* sont constituées par des cellules à chlorophylle ; elles peuvent être teintées en outre par des pigments variés qui les ont fait repartir en plusieurs ordres :

α) Les algues bleues ou cyanophycées, exemple : les oscillaires formées d'une file de cellules qui oscillent surtout à la lumière par suite des mouvements plasmiques intracellulaires ; les nostocs ; *les bactéries* qu'on s'accorde en général à ranger en bloc dans cet ordre de végétaux, bien qu'elles ne présentent pas d'ordinaire le pigment bleu qui les caractérise. Toujours monocellulaires, les bactéries affectent des formes variables : les microcoques sont sphéroïdes ; les bacilles sont allongés en bâtonnets (ex. b. du charbon) ; les vibrions sont des filaments spiralés courts (v. septiques, v. du choléra) ; les spirilles et spirochètes sont des filaments spiralés longs (ex. sp. de la fièvre récurrente, de la syphilis). Ces formes d'ailleurs sont très variables et changent avec le milieu.

β) Les algues vertes ou chlorophycées : ex. le protococcus ; les siphonées (vauchéries v. fig. 50) ; les confervacées, les conjuguées.

γ) Les algues brunes ; ex. les diatomées, dont la carapace siliceuse donne le tripoli, les fucacées (varechs).

δ) Les algues rouges, telles que les corallines (fig. 39).

2e Classe. — *Les Champignons* diffèrent surtout des algues, en ce qu'ils ne renferment pas de chlorophylle. On les divise ordinairement en cinq ordres.

α) Les myxomycètes ou champignons muqueux qui se reproduisent par zoospores.

β) Les oomycètes qui se reproduisent par œufs et aussi par spores, telles les mucorinées (phycomyces et autres moisissures).

γ) Les basidiomycètes ou champignons à chapeau (cèpe, champignon de couche, etc.)

δ) Les ascomycètes comme la morille, les truffes, et aussi la levure de bière; toutes se reproduisent par asques, cellules allongées dont le contenu se divise en plusieurs spores.

ε) Les urédinées; ex., la rouille du blé.

3ᵉ Classe. — *Les Lichens* sont formés par l'association des algues et des champignons.

Deuxième embranchement : *Les Muscinées.*

Les Muscinées n'ont pas de fleurs, ni de racines, ni de vaisseaux; elles possèdent des tiges et des feuilles. Ce sont les mousses et les hépatiques; ces dernières marquent une transition entre les thallophytes et les mousses.

Troisième embranchement : *Les Cryptogames vasculaires.*

Ce sont des plantes qui n'ont pas de fleurs, mais qui possèdent des racines, des tiges, des feuilles, des vaisseaux et qui toutes passent par deux phases : une phase adulte avec feuilles qui engendrent des spores de passage; une phase de prothalles transitoires et sexuées avec oosphères et anthérozoïdes, organes cellulaires qui reproduisent la plante feuillée.

Les botanistes les répartissent ordinairement en trois classes : *les Filicinées* (fougères, scolopendre, marsilies, pilulaires, etc.); *les Equisétinées* ou prêles; *les Lycopodinées*, telles que les lycopodes, silaginelles, isoètes.

Quatrième embranchement : *Les Phanérogames.*

Ce sont les plantes à fleurs (φανερός, apparent; γάμος, union), que l'on peut opposer aux trois premiers embranchements réunis sous le nom collectif de cryptogames (κρυπτός, caché). Il serait superflu d'insister sur l'étonnante multiplicité de formes des plantes à fleurs, depuis les arbres les plus majestueux de nos forêts, jusqu'aux fleurs d'agrément de nos jardins, ou aux céréales, aux herbes qui croissent autour de nous. Tout le monde possède une idée plus ou moins précise de cette catégorie de végétaux, et il nous suffira de rappeler les bases des divisions que l'on a adoptées pour en faciliter l'étude. Les unes, très artificielles d'ailleurs, sont fondées sur les caractères morphologiques d'un seul organe. Ainsi Tournefort, professeur au Jardin des Plantes, au siècle de Louis XIV, avait pris pour critérium de ses divisions les dimensions de la tige et les formes de la corolle des fleurs. Au siècle suivant, le botaniste suédois Linné ne tenait guère compte que de la morphologie des étamines.

Si l'on a abandonné ces classifications, c'est précisément à cause d'un fait que nous avons déjà eu l'occasion maintes fois de mettre en lumière : une même fonction chez des individus très différents peut être remplie par des organes très analogues, tandis que chez des individus très voisins, elle peut être satisfaite par des organes très dissemblables. De ce fait, il résulte que les classifications, basées sur la morphologie d'un seul organe, rapprochent forcément des espèces profondément différentes par l'ensemble de tous leurs autres caractères.

Les de Jussieu (Antonin, et surtout Bernard, 1699-1777, dont les travaux furent publiés par Laurent, son neveu, à l'époque de la Révolution française) ont doté les sciences naturelles d'une classification rationnelle qui prenait en considération l'ensemble de l'organisation des plantes. Après de nombreux remaniements, c'est cette classification qui subsiste aujourd'hui et qui est particulièrement intéressante pour l'embranchement que nous envisageons en ce moment.·

Elle répartit tout d'abord les Phanérogames en deux sous-embranchements :

Les Gymnospermes (graines à découvert), tels que le pin, le sapin.

Et *les Angiospermes* (graines enfermées et ordinairement contenues dans un fruit).

Les Angiospermes sont divisées à leur tour en *dicotylédones*, comme le haricot, la courge, dont la graine porte deux cotylédons ou feuilles embryonnaires, et en *monocotylédones*, comme le blé, dont la graine ne présente qu'un seul cotylédon.

La position de l'ovaire, l'existence d'un calice et d'une corolle dans la fleur, etc., permettent d'établir des divisions secondaires. Ainsi ont été distinguées dans les monocotylédones, les familles des liliacées, iridées, amaryllidées, orchidées, qui toutes possèdent un calice et une corolle; celle des palmiers qui ont une corolle verte; celle des graminées, des cypéracées, des aroïdées, qui n'ont pas de corolle.

De même ont été distinguées dans les dicotylédones : les *Dialypétales* (corolles à pétales distincts) au nombre desquelles on peut citer les familles des renonculacées (renoncules clématite, anémone, etc.), des malvacées (mauve, tilleul), des euphorbiacées, des crucifères, des papavéracées, des caryophyllées, des légumineuses, des rosacées, des ombellifères.

Les Gamopétales (corolle d'une seule pièce en forme de cloche ou de tube), au nombre desquelles il faut ranger les familles des solanées (belladone, tabac, etc.); des boraginées (bourrache); des personées (digitale); des labiées (romarin, menthe; des primulacées (primevère, mouron); des rubiacées qui à elle seule renferme plus de 4.000 plantes (quinquina, café, etc.); des composées (bleuet, chicorée, camomille).

Les Apétales qui ne possèdent qu'un calice ou du moins dont les pétales se présentent sous l'aspect des sépales du calice, et qui renferment aussi un grand nombre de plantes réparties en cinq familles : les urticacées (houblon, orme, chanvre); les salicinées (saule, peuplier); les polygonées (oseille, sarrasin); les chénopodées (betterave, épinard); les cupulifères (chêne, charme, noyer).

101. — Classification du règne animal d'après les caractères morphologiques généraux.

Nous avons eu déjà à plusieurs reprises l'occasion de parler des grandes divisions du règne animal. Aussi nous suffira-t-il ici de grouper en un seul tableau, les données déjà connues.

On divise aujourd'hui les animaux en 8 embranchements :

PREMIER EMBRANCHEMENT : *Les Protozoaires.*

Ce sont les êtres monocellulaires, les amibes, les monères. Certains naturalistes frappés des analogies des êtres monocellulaires du règne animal (protozoaires), et du règne végétal (protophytes monocellulaires de l'embranchement des thallophytes) en ont fait un règne à part : celui des Protistes (Hœckel). On distingue deux groupes principaux parmi les protozoaires:

1° Les rhizopodes (amibes, foraminifères, radiolaires).

2° Les infusoires.

DEUXIÈME EMBRANCHEMENT : *Les Eponges.*

Ce sont des colonies cellulaires en forme d'urne, avec cavité intérieure ; elles sont infiltrées de substances minérales de soutien (éponges calcaires, siliceuses, cornées).

Troisième embranchement : *Les Cœlentérés.*

Les Cœlentérés ont le corps en forme de sac : un orifice unique sert à la fois de bouche et d'anus.

Les uns sont fixes : hydre, corail.

Les autres sont libres : méduses, siphonophores.

Quatrième embranchement : *Les Echinodermes.*

Ils sont caractérisés par une disposition rayonnée et par la présence d'une carapace calcaire munie de piquants. Nous avons vu que c'est avec cet embranchement que commencent les premières différenciations cellulaires importantes et notamment les différenciations des cellules nerveuses. On en distingue 5 classes principales :

Les crinoïdes, dont la plupart sont fixés au fond de la mer. Quelques-uns comme la comatule deviennent libres à l'âge adulte.

Les holothuries.

Les étoiles de mer.

Les ophiures.

Les oursins.

Cinquième embranchement : *Les Vers.*

On peut les répartir en deux groupes ; les annélides (vers de terre, vers marins) et les parasites (tœnia). Gegenbauer les divise en onze classes : parmi lesquelles : les *platelminthes* (ex : les trématodes, les cestodes, tels que le tœnia, le botriocéphale ; les *némalelminthes* ex : l'ascaris, la filaire ; les *bryozoaires*, les *rolifères*, les *annelés* (divisés en hirudinées ; 'ex : sangsues, et en annélides, ex : lombrics, etc.) ; les *luniciers* (ascidies) qu'on rapproche plutôt aujourd'hui de l'amphioxus, le plus simple des vertébrés.

Sixième embranchement : *Les Arthropodes.*

Les Arthropodes sont composés, comme les vers, d'une série de segments juxtaposés, mais chaque segment est muni d'une paire d'appendices articulés, spécialisés pour une fonction déterminée, marche, mastication, vol, natation, etc.

On leur distingue quatre groupes.

1° *Crustacés* (vie aquatique, respiration par branchies, carapace calcaire) : ex : écrevisse, crabe.

2° *Myriapodes*, qui possèdent jusqu'à 150 paires de pattes, tels que le scolopendre ou mille-pattes.

3° *Arachnides* : ce sont les araignées dont chacun connaît au moins un assez grand nombre de variétés et qui sont caractérisées par 4 paires de pattes.

4° *Insectes* (caractérisés par trois paires de pattes). Ils présentent un nombre considérable de variétés, parmi lesquelles nous citerons seulement les lépidoptères dont les ailes sont couvertes d'une poussière écailleuse, (λεπίς, écaille), papillons ; les diptères, insectes à deux ailes comme là mouche ; les hémiptères, insectes dont les ailes sont à moitié recouvertes par des élytres comme la cigale ; les coléoptères qui possèdent 4 ailes dont les deux supérieures sont en forme de gaines,

comme le hanneton (κολεός, étui) ; les hyménoptères qui
possèdent quatre ailes membraneuses comme les abeilles
(ὑμήν, membrane) ; etc.

Septième embranchement : *Les Mollusques.*

Ce sont des animaux à corps mous, les uns terrestres
les autres aquatiques, caractérisés surtout par une morphologie assez constante de leur système nerveux que
nous avons étudiée plus haut.

Ils comprennent trois groupes :

1º Les *Gastéropodes*, mollusques qui se traînent sur
la partie inférieure du corps et présentent une grande
analogie avec certains vers (vers tubicoles); ex : escar-
gots, limaces.

2º Les *Céphalopodes* caractérisés par la présence de
longs bras ou tentacules en avant de la tête; ex : pieuvre,
seiche.

3º Les *Lamellibranches*, mollusques à coquille
bivalve, dont les branchies sont disposées en lamelles;
ils n'ont pas de tête et sont sédentaires; ex. : la moule.

Huitième embranchement : *Les Vertébrés.*

Les vertébrés sont caractérisés par une colonne vertébrale et un squelette osseux ou cartilagineux interne, avec
un système nerveux situé dans la partie dorsale (par rapport au tube digestif). Le plus simple est l'*amphioxus*
qui vit caché dans le sable de nos côtes et dont le squelette se réduit à une chorde gélatineuse occupant toute
la longueur du corps. Les analogies de l'amphioxus

avec les vertébrés font de cet animal le point de transition entre le 8ᵉ embranchement et les précédents. Les tuniciers sont semblables à l'amphioxus durant la vie embryonnaire. A ce moment leurs larves, analogues à celles des amphibies, sont libres. Mais bientôt ils se fixent ; la queue, la chorde dorsale et le système nerveux disparaissent, ce qui explique les variations des naturalistes pour les ranger dans un embranchement déterminé.

On répartit les vertébrés en cinq classes. On peut en ajouter une 6ᵉ qui renfermerait l'amphioxus et les tuniciers.

1ʳᵉ CLASSE.— *Vertébrés ébauchés.*--Amphioxus ; tuniciers.

2ᵉ CLASSE. — *Poissons.* — Ils respirent au moyen de branchies. Leur corps est couvert d'écailles. Ils ont un squelette cartilagineux ou osseux, dont les membres sont transformés en nageoires. Leurs lobes optiques sont très développés.

3ᵉ CLASSE. — *Batraciens.* — Intermédiaires entre les vertébrés aquatiques et les vertébrés terrestres ; ils vivent dans l'eau durant leur première phase (têtard) ; Les branchies persistent toute la vie chez quelques espèces, telles que le protée, l'axolotl.

4ᵉ CLASSE. — *Reptiles.* — Ces animaux sont complètement adaptés à la vie terrestre. Parmi les reptiles fossiles, quelques-uns étaient pourvus d'organes de natation (ichthyosaure) ; d'autres, de véritables ailes (ptérodactyles). L'iguanodon était surtout organisé pour le saut.

5ᵉ CLASSE. — *Oiseaux.* — Leur revêtement de plumes suffit à les caractériser d'une façon exclusive. On con-

naît des oiseaux fossiles (archéoptéryx) dont les
mâchoires, munies de dents, se rapprochent de celles
des reptiles, marquant ainsi un échelon de passage
entre les deux classes.

6e classe. — *Mammifères.* — Ces animaux sont caractérisés, on le sait, par ce fait qu'ils sécrètent un ali-
ment, le lait, utile aux nouveau-nés durant la première
partie de leur croissance. C'est peut-être chez eux que
l'on trouve dans les modifications du squelette les plus
beaux exemples d'adaptation des formes à la fonction.
Ainsi voit-on les uns, adaptés au saut, présenter des
membres postérieurs plus longs que les antérieurs
(lièvre, etc.); d'autres, adaptés à la course, ont leurs
quatre membres allongés; d'autres au vol, à la natation, etc.

102. — Conclusions.

Nous voici arrivés au terme de la première partie de
notre étude sur la matière vivante.

Nous avons vu d'abord que la vie est caractérisée par
une succession de mutations chimiques et par la production d'une série de phénomènes physico-chimiques qui
leur sont liés.

Ces mutations, ces phénomènes nous ont paru, à
première vue, spéciaux à la matière vivante. Un examen plus approfondi nous a montré que tous ressortis-
sent aux lois de la thermochimie et aux lois générales
de l'énergétique.

Nous avons appris ainsi que la chimie de la matière

organique n'est qu'une branche de la chimie générale
et que celle de la matière organisée avec ses réactions
d'équilibre, ses phénomènes catalytiques, ses actions
diastasiques et enzymoïdales, n'en diffère que par un
ensemble de caractères conditionnels, réunis chez l'être
vivant, caractères dont chacun en particulier n'est pas
propre exclusivement à la vie.

Nous avons pu conclure que, chimiquement parlant,
les corps des êtres vivants constituent simplement des
phases plus ou moins complexes de l'évolution de la
matière, que les réactions dont ils sont le siège sont
des chaînons dans la série des réactions matérielles, et
que la succession de ces phases, de ces réactions,
s'opère suivant la loi générale de la dégradation de
l'énergie, sans qu'il soit besoin de faire intervenir une
énergie propre, un principe vital qui mettrait les phénomènes de la vie en dehors de la science positive.

Nous avons étudié en second lieu les formes prises
par cette matière durant le temps qu'elle fait partie des
unités vivantes.

Au début, tant qu'il ne s'est agi que d'apercevoir la
conformation des molécules organiques telle que la
définit la stéréochimie, tant qu'il ne s'est agi que de
concevoir les formes prises par les assemblages colloïdaux rudimentaires, par le plasma mou durant les actes
de sa vie, par les colonies cellulaires chez lesquelles la
division du travail n'a pas encore mis son empreinte,
nous n'avons pas rencontré de grosses difficultés;
les découvertes récentes de la physico-chimie nous ont
expliqué les aspects variés pris par la matière vivante et
même nous avons pu voir reproduites expérimentale-

ment des formes que, à première vue, nous aurions pu croire propres à la vie.

Mais dès que sont apparus des tissus différenciés, dès que nous avons porté nos regards sur les infiniment petits préposés, dans le plasma, à des fonctions spéciales, dès que, par le concours d'organes spécialisés, l'unité de l'être s'est affirmée, nous avons assisté à une complication des formes pour la genèse de laquelle les facteurs physico-chimiques seuls ne suffisaient plus ; ou du moins s'ils suffisaient pour rendre compte mécaniquement des phénomènes produits, leur mise en œuvre méthodique, ordonnancée comme suivant un plan déterminé, faisait naître en nous des idées nouvelles. Nous avons parlé *d'utilité* pour l'être vivant, de tendance à l'accomplissement *au mieux* d'une fonction utile ; et malgré nous, nous avons laissé se dessiner l'image d'un but à réaliser, raison d'être des phénomènes de la vie.

Cette idée d'orientation, sans dépense spéciale d'énergie, des facteurs physico-chimiques mis en jeu dans les phénomènes vitaux, n'a pas surgi sans doute devant nous comme en opposition avec les données acquises antérieurement.

Nous savions déjà en effet que de deux phénomènes matériels possibles celui-là se produit qui correspond à la plus grande dégradation énergétique, à la plus grande augmentation de l'entropie du système. Déjà, par conséquent, nous connaissons cette raison d'être directrice qui, sans consommation spéciale d'énergie, règle le sens des mutations énergétiques dans le monde inerte.

Bien plus nous avons été frappés de ce fait que presque toutes les réactions vitales sont des réactions qui se produisent dans le voisinage des états d'équilibre chimique, qui s'opèrent par des voies voisines de la reversibilité.

Par suite avons-nous pu concevoir que les systèmes organisés sont des réactifs d'une sensibilité extrême, évoluant délicatement dans un sens ou dans l'autre, suivant que le concours compliqué de circonstances multiples, extérieures ou intérieures tend à provoquer une chute de grade énergétique plus ou moins accentuée dans l'une ou l'autre voie.

Mais, partis de ces principes rationnels de la science positive, quand brutalement nous nous sommes trouvés mis en présence de ces organites complexes des tissus différenciés ou de ces appareils savants tels que le système nerveux du règne animal nous en a donné une idée, nous avons perdu nos communications avec le point de départ, nous avons senti que des liens nous échappaient.

Ces liens nous allons les chercher à présent en étudiant les fonctions de la vie. Nous allons regarder les êtres pendant leur activité fonctionnelle, et assister à leur évolution. Après cela, nous nous demanderons si nous tenons tous les fils de cette trame inextricable qu'est la vie.

L'étude des fonctions de la vie est le prélude nécessaire à nos conclusions.

C'est dans le mécanisme de ces fonctions, de cette évolution que nous risquerons de trouver le trait d'union entre le principe de Carnot-Clausius, cause efficiente des phénomènes réels d'ordre physico-chi-

mique, et les « forces directrices », qui, sous l'aspect
de causes finales, poussent les êtres vivants vers
la complexité de leurs formes, vers l'affirmation de leur
individualité, de leur autonomie apparente, vers le
progrès.

TABLE ALPHABÉTIQUE

TABLE DES MATIÈRES

LIVRE I

LA CHIMIE DE LA MATIÈRE VIVANTE

LIVRE II

LES FORMES DE LA MATIÈRE VIVANTE

CHAPITRE I. — **La cellule**.

CHAPITRE II. — **Les formes cellulaires. Quelques
notions d'histologie comparée.**

Chapitre III. — Quelques mots de la morphologie générale des êtres vivants. — Conclusions.

Coulommiers. — Imprimerie DESSAINT ET Cⁱᵉ.

www.ingramcontent.com/pod-product-compliance
Ingram Content Group UK Ltd.
Pitfield, Milton Keynes, MK11 3LW, UK
UKHW020719120726
13693UKWH00001B/59